L. Paul Lazar

Lokomobile und ihr Betrieb

mit 133 Abbildungen

L. Paul Lazar

Lokomobile und ihr Betrieb
mit 133 Abbildungen

ISBN/EAN: 9783743361379

Hergestellt in Europa, USA, Kanada, Australien, Japan

Cover: Foto ©berggeist007 / pixelio.de

Manufactured and distributed by brebook publishing software (www.brebook.com)

L. Paul Lazar

Lokomobile und ihr Betrieb

Anleitung

zur

Behandlung der Lokomobilen

von

L. Paul Lázár

in Budapest.

Mit 133 Textabbildungen.

Berlin.

Verlag von Paul Parey.

Verlagshandlung für Landwirtschaft, Gartenbau und Forstwesen.

1898

Vorwort.

Es ist ein Gebot der Naturgesetze, daß das Unentwickelte vom Vollkommneren, das Schwache vom Starken besiegt wird. Dieses Gesetz hat auch auf wirtschaftlichem Gebiete große Umwälzungen bewirkt; die traditionellen Handwerkszeuge mußten den durch tierische Kraft getriebenen Maschinen weichen, bis auch die letzteren durch Maschinen, welche durch Elementarkräfte getrieben werden, allmählich in den Hintergrund gedrängt wurden.

Die vorteilhafteste unter den Elementarkräften ist ohne Zweifel die in der Windströmung und im Wassergefälle liegende Kraftquelle; diese wird durch die Natur unentgeltlich geboten und harrt sozusagen nur der Vorrichtung, welche sie zur Leistung nützlicher Arbeit anhält. Diese Kraftquellen sind aber einstweilen mit dem Nachteile verbunden, daß sie räumlich sehr eng begrenzt, d. h. nur in beschränktem Raume zweckmäßig verwertbar sind. Nach Jahrzehnten vielleicht, wenn sich der Segen unsichtbarer Arbeitskraft durch vervollkommnete elektrische Vorrichtungen auf Meilen übertragen lassen wird, werden diese natürliche Kraftquellen auch der landwirtschaftlichen Arbeit den wichtigsten und umfassendsten Nutzen leisten können.

Einstweilen aber müssen wir uns noch mit den in den Brennstoffen enthaltenen Kräften begnügen, welche sich ohne jeglichen Verlust und zumeist auch wohlfeil überallhin befördern und an beliebigen Orten verwerten lassen. Die in den Brennstoffen enthaltene Kraft äußert sich in der Spannkraft der geheizten Luft, der explodierenden Gase und des Wasserdampfes; von diesen drei Kraftquellen besitzt in der Landwirtschaft die letztere die größte Wichtigkeit, wo sie durch die Lokomobile zur Geltung kommt.

Die Lokomobile wird im Dienste des Landwirtes sich aber nur dann heilsam erweisen, wenn man mit ihr entsprechend umzugehen weiß; es ist daher Aufgabe des Landwirtes, die richtige Behandlung der Maschine in Hinsicht der Sparsamkeit, wie auch in jener der Sicherheit genau, wie die tierische Triebkraft zu kontrollieren. Von nicht minderem Belange ist ferner, daß der Landwirt bei Beschaffung der Maschine gerade so imstande sei, die seinen Verhältnissen am besten

entsprechende Lokomobile zu beurteilen und auszuwählen, wie er heute
in der Lage sein muß die anzukaufende tierische Triebkraft zu beurteilen.

Das maschinentechnische Fachwissen ist also für den Landwirt fast
von derselben Wichtigkeit, wie alle übrigen Kenntnisse der Wirtschafts=
lehre. Der Landwirt hat denn auch dahin zu streben, daß er sich diese
Kenntnisse so gründlich als möglich aneignet; denn nur diese befähigen
ihn dazu, sich die Errungenschaften der modernen Zeit nutzbar zu
machen; und ist auch die Erwerbung dieser Kenntnisse mit einiger Mühe
verbunden, so ist auf anderer Seite nicht zu vergessen, daß gründliches
Wissen auch auf landwirtschaftlichem Gebiete die sicherste Grundlage
des Gedeihens ist.

In der sonst ziemlich reichen Litteratur der landwirtschaftlichen
Maschinenlehre hat sich bisher der Mangel eines Fachwerkes sehr
lebhaft fühlbar gemacht, welches die gründliche Beschreibung und Be=
handlung der Lokomobile, dieser im Dienste der Landwirtschaft viel=
leicht meist verbreiteten Maschine, wie auch alles Wissenswerte, ohne
dessen Beachtung ein vorteilhafter Gebrauch der Lokomobile gar nicht
denkbar ist, in leichtverständlicher, auch dem mit geringerem Vorwissen
ausgestatteten Publikum zugänglicher Art bietet.

Diese Lücke auszufüllen, strebt das vorliegende Buch an. Dasselbe
wurde in ungarischer Sprache durch den Verlag des Ungarischen
Landes=Agrikulturvereins der Öffentlichkeit übergeben; und da auf diesem
Gebiete sich auch in Deutschland das Bedürfnis nach einem solchen
Handbuch fühlbar machte, so habe ich auch eine deutsche Bearbeitung
des Werkes veranstaltet, in welcher auf die spezifisch deutschen Verhält=
nisse volle Rücksicht genommen ist.

Für die Instandhaltung der Lokomobile ist die Behandlung des
Speisewassers unzweifelhaft von höchstem Belange; das bezügliche Ka=
pitel dieses Buches ist von Prof. Dr. Vinzenz Wartha in Budapest
freundlichst revidiert worden, wofür ich demselben hiemit meinen besten
Dank abstatte.

Gleichzeitig erachte ich es für meine angenehme Pflicht, an diesem
Orte, meinem Freunde Herrn Max Levy in Berlin für das mühe=
volle Korrekturlesen dieses Buches, bestens zu danken.

Und somit übergebe ich das Buch dem landwirtschaftlichen Publi=
kum mit dem Wunsche, es möchte mir gelungen sein, dazu beizutragen,
daß die Kenntnisse von der Behandlung und der Konstruktion der Loko=
mobile in möglichst weite Kreise Eingang finden.

Im Sommer 1887.

Der Verfasser.

Inhalt.

Einleitung.

Es ist allgemein bekannt, daß an der Oberfläche einer Wasser=
menge, die sich in einem offenen Gefäß befindet, sich beständig Dünste
bilden; wird das Wasser bis 100° Celsius*) erwärmt, so werden
auch die inneren Wasserteilchen zu Dampf und verflüchtigen sich, nach=
dem sie sich zur Oberfläche emporgehoben haben.

Das Wasser verdampft um so rascher, d. h. die Dampfbläschen
sind um so leichter im stande von der Wasserfläche aufzusteigen, je ge=
ringer der Luftdruck ist, der auf ihnen lastet; auf Anhöhen siedet da=
her das Wasser rascher, als in der Ebene, da an höher gelegenen Orten
der Luftdruck geringer ist, als an niedriger gelegenen.

Daraus erhellt nun, daß der Siedepunkt des Wassers kein kon=
stanter ist; derselbe hängt vielmehr von dem auf dem Wasser lastenden
Drucke in der Art ab, daß mit zunehmendem Drucke auch der
Siedepunkt steigt. Ferner wird das Sieden des Wassers durch
die darin befindlichen Unreinlichkeiten, wie Erdteile, Salze oder Fettteile
gleichfalls verzögert.

Bei offenen Gefäßen hat der Druck des aufsteigenden Dampfes
bloß den Luftdruck zu überwinden, welch letzterer auf dem Niveau des
Meeresspiegels auf jeden Quadratcentimeter Flächenraum 1,0308 kg be=
trägt. Behufs Vereinfachung der Berechnung nehmen wir unter Druck=
Einheit jenen Druck an, welchen ein Gewicht von
1 kg auf einen Flächenraum von 1 cm² ausübt. Dieser

---

*) Zur Bezeichnung des Wärmegrades werden hier immer Celsiusgrade
verwendet werden. Wenn man sich vor Augen hält, daß der Gefrierpunkt des
Wassers bei Celsius und Reaumur mit 0, der Siedepunkt desselben aber bei
C. mit 100, bei R. mit 80 bezeichnet wird, so wird es leicht sein die beiderlei
Grade umzurechnen:

$$1° \text{ C.} = 0,8° \text{ R.}$$
$$1° \text{ R.} = 1,25° \text{ C.}$$

so z. B. sind:
$$30° \text{ C.} = 30 \times 0,8° \text{ R.} = 24,0° \text{ R.}$$
$$24° \text{ R.} = 24 \times 1,25 \text{ C.} = 30° \text{ C.}$$

Druck vermag eine 10 m hohe Wassersäule oder eine 0,75 m hohe Quecksilbersäule im Gleichgewicht zu erhalten, was mit Rücksicht auf die Anforderungen des praktischen Lebens den natürlichen Luftdruck mit ziemlicher Genauigkeit wiedergibt.

Da die Spannung des aus offenem Gefäß aufsteigenden Dampfes nur den als konstant zu betrachtenden Luftdruck zu überwinden hat, so verbleibt, wie sehr wir auch das Wasser erwärmen, die Temperatur desselben und des entwickelten Dampfes beständig auf 100°, da die entwickelten Dämpfe in die Luft entweichen und ihre Spannung daher einem Luftdrucke gleich bleibt.

Wird dagegen das Wasser in geschlossenem Gefäß gewärmt, so fängt es zwar gleichfalls bei 100° an zu sieden; allein der entstehende Dampf sucht ungefähr das 1700fache desjenigen Raumes auszufüllen, den er in flüssigem Zustande eingenommen hat, und so stoßen denn infolge des hierdurch entstandenen Druckes die neu sich bildenden Dampfblasen bereits auf erhöhten Widerstand; das Wasser muß also auf mehr als 100° erhitzt werden, damit die Dampfentwickelung sich fortsetzen kann, und je mehr Dampf sich gebildet hat, desto größer wird seine Spannung sein, und auf einen um so höheren Wärmegrad muß demnach das Wasser erhitzt werden, damit neuer Dampf sich bilden kann.

Zu dem Zweck angestellte Versuche haben gezeigt, daß bei einem gewissen Drucke das Wasser stets auf einen gewissen entsprechenden Wärmegrad erhitzt werden muß, wenn anders neuer Dampf sich bilden soll; d. h. daß bei einem Gemisch von Dampf und Wasser die Spannung und die Temperatur von einander abhängig sind. Dieser Zusammenhang erhellt deutlich aus den Daten der nachstehenden Tabelle:

Zusammenhang der Dampfspannung, der Temperatur, des Dampfgewichts und der Wärmequantität.

Dampfspannung in Atmosphären	1	2	3	4	5	6	7	8	9	10
Dampftemperatur in C - Graden	99,1	119,6	132,8	142,8	151	158	164	169,5	174,4	180
Gewicht eines m³ Dampfes in kg	0,606	1,163	1,702	2,230	2,750	3,263	3,771	4,275	4,774	5,270
Wärme-Einheiten in 1 kg Dampf	637	642	647	650	653	655	657	658	660	662

Der Zusammenhang zwischen Dampfspannung und Temperatur liefert zugleich die Erklärung für die kontinuierliche Dampfbildung.

Wird nämlich aus einem Kessel Dampf abgeleitet und dadurch die Spannung des im Kessel verbleibenden Dampfes vermindert, so ist die Temperatur des Wassers thatsächlich eine höhere, als die dem Dampfdrucke entsprechende und bildet sich daher aus dem Wasser immer wieder neuer Dampf, bis der Druck die der Wassertemperatur entsprechende Höhe erreicht.

Es kann aber auch vorkommen, daß dem Kessel kein Dampf entnommen wird und das Wasser dennoch sich zu einem höheren Wärmegrad erhitzt, als dem, welcher der Spannung des mit ihm sich berührenden Dampfes entspricht, was eintritt, sobald aus dem Wasser alle Luft ausgetrieben wird; dieses ausgekochte Wasser entwickelt alsdann auch bei geringer Erschütterung sehr stürmisch neue Dämpfe, bis die Dampfspannung wieder der Temperatur entspricht. Dieser Zustand, welcher „Siedeverzug" genannt wird, kann für den Kessel möglicherweise gefährlich werden, da die jähe Dampfbildung eine Kesselexplosion herbeiführen kann. Um dieser Gefahr zu begegnen, ist es angezeigt, das ausgekochte Kesselwasser wenigstens zum Teil durch frisches Wasser zu ersetzen.

Aus dem Zusammenhang zwischen Temperatur und Spannung folgt ferner, daß, da bei einer gewissen Temperatur sich nur eine entsprechende Quantität von Dämpfen entwickeln läßt, die Dichtigkeit oder das Gewicht des Dampfes gleichfalls von seiner Spannung abhängt. Die im Wege von Experimenten bestimmten Gewichtsdaten sind gleichfalls in der vorhergehenden Tabelle enthalten.

Wir haben erwähnt, daß zwischen der Spannung und der Temperatur des Dampfes ein bestimmter, ständiger Zusammenhang besteht, was zu der Folgerung führt, daß auch zwischen der Dampfspannung und der zur Erzeugung des Dampfes erforderlichen Wärmemenge ein gewisser Zusammenhang vorwalten muß.

Behufs Vergleichung der Wärmemengen nehmen wir als Wärmeeinheit (Caloria) jene Wärmemenge an, welche die Temperatur eines Liter oder eines Kilo Wassers um einen Grad Celsius zu erhöhen im stande ist. Daraus geht hervor, daß zur Erhöhung von einem Kilo 0 gradigen Wassers auf 100 ° hundert Wärmeeinheiten erforderlich sind. Wollen wir jedoch das Wasser in Dampf verwandeln, so muß das Wasser zuerst auf jene Temperatur erhitzt werden, welche der Dampf besitzt und ist dann noch soviel Wärme hinzuzuleiten als erforderlich ist, um das flüssige Wasser in Dampf zu verwandeln. Diese letztere Wärmemenge wird Verdampfungs- oder latente Wärme genannt. (Bei 100° Dampf ungefähr 537 Wärmeeinheiten.) Diese latente Wärme wird abermals frei, wenn der Dampf sich niederschlägt und die Praxis macht sich dies zu nuße, indem sie die latente Wärme des Abdampfes zur Vorwärmung des Speisewassers benüßt.

Der Zusammenhang zwischen der Dampfspannung und der zur Erzeugung von Dampf erforderlichen Wärmemenge ist gleichfalls in der vorigen Tabelle dargestellt und zeigen die diesbezüglichen Daten zur Evidenz, daß die Dämpfe von höherer Spannkraft nur eine um ein geringes höhere Wärmemenge erheischen, als diejenigen von geringerer Spannkraft, und dies allein weist schon darauf hin, daß es viel wohlfeiler ist mit Dämpfen von größerer, als mit solchen von kleinerer Spannkraft zu arbeiten.

Unleugbar ist jedoch, daß die Erhaltung des Dampfes auf höherem Drucke eine aufmerksamere Feuerung erfordert; denn die große Spannung kann leicht abnehmen, oder auch stürmisch zunehmen. Im praktischen Leben wird bisher bei Lokomobilen zumeist mit Dämpfen von 3—5 Atmosphären gearbeitet, es wäre jedoch empfehlenswerter bis zu 7—8 Atmosphären hinauf zu gehen.

Behufs Nußbarmachung des Dampfes wird derselbe von seinem Entwickelungsorte durch ein Rohr in ein Gefäß geleitet, worin ein Kolben angebracht ist. Die Spannung des Dampfes schiebt den Kolben vorwärts und verrichtet so viel Arbeit, als dem auf die Kolbenfläche geübten Drucke, multipliziert mit dem zurückgelegten Wege, entspricht.

Unser Zweck ist aber, durch Dampfdruck Arbeitsmaschinen zu treiben, weshalb die geradlinige Bewegung des Kolbens noch in eine drehende umzuwandeln ist.

Der Apparat, in welchem das Wasser zu Dampf verwandelt wird, heißt der **Kessel.** Jener andere wieder, welcher die Dampfkraft in Bewegung umseßt, wird **Dampfmaschine** genannt.

Kessel und Dampfmaschine können gesondert placiert sein, oder sie bilden insgesamt eine einheitliche Konstruktion. Die erstere Gruppe umfaßt die sogenannten stationären Dampfmaschinen, bei welchen der Kessel zumeist eine besondere Einmauerung, die Dampfmaschine aber eine starke Fundierung erheischt. Diese Maschinen entsprechen größeren Krafterfordernissen und finden insbesondere in der Groß-Industrie Verwendung.

Sind der Kessel und die Dampfmaschine auf e i n e m Rahmen montiert und durch eine Wagenvorrichtung gemeinschaftlich leicht beförderbar, so wird diese Konstruktion Lokomobile genannt, während die Maschine, wenn sie sich selbst und andere Lasten weiter zu befördern vermag, Lokomotive heißt. Noch sind zu erwähnen die lokomobilartigen Maschinen, deren Konstruktion mit jener der Lokomobilen identisch ist, nur daß sie keine besondere Beförderungsvorrichtung besißen. Lokomotivartige Maschinen hingegen sind solche, welche zum Teil zu ihrer eigenen und zu anderweitiger Lasten Weiterbeförderung, zum Teil aber an einem und demselben Orte zur Verrichtung von Nutzarbeit verwendbar sind. Solche sind die Stra= ßen= oder Zug= und die Pflug=Lokomotiven.

Von den hier aufgezählten Maschinen werden wir uns in diesem Buche nur mit den Lokomobilen beschäftigen, deren Zweck darin besteht, an verschiedenen Orten verschiedenartige landwirtschaftliche Arbeits= maschinen zu treiben.

Erster Abschnitt.

Beschreibung der Konstruktion und der Be= handlung der Lokomobilen.

Da die Lokomobile die Aufgabe hat, an verschiedenen Orten ver= schiedenartige Arbeiten zu verrichten, so wird deren Konstruktion an folgende Bedingungen geknüpft:

1. · Leichte Transportfähigkeit, demnach möglichst geringes Ge= wicht und möglichst geringe Dimensionen.

2. Möglichst vollkommene Ausnützung der im Brennstoff enthal= tenen Heizkraft und die Fähigkeit, die Arbeitskraft der Maschine inner= halb gewisser Grenzen zu mobifizieren.

3. Einfache Konstruktion, einfache Kessel= und Maschinen=Behand= lung und ferner die Möglichkeit, die einzelnen Teile leicht zu reinigen.

4. Die dem Transporte und den mannigfachen Bestimmungen angemessene Dauerhaftigkeit der Konstruktion und die Reparaturfähig= keit, beziehungsweise leichte Ersetzbarkeit der abgenützten Bestandteile.

Die Hauptbestandteile der Lokomobile sind der Kessel, die Dampfmaschine und die Wagenvorrichtung.

I. Der Kessel der Lokomobile.

Der Lokomobilkessel hat die Bestimmung die durch den Brennstoff erzeugte Wärme in sich aufzunehmen, dieselbe möglichst vollkommen dem Wasser, das er enthält, mitzuteilen und den entwickelten Dampf ohne jede Gefahr der Dampfmaschine zur Verfügung zu halten. Be= hufs leichtern Überblicks behandeln wir abgesondert die Hauptbestand= teile des Lokomobilkessels und dessen Material, sowie die Einteilung, die Feuerung, die Sicherheitsvorrichtungen und die allgemeine Behand= lung desselben.

A. Hauptbeſtandteile und Material des Keſſels.

Bei dem Lokomobilkeſſel werden in einer Büchſe (Feuerbüchſe), oder in einem Rohre (Heizrohre) durch Verbrennung von verſchiedenartigem Brennmaterial große Quantitäten von Heizgaſen entwickelt. Dieſe werden, teils im Feuerraum, teils während ihres weitern Abzuges verbrennend, mittelbar, oder zuerſt das Heizrohr paſſierend durch zahlreiche dünne Röhren (Feuerröhren) geleitet und teilen auf ihrem Wege einen großen Teil ihrer Wärme der von ihnen berührten Fläche (Heizfläche) mit, ſammeln ſich dann in einer Kammer (Rauchkammer), und ſtrömen end= lich durch den Schornſtein ins Freie hinaus. Ein Teil des Keſſel= raumes iſt mit Waſſer gefüllt (Waſſerraum), aus welchem die Dämpfe in den oberen Teil des Keſſels (Dampfraum) ſteigen, wo ſie zur Verfügung der Dampfmaſchine gehalten werden.

Demnach ſind die Hauptbeſtandteile des Keſſels: der Feuer= raum, die Heizfläche, der Waſſerraum und der Dampfraum.

1. Der Feuerraum.

Der Brennſtoff wird bei Lokomobilkeſſeln ſtets auf einem im Innern des Keſſels angebrachten, zumeiſt flachen Roſte verbrannt, welcher aus nebeneinander gelegten Stäben beſteht, durch deren Spalten die zur Verbrennung erforderliche Luftmenge in den Feuerraum gelangt. Durch dieſe Zwiſchenräume fallen auch die unverbrannten Kohlenteile und die Aſche ab, zu deren Aufnahme der Aſchenkaſten dient.

Bei manchen Lokomobilen iſt hinter dem Roſte auch noch eine Feuerbrücke vorhanden, welche die gute Vermiſchung der Heizgaſe und damit deren vollſtändige Verbrennung befördert. Die Größe der Roſt= fläche hängt von der Qualität und Quantität der zu verbrennenden Stoffe ab. So iſt bei Stroh= und Holzfeuerung die größte Fläche, bei Braunkohle eine kleinere und bei Schwarzkohle die kleinſte er= forderlich. (Bei Lokomobilen mit Kohlenfeuerung iſt eine Roſtfläche von 4—6 dm² per Pferdekraft erforderlich.)

2. Die Heizfläche.

Die im Feuerraume erzeugten Gaſe ziehen das Innere des Keſſels entlang. Jene Fläche des Keſſels, welche von außen von dieſen Heiz= gaſen, inwendig aber vom Waſſer berührt wird, heißt die Heizfläche. Die Beſtimmung der Heizfläche iſt, die Wärme der Feuergaſe möglichſt vollſtändig aufzunehmen und dem Waſſer mitzuteilen.

Es iſt bekannt, daß von zwei, ſonſt gleichartigen Körpern der= jenige der beſſere Wärmeleiter iſt, deſſen Oberfläche reiner iſt. Nun wird aber die Heizfläche von außen durch Aſche und Ruß, von innen durch Roſt, Schlamm und Keſſelſtein belegt, wodurch dieſelbe ein gut

Teil ihres Wärmeleitungs=Vermögens verliert, was nebst der schlechten Verwertung des Brennmaterials auch noch die Gefahr zur Folge haben kann, daß die Kesselwand, da sie sich nicht abzukühlen vermag, verbrennt und eine Kesselexplosion verursacht. Selbst bei vollkommen reinen Platten kann dieser Fall sich ereignen, wenn die Heizfläche nur durch Dampf gekühlt wird, denn der Dampf ist ein schlechter Wärmeleiter und daher nicht im stande, die von der Heizfläche aufgenommene Wärme rasch genug abzuleiten. Es ist demnach von hoher Wichtigkeit, daß man auf den normalen Wasserstand achtet und zu mindest so viel Wasser im Kessel hält, daß der höchste Teil der Heizfläche noch in einer Höhe von ungefähr 10 cm vom Wasser bedeckt sei.

Die Heizgase, welche auf dem Roste eine Temperatur von ungefähr 1000^0 besitzen, gelangen, nachdem sie die Heizfläche entlang gezogen sind, mit ungefähr 300^0 in den Schornstein. Die Heizfläche nimmt um so mehr Wärme auf, je größer sie ist, doch kann eine zweimal so große Heizfläche von denselben Heizgasen nicht auch ein zweimal so großes Wärmequantum aufnehmen, da die Heizgase auf dem vordern Teil der Heizfläche bedeutend abkühlen und der Hinterteil der Heizfläche mithin von den abgekühlten Gasen nunmehr ein geringes Quantum aufzunehmen vermag. Selbstverständlich wird jener Teil der Heizfläche der wirksamste sein, welcher mit den wärmsten Gasen in Berührung kommt, und da bei Lokomobilen wegen des erforderlichen Luftzuges die Heizgase unbedingt mit ungefähr 300^0 in den Rauchfang gelangen müssen, so sehen wir, daß es bei einer gewissen Rostfläche überflüssig wäre die Heizfläche zu vergrößern. (Bei Lokomobilen ist die Heizfläche in der Regel das 40fache der Rostfläche, und in diesem Falle ist ein kg Kohle im stande ungefähr 5—8 kg Dampf zu erzeugen. Im übrigen wird per Pferdekraft eine Heizfläche von 1,5—2 m gewählt.)

3. Der Wasserraum.

Jener Raum des Kessels, welcher während des Betriebes mit Wasser gefüllt ist, wird Wasserraum genannt.

Bevor im Kessel sich Dampf bilden würde, muß das Wasser vorerst bis zu seinem Siedepunkte erhitzt werden; bei Kesseln mit großem Wasserraume läßt sich daher nicht so rasch Dampf erzeugen, wie bei solchen mit kleinem Wasserraume. Andererseits aber bildet die große Wassermenge gleichsam ein Reservoir, welches bei stärkerer Feuerung die Wärme aufnimmt, um sie bei schwächerer Feuerung wieder abzugeben, ohne daß hierdurch die Spannkraft des Dampfes wesentlich beeinträchtigt würde. Aus diesem Grunde ist denn auch die Heizung der Kessel mit großem Wasserraume eine viel bequemere und ihr Betrieb ein verläßlicherer. Allein bei längerer Arbeitspauſe geht die in der großen Waſſermenge aufgeſpeicherte Wärmemenge unbenützt verloren und ſo iſt denn bei Lokomobilen das zweckmäßigſte, den Mittelweg zwiſchen kleinem und großem Waſſerraum einzuhalten.

Nicht minder wichtig iſt die Größe der Waſſerfläche, denn bei einem gewiſſen Dampfbedarfe entwickelt ſich um ſo mehr Dampf auf der Einheitsfläche, je kleiner die ganze Waſſerfläche iſt und ſo entſteht bei kleinerer Waſſeroberfläche leichter das ſogenannte Überſchäumen, bei welchem durch den Dampf Waſſer in den Cylinder geſchleudert wird. Da dieſes heiße Waſſer keine Arbeit verrichtet, ſo geht die in ihr ent= haltene Wärmemenge verloren und überdies wird dadurch der Cy= linder verdorben. Ein größerer und höherer Dampfdom hilft einiger= maßen dem Übelſtande ab, doch iſt es immer beſſer, wenn die Waſſer= fläche eine hinreichend große iſt, was leicht daran zu erkennen iſt, daß vom Schornſtein kein Waſſer niederträuft. Solches kann übrigens vor= übergehend auch bei großen Waſſerflächen ſich ereignen, wenn im Keſſel zu viel Waſſer enthalten, wenn das Waſſer unrein iſt ꝛc.

Der Waſſerſtand ſchwankt infolge der ungleichen Dampfentnahme und Heizung immer innerhalb gewiſſer Grenzen; die durch die Praxis geſtatteten Grenzen werden der höchſte, der mittlere und der tiefſte Waſſerſtand genannt. Sinkt das Waſſer unter den tiefſten Waſſerſtand hinab, ſo kann der Keſſel leicht von einer Gefahr betroffen werden.

4. Der Dampfraum.

Der Raum, welcher zur Anſammlung des erzeugten Dampfes dient, wird Dampfraum genannt.

Da die Dampfbildung ſich fortwährend, die Dampfentnahme aber ſich nur zeitweilig vollzieht, ſo ſchwankt auch die Spannung des Dampfes innerhalb gewiſſer Grenzen; doch darf ſie die erlaubten Grenzen nie= mals überſchreiten. Dieſes Schwanken iſt verhältnismäßig umſoweniger wahrnehmbar, je größer der Dampfraum; bei der Beſtimmung der Dimen= ſion des Dampfraumes iſt ferner auch noch jener Umſtand in Be= tracht zu ziehen, daß die aufſteigenden Dampfbläschen mehr oder weniger Waſſer mit ſich reißen, von welchen der Dampf ſich läutern muß, bevor er benützt wird. Bei kleinem Dampfraum, wo der Dampf ſozuſagen unmittelbar nach ſeiner Bildung in den Cylinder geleitet wird, gelangt in der Regel ſehr viel Waſſer in den Cylinder, was die bereits erwähnten Nachteile verurſacht.

Bei gleichartigem und ununterbrochenem Dampfverbrauch wird auch ein kleiner Dampfraum genügen, doch wird es jedenfalls geboten ſein, den Dampf von einem höher gelegenen Teile des Keſſels (Dampf= dom) wegzuleiten und den Dampfraum groß genug anzulegen.

5. Material und Bekleidung des Kessels.

Aus der Bestimmung des Kessels folgt, daß von dem zur Erzeugung des Kessels verwendeten Material gefordert werden muß, daß dasselbe die im Feuerraume des Kessels entstehende Wärme möglichst rasch aufnehme und möglichst vollständig dem im Kessel enthaltenen Wasser mitteile. Das Material hat sonach in erster Reihe ein ausgezeichneter Wärmeleiter zu sein.

Aus Rücksichten der Sicherheit wird ferner erfordert, daß das angewendete Material eine den Bedingungen des Betriebs entsprechende Festigkeit besitzt, und fordern wir, da die Wärme die Festigkeit der Stoffe angreift, daß das Material des Kessels eben da von größter Festigkeit ist, wo es mit den wärmsten Heizgasen in Berührung kommt. Dazu erheischt noch die Praxis, daß das betreffende Material sich leicht bearbeiten lasse und verhältnismäßig wohlfeil sei.

Diesen Bedingungen entsprechen am besten das Schmiedeeisen, der Stahl und das Kupfer.

Schmiedeeisen wird schon seit langer Zeit zur Erzeugung von Kesselplatten verwendet, da es ein guter Wärmeleiter von großer Festigkeit ist, dabei sich leicht bearbeiten läßt, und sich im Preise ziemlich wohlfeil stellt. Der größte Teil der Heizfläche besteht aus gezogenen Schmiedeeisenröhren, welche infolge ihres geringen Durchmessers von sehr großer Festigkeit sind. Die großen Kesselplatten werden aus geschweißtem Eisen gewalzt. Infolge von Unachtsamkeit können Schlackenteile in den Platten verbleiben, welche bei der Kaltwasserprobe gar nicht wahrnehmbar sind, bei Beheizung des Kessels aber die Bildung von Blasen verursachen, welche leicht verbrennen und auch eine Kesselexplosion herbeiführen können. Es muß daher sofort nach dem ersten Beheizen untersucht werden, ob ähnliche Blasen sich auf der Heizfläche zeigen.

Die gegossenen Stahlplatten sind gleichfalls gute Wärmeleiter und besitzen ebenfalls eine sehr große Festigkeit. Gleichwohl kann die Verwendung von Stahlplatten nicht empfohlen werden, da bei ihrer Bearbeitung in ihrer Festigkeit eine Veränderung eintritt.

Auch Kupfer ist ein vortrefflicher Wärmeleiter, jedoch von geringer Festigkeit, daher bei dessen Verwendung eine größere Wandstärke zu wählen sein wird.

Aus dem Gesagten geht hervor, daß diejenigen Bestandteile des Lokomobilkessels, welche mit den Heizgasen in Berührung kommen, lediglich aus Schmiedeeisen zu verfertigen sind. Andere Teile, so Armaturgegenstände und Röhren von kleinem Durchmesser, werden aus Messing, Deckel- und Nebenbestandteile von kleineren Dimensionen aber aus Gußeisen hergestellt.

Die Feſtigkeit der Konſtruktion hängt indeſſen nicht allein vom Material, ſondern auch von der Geſtalt des betreffenden Beſtandteiles ab. Die Kugel= und Chlindergeſtalt iſt dem Druck gegenüber viel widerſtandsfähiger, als ebene Flächen, daher ſie auch aus verhältnis= mäßig dünnen Platten, alſo aus beſſeren Wärmeleitern verfertigt werden können, als die ebenen Platten, welche zumeiſt auch noch be= ſonders zu verſteifen ſind.

*   *   *

Der Keſſel iſt gegen Abkühlung durch eine Bekleidung von ſchlechtem Wärmeleiter zu ſchützen. Am beſten wird zu dieſem Zwecke die Luft verwendet, welche wir durch ein den Keſſel umfangendes Blech abſchließen. Das Blech ruht auf Holzringen, welche am Keſſel angebracht ſind, und wird durch einzelne Spangen zuſammengehalten, ſodaß zwiſchen der Keſſelwand und der Blechhülle ein Luftraum von 30—50 mm bleibt, in welchem die warme Luft enthalten iſt.

Es wurde auch der Verſuch gemacht, den Keſſel mit Holzlatten, ja auch mit Filz zu bekleiden, doch beſitzen dieſe keinerlei Vorteile gegenüber der Luftſchicht.

Die Blechplatte wird zum Schutze gegen Roſt von innen mit Holzteer, von außen mit Farbe beſtrichen.

Der einzige Nachteil der Bekleidung iſt, daß ſie die Verbindungs= ſtellen bedeckt und wir das Hervorſickern von Waſſer aus den letzteren nicht wahrzunehmen vermögen, bis nicht durch den Roſt bereits ein größerer Schaden angerichtet wurde. Aus dieſem Grunde iſt es über= haupt nicht üblich die Feuerbüchſe zu bekleiden.

Bei ſonſtigen Bekleidungen aber wäre es zweckmäßig, die Ver= bindungsſtellen frei zu laſſen, oder aber die Bekleidung derart zu ver= fertigen, daß ſie ſich auch leicht zerlegen laſſe.

B. Die Einteilung der Lokomobilkeſſel.

Die Lokomobilkeſſel werden regelmäßig in Chlinderform hergeſtellt, ſind mit einem inneren Feuerraum verſehen und der größte Teil der Heizfläche beſteht entweder aus Feuerröhren in großer Anzahl und von geringem Durchmeſſer, welche im Waſſerraume untergebracht ſind, oder aus einigen Röhren (Siederöhren) von größerem Umfange, welche im Feuerraume liegen und durch welche das Waſſer zirkuliert. Bei anderen Konſtruktionen dagegen werden die Verbrennungsgaſe durch weite Röhren (Heizröhren) geleitet, ehe ſie in die Feuerröhren gelangen.

All' dieſe Konſtruktionen ſtimmen jedoch darin überein, daß der Chlinderkeſſel entweder ſenkrecht oder horizontal placiert iſt, ſodaß wir die Lokomobilkeſſel in 2 Hauptgruppen und zwar in die der ſtehenden und in die der liegenden Keſſel teilen können.

1. Stehende Lokomobilkessel.

Wegen seiner Einfachheit ist der mit Galloway=Röhren ver=
sehene stehende Kessel von Lanz in Mannheim (siehe Fig. 1) zu
empfehlen. Im Innern des senkrechten äußeren Cylinders ist eine
gleichfalls cylinderförmige Feuerbüchse angebracht, worin übereinander
und sich gegenseitig durchkreuzend 2—3 Sieberöhren angebracht sind,
durch welche das Wasser frei sich bewegen kann.

Fig. 1.

Die Feuerbüchse wird unten entweder mittelst Eisenringes an den
äußern Cylinder befestigt, oder aber, wie die Figur zeigt, werden dessen
untere Ränder ausgebogen und an den äußern Cylinder genietet,
während bei der Feuerthür, zwischen die beiden Cylinder, ein Ring
placiert wird. Bei zweckmäßigen Konstruktionen wird auch bei der
Feuerthür die Platte der Feuerbüchse ausgebogen, bei dem Roste aber
nach einwärts gewölbt, so daß die Flammen oberhalb des Rostes die

Wände der Feuerbüchſe und die bei der Feuerthür befindlichen Niete nicht ſo unmittelbar berühren können.

Um die unteren Ränder der Feuerbüchſen läuft ein L Träger, auf welchem die gußeiſernen Roſtſtäbe ſich ſtützen; unter dem Roſte iſt der Aſchenkaſten angebracht, an deſſen Vorderſeite der Luftzug durch eine um Scharniere ſich drehende Thüre reguliert werden kann.

Das Waſſer bedeckt den Oberteil der Feuerbüchſe noch in einer Höhe von mindeſtens 10 cm und füllt den Raum zwiſchen den beiden Cylindern gänzlich aus. Dieſer Raum bildet zugleich die ſchwächſte Seite der Keſſel dieſer Kategorie, da der ſich hier ablagernde Keſſel= ſtein mittelſt Werkzeugs faſt nicht herauszubringen iſt; ähnliche Keſſel können daher zweckmäßig nur bei gänzlich reinem Waſſer verwendet werden, oder es iſt bei ihnen das Waſſer zuvörderſt chemiſch zu reinigen.

Behufs leichterer Entfernung des Schlammes befinden ſich im Unterteile des äußeren Cylinders 3—4 Schlammlöcher, welche durch innen anliegende Deckel mittelſt Bügel und Klemmſchrauben verſperrbar ſind und ſich leicht öffnen und ſchließen laſſen. Durch dieſe Löcher hindurch kann der Schlamm mittelſt Krätzers ausgeſcharrt — und mittelſt Spritze ausgewaſchen werden.

Im Oberteile des äußern Cylinders befindet ſich ein großes Mann= loch, durch welches auch die Decke der Feuerbüchſe gereinigt werden kann. Überdies werden auch noch den einzelnen Siederöhren entſprechend Putzlöcher angebracht, durch welche die Siederöhren der Reinigung zugänglich ſind.

Die Heizgaſe, indem ſie vom Roſte aufſteigen, ſtoßen ſich an die querliegenden Siederöhren und teilen hierdurch ihre Wärme beſſer mit, als wenn ſie die Heizfläche nur ſeitwärts berührten und direkt in den Schornſtein zögen. Der Schornſtein geht durch den Dampfraum und die Rauchgaſe trocknen infolge deſſen den Dampf; unter regelmäßigen Verhältniſſen iſt es nicht geraten, die Heizfläche in den Dampfraum zu legen; da jedoch bei der dargeſtellten Konſtruktion die durch den Schornſtein abziehenden Gaſe bereits zum größten Teil abgekühlt ſind, ſo iſt nicht zu befürchten, daß die Heizfläche glühend wird.

Da auf den Oberteil der Siederöhren ſich Ruß und Aſche lagern, müſſen dieſelben durch die Feueröffnung mindeſtens einmal täglich ab= gefegt werden.

Die ſtehenden Keſſel beſitzen nur eine geringe Waſſerfläche, daher der Dampf vom Dampfdome abzuleiten iſt, da ſonſt viel Waſſer in den Cylinder geriſſen wird.

Statt großer Siederöhren pflegt man auch 3—4 kleinere in mehreren Reihen quer untereinander zu legen, welche Röhren die Heiz=

gase besser teilen, lebhaftere Wasserbewegug und sonach eine raschere Dampfbildung hervorrufen, als die größeren Röhren; jedoch ist ihre Reinigung eine umständlichere, und darum sind sie auch nur bei vollkommen reinem Speisewasser zu empfehlen.

Einigermaßen abweichend von dieser Konstruktion ist der in Figur 2 und 3 dargestellte, von Herrmann Lachapelle in Paris erzeugte Field'sche Kessel, dessen Hauptbestandteile gleichfalls der äußere Cylinder und die innere cylinderförmige Feuerbüchse sind; von der flachen oder schwachgebogenen Decke der letzteren ragen zahlreiche unten geschlossene Röhren in den Feuerraum hinab. Diese werden durch den Dampf so kräftig an die Öffnung der Röhrenwand gedrückt, daß sie ohne jegliche Befestigung weder Dampf noch Wasser durchlassen.

In die schmiedeeisernen Röhren werden oben mit Flügeln versehene Röhren von kleinerem Durchmesser gehängt, welche oben mit ungefähr 50 mm herausragen, unten aber ungefähr mit ebensoviel von den eisernen Röhren abstehen. Bei der Erwärmung des Wassers kommt das die inneren Röhren umschließende Wasser mit den die Heizfläche

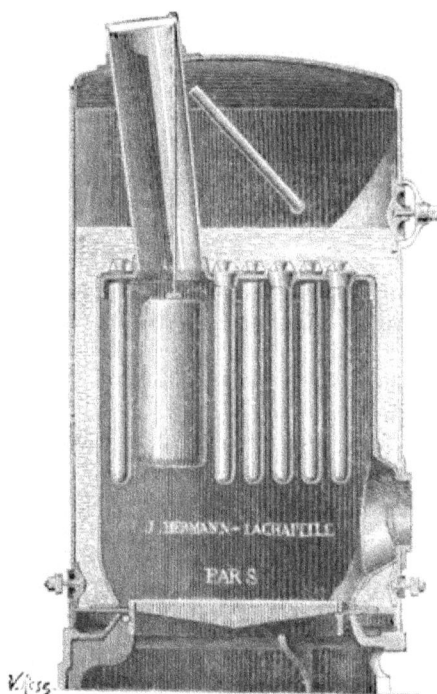

Fig. 2.

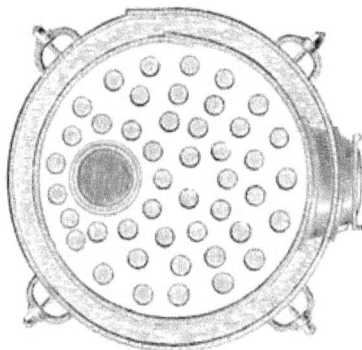

Fig. 3.

bildenden äußeren Röhren in unmittelbare Berührung, erwärmt ſich
raſch und ſteigt vermöge ſeiner geringeren Dichtigkeit aufwärts, das ab=
gehende Waſſer aber wird aus den inneren Röhren erſetzt, ſo daß ſich
eine lebhafte Waſſerbewegung einſtellt, welche die Dampfbildung weſent=
lich befördert.

Damit die Heizgaſe nicht unmittelbar in den Schornſtein ent=
weichen, iſt zwiſchen den Röhren eine gußeiſerne Birne angebracht, durch
deren Hebung und Senkung wir zugleich auch den Luftzug regulieren
können.

Der Vorteil des Field'ſchen Keſſels iſt daher die raſche Dampf=
bildung; da jedoch das kalte Waſſer in die hohe, innere Röhre fließt,
das warme Waſſer aber aus der niedrigern äußern Röhre aufſteigt,
ſo reißen die mit großer Kraft emporſchnellenden Dampfbläschen durch
die ohnehin geringe Waſſerfläche hindurch viele Waſſerteilchen mit ſich fort.

Dieſer Nachteil wird einigermaßen wett gemacht,
wenn wir ſtatt der geſchilderten Röhren Todd'ſche
Röhren anwenden (ſiehe Fig. 4); bei dieſen wird in
der äußern Röhre eine halbcylinderförmige Blech=
hülſe angebracht, bei welcher das kalte Waſſer ſeit=
wärts einſtrömt, das warme Waſſer aber in der
Mitte oben aufſteigt.

Bei all' dieſen Konſtruktionen mit freihängenden
Röhren finden trotz der raſchen Waſſerbewegung
große Ablagerungen von Schlamm und Keſſelſtein
ſtatt, deren Entfernung überaus umſtändlich iſt. Zwar
wird vielfach behauptet, daß der Keſſelſtein von dieſen
Röhren durch Erwärmung oder durch Beklopfung
mit Holzhämmern abſpringt; in der Praxis jedoch
gelingt es nur durch ein langſchäftiges ſcherenartiges
Werkzeug mit aufgebogener und geſchärfter Spitze,
den Keſſelſtein aus dem Innern der Röhren heraus=
zukratzen.

Fig. 4.

Die ſtehenden Keſſel eignen ſich nur für eine kleine Zahl (2—4)
von Pferdekräften, da ihre Heizfläche eine ſehr begrenzte iſt. Bei größeren
Pferdekräften würden ſich für die Landwirtſchaft unſtatthafte Dimenſionen
ergeben.

Der Vorteil der ſtehenden Keſſel iſt, daß ſie einen geringen
Raum einnehmen, eine raſche Dampfbildung ermöglichen und verhält=
nismäßig wohlfeil ſind; ihr Nachteil iſt jedoch, daß infolge ihrer
geringen Waſſerfläche der Dampf viel Waſſer mit ſich reißt, daß ſie
ſchwerer zu reinigen ſind und daß die Heizkraft des Brennſtoffes durch
dieſelben nur unvollkommen ausgenützt wird.

2. Liegende Lokomobilkessel.

Der liegende Lokomobilkessel wird entweder mit Feuerbüchse oder mit Feuerröhren hergestellt. Die einzelnen Systeme weichen von einander in der Regel nur in der Anlage der Feuerbüchse ab.

a) Kessel mit liegender cylindrischer Feuerbüchse. (Deutsches System.)

Der Kessel besteht, wie wir aus der von R. Wolf in Buckau-Magdeburg verfertigten und in Fig. 5 dargestellten Lokomobile ersehen,

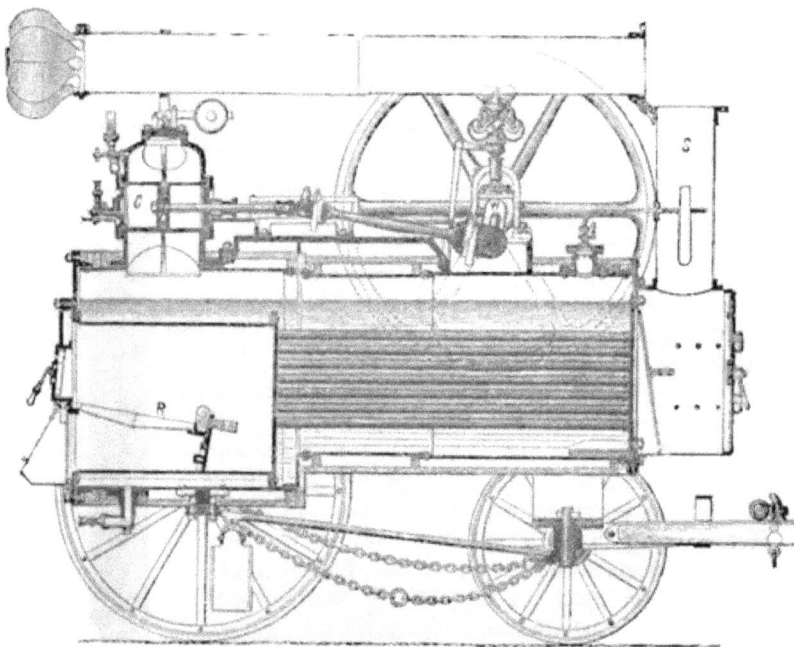

Fig. 5.

seinem Wesen nach aus einer liegenden cylinderförmigen Feuerbüchse, einem horizontalliegenden Außencylinder, den Feuerröhren und der Rauchkammer.

Die Stirnwand der äußeren Feuerbüchse ist eben und kreisförmig. Die innere Feuerbüchse ist unten halbkreisförmig, oben aber flach, daher sie auch hier mit Hilfe von Deckbarren zu versteifen ist, welche aus je zwei vernieteten Blechplatten gebildet werden. Um die Decke der Feuerbüchse spannen zu können, liegen diese Barren nur mit ihren Enden auf der Decke auf; doch darf der Raum unter den Spannschrauben nicht so groß sein, daß die Decke durch übermäßige Anziehung der

Schrauben aufwärts gedrückt werden kann; man pflegt denn auch, wenn dieſer Raum groß iſt, zwiſchen Decke und Barren noch einzelne Eiſen= ringe einzuſchalten.

Desgleichen ſind auch die Stirnplatte der äußeren Feuerbüchſe und die Röhrenplatte des Cylinderkeſſels mittelſt Ankerſchrauben zu verbinden. Solche Ankerſchrauben werden aus einem Stücke oder zwei= teilig verfertigt, und werden im letzteren Falle die beiden Enden durch ein rechts= und linksgängiges Schraubengehäuſe zuſammengehalten, durch welches ſie je nach Bedarf angeſpannt werden können. Wenn 3 Ankerſchrauben verwendet werden ſollen, ſo iſt die mittlere etwas weniger anzuziehen, als die beiden Seitenſchrauben.

Im Unterteile der inneren Feuerbüchſe wird der Roſt R angebracht, hinter welchem aus feuerfeſtem Gemäuer eine Feuerbrücke angelegt wird. Die hinter dieſer ſich anſammelnden Aſchen= und Rußteile, ſowie der aus den Feuerröhren herausgefegte Ruß, können nach Öffnung der unterhalb der Feuerbrücke befindlichen Fallthüre herausgekratzt werden, doch iſt dieſe Thüre während des Betriebes abzuſchließen, damit keine kalte Luft die Heizfläche des Keſſels kühlen kann.

Zwiſchen der Feuerbüchſe und der Rauchkammer liegen die Feuer= röhren; dieſe ſind gezogene ſchmiedeeiſerne Röhren von 40 bis 60 mm Durchmeſſer und von ungefähr 2,5 oder 3 mm Dicke; dieſelben werden in der Hinterwand der inneren Feuerbüchſe und in der Vorderwand der Rauchkammer, d. i. in der Schlußplatte des Cylinderkeſſels befeſtigt, und werden dieſe Platten Röhrenwände genannt. In dieſe Röhren= wände ſind die Löcher für die Feuerröhren genau zu bohren; auch pflegt man die Löcher der Röhrenwand der Rauchbüchſe um 2—3 mm größer, jene der Röhrenwand der Feuerbüchſe aber um 1—2 mm kleiner zu bohren, als der Durchmeſſer der Feuerröhren iſt; ſo erreichen wir, daß die Röhren, ſelbſt wenn ſie von einer Keſſelſteinſchicht bedeckt werden, ſich an der Seite der Rauchkammer herausziehen und ſich nach erfolgter Reinigung bequem zurückſchieben laſſen.

Entſprechend den größeren Lochdurchmeſſern der Rauchkammer= röhrenwand müſſen die Feuerröhren hier geſtaucht werden; einige Fabrikanten verſehen dieſen Teil mit Schraubengewinde, um ihn in die Röhrenwand der Rauchkammer einzuſchrauben, während das andere Ende der Feuerröhre ſtets gekrämpt wird. Die Schraubung ſichert jedenfalls eine dauerhafte dampf= und waſſerdichte Verbindung, doch erſchwert ſie bei der Reinigung die Herausnahme und Wiedereinrichtung der Röhren.

Da das in die Feuerbüchſe reichende Ende der Feuerröhren teils verbrennt, teils bei dem Herausſchlagen beſchädigt wird, ſo iſt es vor der Rückverlegung abzuſchneiden und durch Anſchweißen eines neuen

Rohrstückes zu erseßen. Um beim Abschneiden kleinerer Teile die Arbeit des Anschweißens zu ersparen, werden die Feuerröhren an der Seite der Rauchkammer nicht gekrämpt, sondern um 30—50 mm länger gelassen und bloß durch Stauchen verdichtet.

Die Feuerröhren werden entweder vertikal unter einander, oder — um möglichst viel Röhren einlegen zu können — unter einem Winkel von 30—60 Grad angebracht. Die vertikale Anlage er= leichtert die Reinigung, während die wechselnde Anlage mehr Röhren einzulegen gestattet und dadurch eine größere Heizfläche ergibt. In= dessen bleiben zwischen den Heizröhren höchstens 25—30 mm große Zwischenräume, welche sich daher bei schlechtem Speisewasser leicht mit Schlamm und Kesselstein füllen, was das Verbrennen der Röhren verursachen kann, daher auch bei solchen Röhren die vertikale Anlage vorteilhafter ist.

Das Ende des Kessels bildet die Rauchkammer, deren cy= lindrischer Teil aus dünnen Blechplatten besteht, deren Röhrenplatte aber aus starkem Blech verfertigt wird. Die äußere Platte der Rauch= kammer wird mit Rücksicht auf die Reinigung der Feuerröhren durch eine Thüre geschlossen, an welche, um sie gegen Abkühlung zu beschützen, von innen in einer Entfernung von 2—4 cm auch noch eine Schuß= platte angebracht zu werden pflegt.

Um den in der Rauchkammer sich ansammelnden Ruß zu entfernen, ist es zweckmäßig im Boden derselben eine mit einem Schieber ver= schließbare Öffnung zu belassen, durch welche der Ruß auch während der Arbeit entfernt werden kann, ohne die Rauchkammerthüre öffnen zu müssen; letzteres ist darum zu vermeiden, weil sonst viel kalte Luft in die Feuerröhren kommen und dieselben abkühlen würde.

Auf den oberen Teil der Rauchkammer wird ein aus Gußeisen oder Blech verfertigter Schornsteinstußen befestigt, welcher in Scharnieren den ca. 250—300 mm dicken und 2—2,5 m hohen Schornstein aus Blech trägt.

Die Stirnplatte der äußeren Feuerbüchse, sowie die Röhrenplatte an der Seite der Rauchkammer sind durch Schrauben an die ent= sprechenden Flantschen des äußeren Kessels befestigt. Nach Lösung dieser Schrauben können die innere Feuerbüchse samt den Feuerröhren, sowie auch die Rauchkammer samt der Röhrenwand herausgezogen und sonach der Zwischenraum der Feuerröhren und auch das Innere des Kessels sehr bequem gereinigt werden. Indessen erheischt die Wiederzusammenstellung dieser Bestandteile einige Umsicht. Zur Dichtung sind zwischen die abgedrehten und mit Kreisfurchen ausgestatteten Verbindungsflantschen Gummiringe, bei höherer Spannung aber Kupferdraht einzulegen und die Bindeschrauben sorgfältig anzuziehen.

In dieser Hinsicht bleibt noch zu beachten, daß welche Platte auch mittelst Bindeschrauben an eine andere gebunden wird, der Reihe nach zunächst die eine Schraube, dann die gegenüberliegende, dann die auf diese beiden senkrecht stehenden und endlich die dazwischenliegenden schwach anzuziehen sind, und dann erst mit der kräftigen Anziehung der Schrauben in derselben Reihenfolge zu beginnen ist. Bei der Lösung der Schrauben ist gleichfalls dieser Vorgang zu beobachten.

Wichtig ist, daß bei diesem System auch unter dem Aschenkasten sich Wasser befindet. Es wird hierdurch eine lebhafte Wasserbewegung erzielt und dient dieser Teil des Aschenkastens zugleich als Schlamm= sammler.

Die dargestellte Konstruktion ist auch im Hinblick auf die Reinigung eine vorteilhafte zu nennen, sodaß sie an Orten, wo man mit unreinem Speisewasser zu arbeiten genötigt ist und ein gewandtes Personal zur Verfügung steht, sich sehr vorteilhaft anwenden läßt.

b) Heizrohrkeffel.

Die Lokomobilen dieses Systems weichen wesentlich von der früheren Konstruktion ab.

Die Hauptbestandteile dieses von Gebrüder Höcker in Budapest verfertigten Kessels sind, wie Fig. 6 zeigt, der äußere liegende Cylin= der, das darin angebrachte Heizrohr und die Feuerröhren.

Die Heizgase verbrennen auf dem im Heizrohre angebrachten Roste, ziehen über die gemauerte Feuerbrücke das Heizrohr entlang, vermengen sich in der Feuerkammer und geraten im Wege der Feuer= röhren abermals durch den Kessel hindurch in die Rauchkammer, von wo sie in den Schornstein empor gelangen.

Durch die zweifache Durchleitung der Rauchgase durch den Wasser= raum des Kessels wird deren bessere Ausnutzung beabsichtigt. Jeden= falls kann durch das Heizrohr die Heizfläche vergrößert werden; in= dessen verteilen die zahlreicheren Feuerröhren der Feuerbüchsen=Systeme wirksamer die Heizgase und vermögen die letzteren rascher abzukühlen, so daß in dieser Hinsicht den Heizrohr=Konstruktionen bei den Loko= mobilen kein sonderlicher Vorteil nachzurühmen ist.

Bei dem in unserer Figur veranschaulichten Kessel ist das Heiz= rohr nicht vollständig kreisförmig, vielmehr ist sein unterer Teil nach größerem Durchmesser gekrümmt, infolge dessen derselbe zur Aufnahme einer größeren Rostfläche fähig ist, und werden sich auch mehr Feuer= röhren im Wasserraum anbringen lassen, als bei einem cylindrischen Heizrohr von entsprechender Größe.

Der Unterteil des Heizrohres ist infolge seiner Gestalt noch be= sonders zu verstreben, zu welchem Behufe auf denselben querüber ein=

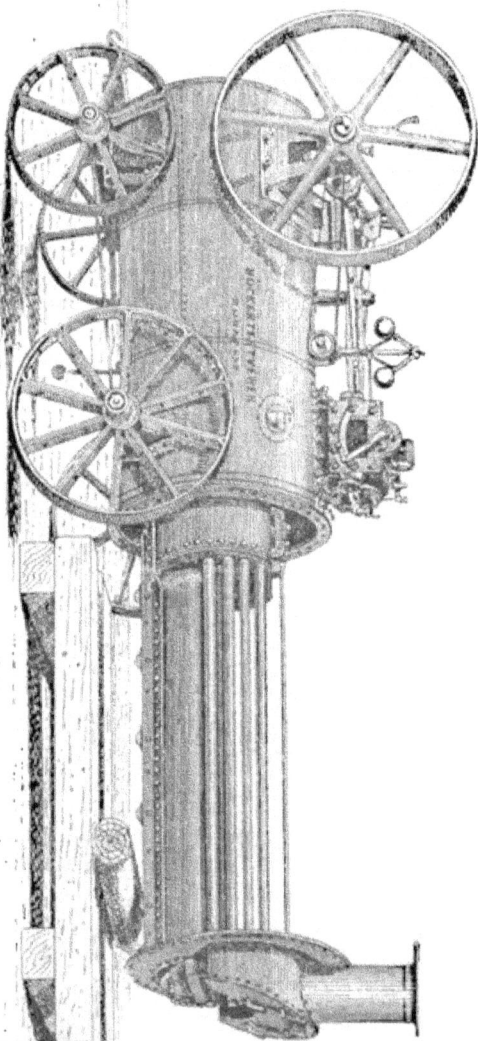

zelne T förmige Träger genietet werden. Überdies ſind längs des Heiz=
rohres zwei Eiſenſchienen an dasſelbe befeſtigt, durch welche das Rohr
im äußern Chlinder ruht.

Am Ende des Heizrohres erblicken wir die Feuerkammer, deren
obere Deckplatte durch 3 Deckbarren verſteift iſt. Die flache hintere
Platte der Feuerkammer und die hintere Schlußwand des äußern
Chlinders werden durch Stützſchrauben verbunden.

Die Feuerröhren um das Heizrohr werden an einem Ende in die
Feuerkammer, am andern Ende aber in die Röhrenwand der oberhalb
der Feuerthüre befindlichen Rauchkammer befeſtigt. Dieſe Röhrenwand,
welche gleichzeitig die innere Endplatte des äußern Chlinders bildet,
iſt mittelſt einer Ankerſchraube an den mittleren Deckbarren befeſtigt,
und überdies mit vernieteten Streben verſteift.

Die Stirnplatte wird durch Schrauben an die Flantſche des
äußern Chlinders gebunden und derart gedichtet, wie dies bei den
Lokomobilen des deutſchen Syſtems beſchrieben wurde. Bei der Zer=
legung des Keſſels ſind alſo bloß dieſe Schrauben und die Stützſchrauben
der Feuerkammer zu löſen, worauf, wie dies in unſerer Figur darge=
ſtellt erſcheint, das Heizrohr, die Feuerkammer, die Heiz= und Feuer=
röhren und die Stirnplatte ſamt der Rauchkammer zugleich über die
untern Schienen geſchleift, ſich herausziehen laſſen und der Keſſel in
allen ſeinen Teilen vom Schlamm und Keſſelſtein leicht gereinigt wer=
den kann.

Die Zuſammenſtellung dieſes Keſſels erheiſcht beſondere Sorgfalt,
da die gute Verdichtung ſeiner Flantſchen nur ſo gelingt, wenn die
Schienen des Heizrohres genau im äußern Keſſel aufliegen, ſo daß
bei der Anziehung der Schrauben ſich zwiſchen den Flantſchen ein gleicher
Zwiſchenraum befindet.

Überdies iſt auch die Anziehung der hinteren Stützſchrauben
ſchwierig, da die inneren Schraubenmuttern derſelben ſchon im voraus
derart zu ſtellen und durch das Mannloch anzuziehen ſind, daß beim
Anziehen der äußeren Schraubenmuttern die hintere Platte der Feuer=
kammer weder eingedrückt, noch nach auswärts geſpannt wird.

Alle jene Keſſel, deren innere Konſtruktion leicht herauszunehmen
iſt, werden Keſſel mit ausziehbaren Röhren genannt. Ihr großer
Vorteil iſt die leichte Art, in welcher ſie ſich reinigen laſſen; dem
gegenüber ſteht jedoch der Nachteil, daß ſie teuer ſind und ihre Be=
handlung nur einem geübten Maſchiniſten anvertraut werden kann.

c) Keſſel mit lokomotivartiger Feuerbüchſe. (Engliſches Syſtem.)

Die beiden gebräuchlichſten Formen der Lokomobilkeſſel engliſchen
Syſtems ſind in den Figuren 7, 8 und 9 zur Anſchauung gebracht.

Beide Konstruktionen bestehen aus einer ineinandergefügten doppelten Feuerbüchse, aus einem horizontal liegenden Chlinder, den im letzteren untergebrachten Feuerröhren und der den Schornsteinstutzen haltenden Rauchkammer.

Die äußere Feuerbüchse ist von flachen Seitenplatten und einer halbchlindrischen Oberplatte begrenzt, während die innere Feuerbüchse bloß aus flachen Platten besteht.

Die beiden Formen weichen eben in der Oberplatte der äußern Feuerbüchse von einander ab. Bei dem in Fig. 7 und 8 dargestellten Kessel bildet die obere Verlängerung des horizontalen Chlinders zugleich

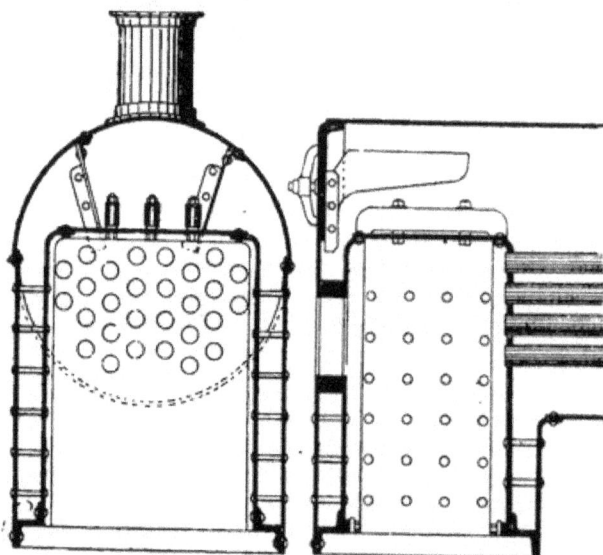

Fig 7.   Fig. 8.

die Oberplatte der Feuerbüchse, während bei dem andern von H. Lanz in Mannheim konstruierten Kessel (siehe Fig. 9) die Oberplatte der Feuerbüchse höher liegt, die Feuerbüchse selbst aber mit dem horizontalen Chlinder durch die hintere Seitenplatte verbunden ist. Die erstere Konstruktion ist zwar einfacher, doch ist der Dampfraum ein geringerer, daher es auch bei Verwendung solcher Kessel geraten ist, wenn sich auf dem Kessel ein besonderer Dampfdom befindet.

Die beiden Feuerbüchsen werden entweder unten durch Einfügung eines viereckigen Eisenrahmens, oft auch eines └förmigen Façoneisens vernietet, oder man vernietet die gegen einander ausgebogenen Ränder der beiden Feuerbüchsen mit einander.

Dieſe letztere Verbindungsart hat den Vorteil, daß die innere Feuerbüchſe ſich frei ausdehnen kann und die vom Waſſer nicht gekühlten Verbindungsteile vom Roſte entfernter zu liegen kommen. Überdies gewährt auch die Biegung der Platte Sicherheit für die Güte des Materials, da ſchlechtes Material ſich nicht aushämmern und biegen läßt.

Auch bei der Heizthüre wird entweder ein viereckiger Rahmen zwiſchen die Wände der beiden Feuerbüchſen gefügt, oder es werden die Stirnplatten der beiden Feuerbüchſen gegenſeitig ausgebogen und

Fig. 9.

unmittelbar vernietet, infolgedeſſen die verbindenden Nietköpfe auch nicht ſo leicht verbrennen können. Es iſt zweckmäßig, zwiſchen den Platten noch einen ſchmiedeeiſernen Ring von ungefähr 10 mm Dicke anzubringen.

Es war bereits erwähnt, daß die flachen Teile des Keſſels einem großen Drucke nicht zu widerſtehen vermögen und ſonach zu verſteifen ſind. Die Stirnplatten und die Seitenwände der beiden Feuerbüchſen

sind derart zu versteifen, daß die zwischen ihnen befindlichen Fugen
durch Stehbolzen gesichert werden. Es sind dies Schrauben mit fei=
nem Gewinde, bei welchen behufs größerer Dauerhaftigkeit von dem,
zwischen den beiden zu verbindenden Platten befindlichen Teile, das
Schraubengewinde abgedreht wird. Diese Bolzen verbinden die Wände
der Feuerbüchse in Intervallen von 130 bis 150 mm. Die Feuer=
büchsenwände sind zu diesem Zwecke zu durchbohren und in die korre=
spondierenden Bohrlöcher sind zu gleicher Zeit feine Schraubengewinde
zu schneiden. Nach Eindrehung der Stehbolzen werden deren Enden
zu Nietköpfen umgestaltet.

Behufs Eindrehung der Stehbolzen wird das eine Ende der
Schraube viereckig gefeilt, welcher Teil jedoch vor Verfertigung der Niet=
köpfe abzuschneiden ist; oder es werden auf die Bolzen zwei Schrauben=
muttern gedreht, und kann der Bolzen sodann mittelst Schraubenschlüssels
leicht eingeschraubt werden; die herausragenden Schraubengewinde sind
immer abzufeilen. Man pflegt auch solche Stehbolzen zu verwenden,
zu denen der eine Kopf schon im voraus verfertigt worden ist; indessen
werden solche Köpfe nie so gut wie die unmittelbar gehämmerten auf=
liegen und können insbesondere bei nachträglicher Verdichtung leicht
bersten. Da die Nieten kalt gehämmert werden, so sind sie aus dem
besten Material zu verfertigen.

Bei der Feuerung erreichen die Flammen nur die innere Feuer=
büchse, während die äußere bloß vom Dampf und Wasser gewärmt
wird. Infolgedessen dehnt sich die innere Feuerbüchse erheblich mehr
als die äußere aus, und sind die, die beiden Feuerbüchsen verbindenden
Stehbolzen fortwährenden Biegungen ausgesetzt, infolgedessen sie nicht
selten reißen und das Eindrücken der Feuerbüchse verursachen können.
Um das etwaige Reißen der Bolzen rasch wahrzunehmen, pflegt man
dieselben mit einer bis zur Mitte reichenden feinen Bohrung zu ver=
sehen, durch welche, wenn die Bolzen reißen, Wasser herausströmt.

Da der Oberteil der Stirnplatte der äußeren Feuerbüchse mittelst
Stehbolzen nicht versteift werden kann, so wird er durch 2—3 Anker=
schrauben mit dem Oberteile der Röhrenwand der Rauchkammer ver=
bunden.

Bei größeren Kesseln pflegt man den Oberteil der Stirnplatte
der äußeren Feuerbüchse sowie jenen der Röhrenwand der Rauchbüchse
nebst Ankerschrauben auch durch aufgeniete Winkeleisen zu versteifen.

Damit der Dampfdruck die obere Flächenplatte der inneren Feuer=
büchse nicht eindrücken kann, wird dieselbe mit Hilfe der bekannten
Deckbarren versteift.

Indessen beeinträchtigen sämtliche Versteifungsteile die Zugäng=
lichkeit des inneren Kesselraumes, ganz abgesehen davon, daß die Steh=

bolzen und ſonſtige Verbindungsſtellen durch ihr raſches Verroſten die
Abnutzung des Keſſels beſchleunigen, demzufolge der Keſſel ſchwerer zu
reinigen iſt und ſich raſcher abnutzt. Demgegenüber geht das allge=
meine Streben dahin, die Verſteifungen durch zweckmäßige Form und
Dimenſionen thunlichſt entbehrlich zu machen.

So können die Deckbarren, welche gewöhnlich die Sammelſtelle
von Schlamm und Keſſelſtein ſind und deren Fugen ſich durch Werk=
zeuge kaum reinigen laſſen, dadurch vermieden werden, daß die Decke
der Feuerbüchſe aus gewellten Platten hergeſtellt wird. Dieſe gewellte

Fig. 10.

Decke iſt vermöge ihrer Form ſo widerſtandsfähig, daß ſie keiner be=
ſonderen Verſteifung bedarf und der ſich auf ſie ablagernde Keſſelſtein
ſich leicht entfernen läßt. Auch lagert ſich auf ſolche Wellenflächen
dicker Keſſelſtein gar nicht ab, da ſolche Flächen bei jeder Temperatur=
veränderung fortwährende kleine Formveränderungen erleiden, wodurch
der Keſſelſtein abſpringt. Die in Fig. 10 dargeſtellte Feuerbüchſe wird
von der Leiſtoner Firma R. Garrett & Sohn hergeſtellt; die Decke
wird aus vorzüglichem Schmiedeblech im Wege des Preſſens verfertigt.

Die Maschinenfabrik der ungarischen Staatsbahnen kon=
struiert gleichfalls Feuerbüchsen mit gewellter Decke (s. Fig. 61 u. 62); bei
diesem sind die beiden Stirnplatten der Feuerbüchse oben halbkreis=
förmig, die Wellen ziehen sich dagegen an der Seite und im Bogen hin;
dies hat, gegenüber der vorigen Konstruktion, den Vorteil, daß in die
Mulden sich kein Schlamm legen kann und sonach die Decke während
des Betriebes möglichst rein bleibt, was besonders darum von Wichtig=
keit ist, weil die Decke beständig von Heizgasen hoher Temperatur be=
leckt wird.

Auf den Unterteil der beiden Stirnplatten der inneren Feuerbüchse
sind Schienen genietet, auf welchen die gußeisernen Roststäbe ruhen.

Unterhalb des Rostes befindet sich der Aschenkasten, welcher ent=
weder besonders dahin gehängt (Fig. 9) oder aus dem Blech der
Feuerbüchse hergestellt wird.

Auf dem Roste verbrennt das Brennmaterial; die entstehenden Heiz=
gase berühren die Wände der inneren Feuerbüchse und gelangen durch
die Feuerröhren in die Rauchkammer und von da in den Schornstein.

Der cylindrische Teil der Rauchkammer wird zumeist aus dem
verlängerten Kesselblech verfertigt. Behufs Materialersparung stellen einige
Fabrikanten den cylindrischen Teil der Rauchkammer aus dünnen Blech=
platten dar, und befestigen denselben durch Nieten an den Cylinderkessel.

Das Wasser soll in diesen Kesseln mindestens 10 cm hoch über
der Decke der innern Feuerbüchse stehen, so daß die Feuerröhren noch
etwas höher vom Wasser bedeckt sind.

Der aus dem Speisewasser sich aussondernde Schlamm lagert sich
zwischen die Seitenwände der beiden Feuerbüchsen, sowie auch zwischen
die Fugen der Deckbarren und kann von da, wenn er harte Krusten
bildet, fast gar nicht entfernt werden; schlechtes Speisewasser muß denn
auch bei solchen Kesseln, wie dies später eingehend behandelt werden
soll, zuvor gereinigt werden.

Behufs Entfernung des Schlammes soll an allen Seiten der
äußeren Feuerbüchse und zwar in den unteren Ecken je ein Schlammloch
angebracht sein, durch welches hindurch der Schlamm mittelst Krätzers
herausgescharrt und mit Hilfe einer Spritze herausgeschwemmt werden
kann. Behufs Reinigung des inneren Kesselraumes befindet sich in der
Deckenhöhe der inneren Feuerbüchse ein Mannloch, welchem gegen=
über an der entgegengesetzten Seitenwand der äußern Feuerbüchse ein
Putzloch, oder gleichfalls ein Mannloch zweckmäßig anzubringen ist, da
die gesamten Teile der Feuerbüchsen=Decke nur hierdurch zugänglich und
kontrollierbar werden. Überdies soll auch am Unterteile der Rauch=
kammer=Röhrenplatte ein Schlammloch sich befinden, während an der tief=
sten Stelle der Feuerbüchse eine Ausblase=Öffnung angebracht werden soll.

d) Keſſel mit liegender elliptiſcher Feuerbüchſe. (Amerikaniſches Syſtem).

Die amerikaniſche Feuerbüchſe (Fig. 11 und 12) iſt vollkommen geſchloſſen und zirkuliert bei ihr auch unter dem Aſchenkaſten Waſſer; die Vorteile ſolcher Einrichtung ſind bereits oben angedeutet worden.

Die innere Feuerbüchſe wird vor der Anbringung der Stirnplatte an ihren Platz gebracht; dieſelbe bedarf vermöge ihrer elliptiſchen Ge= ſtalt keiner Deckbarren und wird nur durch eine geringe Zahl von Stehbolzen gehalten, überdies aber mittelſt 2—4 Ankerſchrauben mit dem Dampfdom verbunden.

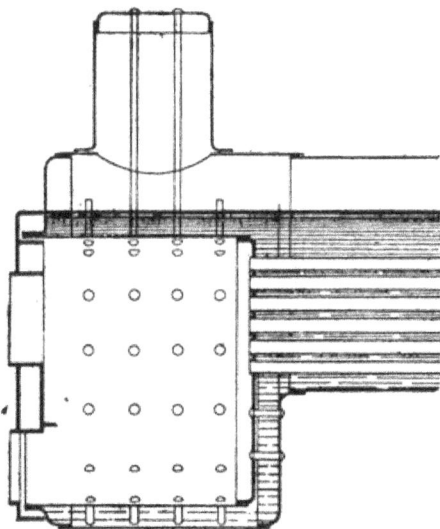 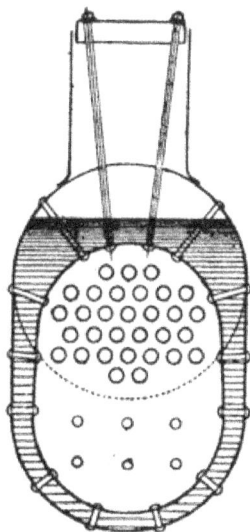

Fig. 11.   Fig. 12.

Die Stirnplatte der äußeren Feuerbüchſe wird gewöhnlich aus Gußeiſen verfertigt und iſt für die Feuerbüchſe, ſowie für die Öffnung des Aſchenkaſten durchbrochen.

Da bei ſolchen Keſſeln der Dampfraum in der Regel ein geringer iſt, wird über der Feuerbüchſe noch ein Dampfdom angebracht, von deſſen höchſter Stelle der Dampf entnommen wird.

e) Keſſel mit ſtehender cylindriſcher Feuerbüchſe. (Franzöſiſches Syſtem.)

Bei den Lokomobilkeſſeln ſolcher Art finden wir zwei Syſteme ausgebildet. (S. Fig. 13, 14 und 15.) Bei beiden beſteht die Feuer= büchſe aus zwei ineinander geſchobenen Cylindern und nur die Röhren= wand der innern Feuerbüchſe bildet eine ebene Fläche. Infolge dieſer

zweckmäßigen Gestalt können die Stehbolzen zum größten Teil weg=
fallen und kann demnach die

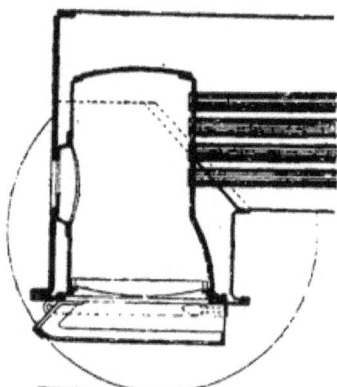

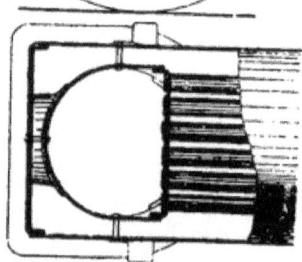

innere Feuerbüchse sich freier
als beim englischen System
ausdehnen.

Die beiden dargestellten
Konstruktionen weichen darin
voneinander ab, daß bei der
einen die obere Verlängerung
des. liegenden Cylinderkessels
gleichzeitig die obere Wand
der äußeren Feuerbüchse bildet,
wohingegen bei der in Fig. 15
dargestellten Lokomobile die
cylinderförmige äußere Feuer=
büchse sich über den horizon=
talen Cylinder erhebt und
gleichzeitig den Dampfdom
bildet.

Die Röhrenwand der in=
nern Feuerbüchse ist unten aus=
gebaucht und kann der Rost
demnach genügend groß ge=
wählt und können überdies

Fig. 13.

Fig. 14.

Fig. 15.

auch längere Feuerröhren verwendet werden, wodurch die Heizfläche

weſentlich vergrößert wird. Indeſſen ſchlagen die Flammen ſich ober=
halb des Roſtes unmittelbar an die vorſpringende Röhrenwand, welche,
wenn ſie nicht anders durch eine feuerfeſte Verdeckung geſtützt wird,
dadurch leicht verbrennt.

C. Die Heizeinrichtung der Lokomobilkeſſel.

Unter Verbrennung verſtehen wir im gewöhnlichen Leben die raſche
Vereinigung der Brennſtoffe mit dem Sauerſtoff der Luft, in deren Ver=
lauf eine ſtarke Wärmeentwickelung und Lichtwirkungen wahrnehmbar ſind.

Damit ein Brennſtoff ſich entzünden kann, muß derſelbe vorerſt
auf die Temperatur ſeiner Entzündung erhitzt werden. Auch iſt über=
dies zum Weiterbrennen eine gewiſſe Temperatur erforderlich. Die er=
forderliche Steigerung der Temperatur der Brennſtoffe wird eben die
im Feuerraume ſich bildende Wärme hervorrufen, vorausgeſetzt, daß
die letztere nicht allzuraſch abgeleitet wird.

Die Brennſtoffe verbrennen mit Flamme, wenn ſie vor dem
Verbrennen zu Gas umgewandelt werden, widrigenfalls glühen ſie nur.
Wir wiederholen jedoch, daß die Gaſe, ſowie auch die feſten Brenn=
ſtoffe vorerſt auf die Temperatur der Entzündung zu bringen, dann
mit einer entſprechenden Quantität von Luft möglichſt innig zu ver=
mengen, ferner daß die Brennſtoffe, ſowie auch die Miſchung von Gas
und Luft ſelbſt während des Verbrennungsprozeſſes auf möglichſt hoher
Temperatur zu erhalten ſind. Selbſtverſtändlich werden die verſchie=
denen Brennſtoffe bei verſchiedener Temperatur ſich entzünden und ihre
Verbrennung erheiſcht demnach auch eine mehr oder minder hohe
Temperatur.

Für landwirtſchaftliche Zwecke ſind nur ſolche Brennſtoffe von
Wert, welche zu wohlfeilen Preiſen zu beſchaffen und leicht zu trans=
portieren ſind; ſo das Holz, Stroh, Torf, Braunkohle und Steinkohle.
All dieſe Stoffe ſind hauptſächlich aus Kohlenſtoff, Waſſerſtoff und
Sauerſtoff zuſammengeſetzt, enthalten aber auch in geringem Maße
Schwefel, ferner Erdteile und ſalzige Miſchungen, ſowie Waſſer; unter
all dieſen Beſtandteilen wird hauptſächlich der Kohlenſtoff große Wärme=
quantitäten erzeugen, indem er mit dem Sauerſtoff der Luft zu Kohlen=
oxydgaſen oder bei vollſtändiger Verbrennung zu Kohlenſäure verbrannt.

Der Schwefel greift bei ſeiner Verbrennung die Roſtſtäbe und
das Keſſelblech an, der Waſſergehalt des Brennſtoffes aber verurſacht
einerſeits Wärmeverluſt, da bei dem Verdünſten desſelben ein Teil der
ſich bildenden Wärmemenge verloren geht, anderſeits verurſachen die
Waſſerdünſte Verroſtung und bilden überdies eine pechartige Ablagerung
auf der Heizfläche, wodurch deren Wärmeleitungsvermögen gleichfalls
beeinträchtigt wird. Hieraus folgt, daß mit Ausnahme von einzelnen

Steinkohlenarten der Brennstoff vor dem Verbrennen nicht befeuchtet werden soll, wiewohl letzteres an manchen Orten üblich ist.

Die nicht verbrennenden Bestandteile des Brennstoffes versammeln sich als Schlacke und Asche in dem Aschenkasten, von wo sie von Zeit zu Zeit zu entfernen sind. Selbstverständlich ist ein Brennstoff um so besser, je weniger Schlacke und Asche er bei der Verbrennung zurückläßt.

Der Kohlengehalt des Brennstoffes verbrennt zu Kohlenoxydgas, wenn nur eine geringe Luftquantität zu ihm geleitet, oder wenn auf einmal viel Brennmaterial aufgelegt wird; hierdurch wird das Wärme= erzeugungsvermögen des Brennstoffes nur unvollständig verwertet. Die unvollständige Verbrennung kann stets aus den zum Schornstein heraus= strömenden Rauch und aus der großen Menge der Rußablagerung er= messen werden; im übrigen läßt sich die Qualität der Verbrennung auch aus der Lebhaftigkeit der Flamme und der Glut beurteilen. Voll= kommen läßt sich jedoch die Feuerung lediglich durch eine chemische Analyse der abziehenden Rauchgase beurteilen, da bei unvollständiger Verbrennung auch farblose Gase dem Schornstein entweichen, welche gleichfalls einen Verlust an Brennstoff verursachen.

Wenn die Luft in genügendem Maße zum Brennstoff gelangt und sich mit demselben gut vermengen kann, so verbrennt die Kohle zu Kohlensäure und dieser Fall ist es, in welchem der Brennstoff seine Fähigkeit, Wärme zu erzeugen, am besten verwertet. Überflüssige Luft darf aber gleichfalls nicht zum Brennstoff geleitet werden, da auch diese zu erhitzen ist, und in solchem Falle die im Feuerraume herrschende Temperatur abnehmen muß; ja durch Hinzuleitung übergroßer Luft= mengen kann die Temperatur in einer Weise abnehmen, daß der Brenn= stoff sich gar nicht mehr entzündet. Dies erklärt auch die Erscheinung, daß bei offenen Heizthüren das Feuer abzunehmen beginnt.

Es ist also von großem Belange, daß die Luft in stets regulierbarer Menge in den Feuerraum geleitet werde und es ist immer zweckmäßig, wenn es gelingt, mit möglichst wenig Luft eine möglichst vollkommene Verbrennung zu erzielen. Zur Regulierung der zum Brennstoffe hin= zu zu führenden Luftmenge dienen die Thüre des Aschenkastens und häufig auch die im Rauchfange befindliche Klappe.

Die Luft bringt durch die Spalten des Rostes zu dem Brennstoffe heran und da wir die Größe des Luftzuges regulieren können, so wird je nach Bedarf, mehr oder weniger Luft in den Feuerraum gelangen. Indessen kann durch dieselben Spalten des Rostes zur selben Zeit auch mehr Luft hineindringen, wenn die Geschwindigkeit derselben zunimmt; da jedoch jeglichem Brennstoffe nur ein gegebener zweck= mäßiger Luftzug entspricht, so ist es klar, daß je nach Qualität und

Quantität des zu verbrennenden Brennſtoffes auch verſchiedene Roſt=
ſyſteme zu wählen ſind und daß auf dem nämlichen Roſte verſchieden=
artige Brennſtoffe unmöglich rationell und ökonomiſch verbrannt werden
können.

Es war bereits erwähnt, daß die in den Feuerraum geleitete
Luft die Temperatur der Feuergaſe beeinflußt und hier iſt es am Platze
auf die Thatſache hinzuweiſen, daß bei vollkommener Verbrennung die
aus gewiſſen Brennſtoffen erzielbare Wärmequantität ſtets die nämliche
bleibt, wie lange auch der Verbrennungsprozeß ſelbſt andauern möge,
während die Höhe der am Feuerherde herrſchenden Temperatur je
nach der Geſchwindigkeit des Verbrennens und der zum Herde hinzu=
geleiteten Luftmenge eine wechſelnde ſein wird.

So gewinnen wir durch vollſtändige Verbrennung von 1 kg
Brennſtoff ſtets eine und dieſelbe Wärmemenge und kann die ge=
wonnene Wärmequantität das Wärmeerzeugungsvermögen des betreffen=
den Brennſtoffes genannt werden.

Bei unſern Lokomobilen iſt es unmöglich das Brennmaterial voll=
ſtändig zu verbrennen, da die Luft ſich nur unvollkommen mit den
brennbaren Gasteilchen vermengt, durch die Öffnungen des Roſtes
unverbrannte Brennſtoffreſte durchfallen und ein Teil der ſich bilden=
den Wärmemenge durch Ausſtrahlung, ein anderer Teil wieder da=
durch verloren geht, daß die zum Schornſtein hinausſtrömenden Heiz=
gaſe mit Rückſicht auf die Erzielung des erforderlichen Luftzuges noch
eine Temperatur von ungefähr 300 ° C. beſitzen müſſen.

So können denn höchſtens $^1/_3$ des Wärmeerzeugungsvermögen
oder der Verbrennungswärme des Brennſtoffes verwertet werden.

Je größer die Verbrennungswärme eines Brennmaterials, um
ſo mehr Dampf vermag daſſelbe auch unter den gleichen Verhältniſſen
zu erzeugen.

Die Verbrennungswärme der Brennſtoffe wird auf chemiſchem
Wege beſtimmt und laut Erfahrung ergibt bei Lokomobilfeuerung ein
Tauſendſtel der Verbrennungswärme eines Brennſtoffes deſſen Dampf=
erzeugungsvermögen, ſo daß im Durchſchnitte:

1 kg Schwarzkohle	6—8 kg Dampf zu erzeugen vermag,					
1 „ Braunkohle	4—6	„	„	„	„	„
1 „ Holz oder Torf	3	„	„	„	„	„
1 „ Stroh	1,5	„	„	„	„	„

Wollen wir die Brennſtoffe unter einander vergleichen, ſo iſt es
am zweckmäßigſten eine einfache praktiſche Probe anzuſtellen; an=
genommen, daß der Roſt allen zu erprobenden Brennſtoffen entſpräche,
ſo wird auf dem nämlichen Lokomobilherde unter möglichſt gleichen

Betriebsverhältniſſen in jedem einzelnen Falle feſtzuſtellen ſein, wie viel Brennmaterial verbraucht wurde.

Aus den Ergebniſſen der Probe werden wir mit Berückſichtigung der örtlichen Verhältniſſe leicht den Schluß ableiten können, welches Brennmaterial ſich am beſten verwenden läßt; am vorteilhafteſten iſt nämlich die Anwendung von ſolchem Brennſtoffe, mit welchem die er= forderliche Dampfquantität mit den geringſten Koſten ſich erzeugen läßt. In die Koſten des Brennſtoffes ſind ſelbſtverſtändlich nebſt dem Kauf= preiſe desſelben auch die Transportſpeſen einzurechnen. Nach dieſen Geſichtspunkten kann die Strohfeuerung häufig vorteilhafter, als die Kohlenfeuerung ſein,*) während in andern Fällen vielleicht die Holz= feuerung ſich als die zweckmäßigſte erweiſen dürfte.

Bei annähernd gleichen Koſten werden wir ſelbſtverſtändlich dasjenige Brennmaterial wählen, welches eine gleichmäßige Feuerung am ſicherſten und bei verhältnismäßig geringſter Aufſicht ermöglicht.

In dieſer Hinſicht können wir das Nachſtehende bemerken:

Holz enthält im friſchen Zuſtande ungefähr 20—50 Proz. Waſſer und zwar am wenigſten die Weißbuche, am meiſten die Weide und die Pappel. Sogar das auf der Luft getrocknete Holz enthält noch 15—25 Proz. Waſſer und ſo iſt bei Holzfeuerung die Verpechung der Heizfläche faſt unvermeidlich. Dazu verbrennt das Holz raſch und ſprüht viel Funken, läßt jedoch wenig Aſche zurück. Der Luftzug kann bei Holz ein geringerer als bei Steinkohle ſein, doch iſt die gleich= mäßige Feuerung nur ſchwerer einzuhalten. Die kurzen und nicht allzu dicken Holzſcheite werden am zweckmäßigſten je nach ihrer Trockenheit in 20—30 cm hohe Schichten gelegt und zwar ſo, daß nur wenig Zwiſchenraum bleibe, da ſonſt die hindurchſtrömende Luft viel Wärme mit ſich reißt. In der Praxis werden per Pferdekraft und Stunde durchſchnittlich 5—8 kg Holz verbraucht.

Torf enthält gleichfalls viel Waſſer; ſelbſt in dem auf der Luft getrockneten Torf verbleiben noch immer durchſchnittlich 30 % Waſſer, während ſein Aſchengehalt häufig ein ſo großer iſt, daß ſich dieſes Brennmaterial zur Feuerung überhaupt nicht verwenden läßt. Zur Lokomobilfeuerung, wo die lokalen Intereſſen dies ſonſt empfehlen, iſt nur die Verwendung von ſolchem Torf zu billigen, deſſen Aſchengehalt nicht über 20 % beträgt. Auf den Roſt wird der Torf in ungefähr

---

*) Nicht unerwähnt können wir hier laſſen, daß die Strohfeuerung aus landwirtſchaftlichem Geſichtspunkte unter keinen Umſtänden empfehlenswert iſt, denn — iſt ſie auch in einzelnen Fällen vielleicht ſcheinbar wohlfeiler, als eine andere Feuerung — ſo ſchädigen wir uns thatſächlich bennoch durch dieſelbe, da unſer Boden eine ſolche Beutewirtſchaft in letzter Reihe ſchwer zu büßen haben wird.

20—40 cm hohe Schichten gelegt, und zwar ſo, daß dieſe Schichten
den Roſt möglich gleichmäßig und vollſtändig bedecken. Ein lebhafterer
Luftzug erleichtert die Verbrennung, doch braucht darum kein großes
Feuer unterhalten zu werden. Der Torfverbrauch kann per Stunde
und Pferdekraft mit 6—9 kg angeſetzt werden.

Die Steinkohle iſt in verſchiedenen Gattungen bekannt; die
beſſeren Braun- und Schwarzkohlen enthalten nur wenig Waſſer und
auch ihr Aſchengehalt iſt ein mäßiger, daher ſie zur Feuerung ſich
außerordentlich empfehlen; nur muß auch darauf geachtet werden, daß
die Steinkohle infolge Einwirkung der Luft ihre Struktur verändert,
und zwar verwandelt ſich die Backkohle unter der Einwirkung der Luft
in Sinterkohle, die letztere aber in Sandkohle.

Für die Feuerung iſt dies von außerordentlicher Wichtigkeit.
Die Backkohle bläht ſich nämlich während des Verbrennens auf und
ſchmilzt zuſammen, die zuſammengebackenen Klumpen verſtopfen aber
die Zwiſchenräume des Roſtes, was eine außerordentlich rege Aufſicht
bei der Feuerung erheiſcht. Jedoch iſt als ein Vorteil der Backkohle
zu erwähnen, daß ſie infolge ihres großen Waſſerſtoffgehaltes mit
ſchönen langen Flammen brennt und zum Brennen nur einen mäßigen
Luftſtrom braucht. Die Sinterkohle ſchrumpft beim Verbrennen zuſammen und behindert ſo zwar nicht das vollſtändige Verbrennen, doch
iſt ſie andererſeits nicht ſo entzündbar und brennt auch nicht mit ſo
langer Flamme, wie die frühere. Die ſandige Kohle dagegen zerklüftet
während der Erhitzung in kleine Stücke, welche teilweiſe durch die
Öffnungen des Roſtes fallen, teilweiſe aber dieſelben verſtopfen.

Am zweckmäßigſten wird Steinkohle in fauſtgroßen Stücken auf
den Roſt gelegt. Hinſichtlich der Größe der Feuerungsſchichte mag als
Regel dienen, daß die Schichte um ſo dünner iſt, je kleiner die Stücke
ſind. Im allgemeinen entſprechen 10—16 cm den Anforderungen der
Praxis, doch kann die Schwarzkohle immer dicker geſchichtet werden
als die Braunkohle.

Bei unſeren Lokomobilen werden per effektive Pferdekraft
und Stunde 3—4 kg Schwarzkohle oder 4—5 kg Braunkohle verbraucht.

Zum Schluſſe ſei noch das Stroh erwähnt, welches zwar bei
naſſem Wetter viel Waſſer aufſaugt und beim Verbrennen viel fein-
ſädige glasförmige Schlacke zurückläßt, gleichwohl aber insbeſondere
in der Dreſchzeit in vielen Orten zur Verwendung kommt.

Die Strohfeuerung erheiſcht in der Regel eine beſondere Feuer-
raumkonſtruktion; rationell wird bei ihr auch ein Keſſel von größerer
Heizfläche angewendet, als bei Verwendung von anderem beſſern Brennmaterial. Zur Feuerung eignen ſich am beſten Spreu und vom

Vorjahre übriggebliebenes Stroh, welches immer besser als das frische brennt. Bei Strohfeuerung· ist übrigens die Hauptbedingung eines guten Verbrennens, daß das Stroh in lockeren kleinen und gleich= mäßigen Mengen in den Feuerraum gelangt, da es sonst das Feuer erstickt, nur rauchend verbrennt und der größte Teil der sich bildenden gasartigen Brennprodukte zum Schornstein hinaus entweicht. Ein größerer Nachteil der Strohfeuerung ist, daß die Feuergefahr bei ihr eine größere, die Heizung eine mühevollere ist und der Rost, sowie die Röhrenöffnungen sehr häufig gereinigt werden müssen.

Nach Maßgabe der Konstruktion der Lokomobilen, der Qualität des Strohmaterials und hauptsächlich der umsichtigen Feuerung werden per Stunde und effektive Pferdekraft 10—14 kg Stroh verbraucht. In vielen Fällen aber, wenn infolge der Ungeschicklichkeit des Heizers durch die weiten Rostöffnungen viel unverbranntes Stroh hindurchfällt, kann der Verbrauch auch noch beträchtlich höher steigen.

1. Heizeinrichtungen für Kohle und Holz.

Die Heizeinrichtungen für Kohle und Holz sind mit Ausnahme der Dimensionen des Rostes zum größten Teil übereinstimmend und können darum in Einem besprochen werden.

Der Rost dient dazu, daß das Brennmaterial auf ihm verbrannt wird. Der Rost besteht aus gußeisernen oder schmiedeeisernen Stäben, welche im untern Teil des Feuerraumes auf einzelne Träger gelegt sind und durch deren Spalten die Luft zum Brennstoffe hineinbringen und mit letzterem beziehungsweise mit den daraus sich bildenden Gasen sich vermengen kann.

Je nach der Größe der Spalten oder besser gesagt der offenen Rostfläche kann bei gleichem Luftzuge mehr oder weniger Luft zum Brennstoffe eindringen; je größer daher die offene Rostfläche ist, um so mehr Brennstoffe kann auf demselben Roste verbrannt werden.

Indessen müssen, da auch erfordert wird, daß die durchströmende Luft sich mit dem Brennstoffe möglichst innig berührt, die Spalten möglichst eng gefertigt werden. Für die Spalten ist ferner auch noch die Größe der Stücke des Brennmaterials maßgebend, wobei zu be= rücksichtigen ist, daß diese Brennstoffteile nicht unverbrannt durchfallen sollen.*)

Auf einer und derselben Rostfläche kann demnach mehr oder weniger Brennstoff verbrannt werden, je nachdem derselbe in dickeren

---

*) In der Praxis werden die Spalten für Steinkohle 6—10 mm, für Braunkohle und kleine Schwarzkohle 3—4 mm und für Holz 5—10 mm groß angelegt.

ober dünneren Schichten aufgelegt wird. Durch die dicke Schicht kann die Luft nur ſchwer durchbringen und es muß daher in dieſem Falle der Luftzug verſtärkt werden, welcher, mit dem Brennmaterial und deſſen gasartigen Produkten ſich innig vermengend, eine vollſtändige Verbrennung ermöglichen wird. Ein überſtarker Luftzug kann aber Teile des Brenn= materials mit ſich reißen und führt auch allzuviel warme Gaſe in den Schornſtein hinaus. Der in dünnen Schichten aufgelegte Brennſtoff hingegen wird von der Luft raſch durchfahren, letztere vermengt ſich daher nicht gut genug mit den entwickelten Gaſen und kühlt dieſelben in höherm Maße ab, was bei unvollſtändiger Verbrennung auch einen Verluſt an Brennmaterial verurſacht. Es folgt hieraus, daß bei dünnen Brennſtoffſchichten der Luftzug ſtets herabgemindert werden muß.

Aus dem Geſagten geht hervor, daß für jedes Brennmaterial eine beſtimmte Schichtendicke und ein Luftzug von beſtimmter Stärke ſich am zweckmäßigſten erweiſen und daß dem nur eine beſtimmte Heizflächengröße entſprechen wird.*)

Bei unſern Lokomobilen werden in der Regel flache Roſte ver= wendet, welche in den Feuerraum horizontal gelegt werden, da das Brennmaterial dadurch leicht in gleichmäßige Schichten gelegt werden kann. Bei kreisförmigen Roſten werden in der Regel 3—4 Stäbe vernietet oder zuſammen gegoſſen, was ihre Feſtigkeit erhöht und die Auswechslung der Stäbe vereinfacht.

Die Roſtſtäbe ruhen auf Trägern aus Gußeiſen oder Façoneiſen; da die Roſtſtäbe infolge der Erwärmung ſich ausdehnen, ſo iſt zwiſchen ihren Enden und der Feuerbüchſe mit Rückſicht hierauf ein genügender Raum zu belaſſen, weil ſonſt die Stäbe ſich krümmen. Hier iſt noch zu bemerken, daß lange Roſtſtäbe in warmen Zuſtande mittelſt des Schüreiſens leicht gekrümmt werden, daher auch bei Braunkohle eine Maximallänge von 600, bei Schwarzkohle und Holz eine ſolche von 900 mm für den Roſt angenommen wird.

Bei Lokomobilen mit horizontalen chlindriſchen Feuerbüchſen und Heizröhren wird der Roſt im Feuerraume hinten durch eine aus feuer= feſtem Material verfertigte Feuerbrücke begrenzt, deren Zweck darin beſteht, daß die Flammen gezwungen werden ſich der Heizfläche näher anzuſchmiegen, daß die durchſtrömenden Gaſe ſich mit der Luft gut ver= mengen und dadurch auch die noch nicht entzündeten Gaſe verbrennen

---

*) Nach Rettenbacher iſt die Größe der Roſtfläche in m²:

$$R = \frac{N}{10} = \frac{H}{250} = \frac{C}{50};$$

N bedeutet in dieſer Gleichung die Anzahl der Pferdekräfte des Keſſels; H die per Stunde zu verbrennende Holzmenge und C die per Stunde zu verbrennende Steinkohlenmenge.

und endlich daß das Brennmaterial nicht über den Rost hinaus-
geschoben wird.

Es ist von hoher Wichtigkeit, daß diese Feuerbrücke den Heizröhren weder zu nahe noch zu fern steht. Im allgemeinen wird die
geringste Entfernung mit 20 cm angenommen, denn wenn die Gase
von hoher Temperatur durch einem engern Raum hindurchzuziehen genötigt sind, so können sie die Verbrennung der Kesselwand verursachen,
während bei allzugroßem Zwischenraume wieder die Feuerbrücke nicht
ihrem Zwecke entsprechen könnte. Hier wollen wir auch erwähnen,
daß bei solchen Konstruktionen das hintere Ende des Rostes etwas
tiefer gesenkt zu werden pflegt, als das vordere, damit die Feuerbüchse
dem oberen Teil des Heizrohres nicht allzu nahe komme. Es ist
jedoch auch darauf Rücksicht zu nehmen, daß der tiefste Punkt des
Rostes um mindestens 150 mm höher, als der tiefste Punkt des
Heizrohres gelegt wird.

Die an die Rostkonstruktion geknüpften Bemerkungen zusammen-
fassend, sehen wir, daß für die möglichst vollständige Verbrennung des
Brennstoffes auf dem Roste folgendes als Bedingung gilt: Die Fläche
des Rostes muß groß genug sein, damit durch die Spalten die Luft in
genügender Menge durchdringen kann; aber nicht allzu weit, damit
die noch nicht verbrannten Brennstoffteile nicht hindurch fallen können,
damit ferner Asche und Schlacke davon leicht zu entfernen sind; endlich
sollen die Roststäbe dauerhaft und leicht zu ersetzen sein.

In einer Höhe von 30 bis 40 cm oberhalb des Rostes kann
sich der untere Rand der Heizthüre befinden.

Die Öffnung der Heizthüre sei eine möglichst kleine, damit bei
Auflegung des Brennmaterials nur wenig Luft an den Feuerherd
bringen kann, denn die Luft könnte die Feuerröhren abkühlen, was
bei einem Wärmeverlust auch noch die rasche Abnutzung dieser Röhren
zur Folge hat.

Ein Haupterfordernis der Heizthüre ist, daß sie die Luft nicht
durchläßt und daß überdies die Sperrklinke leicht, womöglich auf
einen Schlag geöffnet werden kann. Damit die Heizthüre sich nicht
erwärmt, ist sie von innen in einer Entfernung von 2—4 cm noch
mit einem Schutzblech zu versehen. Behufs Abkühlung des letzteren
werden in der Heizthüre häufig einzelne kleine Öffnungen angebracht;
überdies finden wir in der Heizthüre zuweilen auch eine mit einer
Klappe versperrte größere Öffnung, durch welche das Feuer sich
kontrollieren läßt, ohne daß die Heizthüre geöffnet wird.

Die Heizthüre wird aus Schmiedeeisen oder Gußeisen hergestellt.
Beide Materialien entsprechen bei sonst richtiger Konstruktion in vollkommen gleichem Maße. Schließlich ist noch zu erwähnen, daß unter-

halb des Roſtes beziehungsweiſe des Keſſels der Aſchenkaſten liegt, welcher dazu dient, die durchfallende Aſche, Schlacke und die noch un= verbrannten Bruchſtücke des Brennmaterials aufzufangen und die Zu= leitung von Luft zum Roſte zu regulieren.

Zum letzteren Zwecke iſt der Aſchenkaſten feſt an den Unterteil des Keſſels gefügt, er ſchließt denſelben daher unten luftdicht ab und be= ſitzt nur vorne eine um einen Scharnier bewegbare Thüre, welche je nach Bedarf weiter oder minder weit ſich öffnen, und mit Hilfe einer einfachen gezahnten Stange und eines Zapfens ſich in ihrer jeweiligen Stellung erhalten läßt.

In den Aſchenkaſten pflegt man auch Waſſer zu gießen, damit aus der Wiederſpiegelung des Feuers der normale Brennprozeß ſich kontrollieren läßt und damit die durchfallenden Glutſtücke keine Feuer= gefahr hervorrufen können.

2. Heizeinrichtungen für Stroh und Vegetabilien.

An vielen Orten können Holz und Kohle wegen des ſchweren Transportes nur mit großen Koſten beſchafft werden und darum machte ſich ſchon von langer Zeit her das Streben geltend, ſtatt derſelben ein wohlfeileres Erſatz=Brennmaterial zur Beheizung der Lokomobile zu verwenden.

Als entſprechendes Brennmaterial erwies ſich zu dieſem Behufe das Stroh und der Maisſtengel; beide werden in der Wirtſchaft als Nebenprodukte gewonnen und liefern in vielen Fällen wohlfeiles Brennmaterial.

Anfänglich wurde der Verſuch gemacht, unter die Lokomobile einen beſonderen Feuerraum zu bauen und es wurde das Stroh mittelſt langſtieliger Gabel in den Feuerraum der Lokomobile geſchoben. In= deſſen die Errichtung der vielen Feuerräume war mit Mühe verbunden und darum wurden, ſobald auch die Fabrikanten die Vorteile der Strohfeuerung erkannt hatten, die Lokomobilen derart eingerichtet, daß dieſelben nebſt der normalen Steinkohlenfeuerung im Notfalle auch mittelſt Stroh geheizt werden können.

Allein, wie bereits erwähnt, iſt die Dampfbildungsfähigkeit des Strohes eine viel geringere, als jene von Holz oder Steinkohle und es iſt darum natürlich, daß bei gewöhnlichen Lokomobilen die Stroh= feuerung nicht im ſtande iſt, die zum normalen Betriebe erforderliche Dampfmenge zu erzeugen, daher die mit Stroh zu beheizenden Lokomobilen eine um mindeſtens $1/8$ größere Heizfläche erhalten müßten, als die lediglich auf Holz oder Kohlenfeuerung eingerichteten Lokomobilen.

Dieſe Lokomobilen mit großer Feuerbüchſe ſind nach unweſentlicher Umgeſtaltung, meiſtens nach Abaptierung des Roſtes und der Feuerbrücke auch für Kohlenheizung gut verwendbar, wohingegen die lediglich für Kohlenfeuerung gebauten und für Strohheizung adaptierten Lokomobilen nur dann die Arbeit wie früher zu verrichten vermögen, wenn der Dampfverbrauch der Dampfmaschine ökonomischer gestaltet wird, was — wie bei der Besprechung der Dampfmaschine eingehend gezeigt werden soll — faktisch erreichbar ist.

Inbezug auf die Konstruktion des Rostes bei Lokomobilen für Strohfeuerung sei bemerkt, daß, da bei der Verbrennung von Stroh sich viel Asche bildet, die Roststäbe in ziemlicher Entfernung von einander (6—12 cm) zu legen sind und auch dann noch das Feuer oft zu schüren ist, die zusammengebackene Schlacke aber häufig vom Roste entfernt werden muß.

Häufig finden wir auch einen Vorderrost, dessen Spalten nur gering sind, welcher Bestandteil dazu dient, daß das Stroh darauf sozusagen vorgewärmt wird; wodurch das Stroh, wenn es auf den eigentlichen Rost geschoben wird, sich rascher entzündet, die während der Vorwärmung sich bildenden gasartigen brennbaren Produkte aber durch die Flamme hindurchziehend vollständig verbrennen.

Behufs Zurückhaltung der bei Strohheizung sich bildenden leichten Schlacke und Asche sind im Feuerraume 1 oder 2 Feuerbrücken oder Schirme anzulegen, um zu verhindern, daß diese Teile die Röhrenwand und die Feuerröhren bedecken. Ein großer Nachteil solcher Feuerbrücken und Schirme besteht darin, daß sie sich außerordentlich rasch abnutzen; dieselben sind denn auch derart anzufertigen, daß sie leicht zu ersetzen sind.

Wenn wir für solche Schutzmittel nicht vorsorgen, so werden die Rohrwand und die Öffnungen der Feuerröhren, ja selbst das Innere der letzteren von Schlacke und Asche voll gelagert, wodurch nicht allein das Leitungsvermögen der Heizfläche, sondern auch die Stärke des Luftzuges beeinträchtigt wird.

Als großer Nachteil der Strohfeuerung ist also anzusehen, daß bei derselben die Feuerbrücke oder der Schirm, in Ermangelung solcher aber die Rohrwand und die Feuerröhren mehrmals im Tage von der abgelagerten Schlacke und Asche zu reinigen sind.

Bei Einrichtungen für Strohfeuerung werden in der Regel auch größere Aschenkasten verwendet, als bei anderer Feuerung; der Aschenkasten ist zweckmäßig derart anzufertigen, daß er vor dem Transport leicht zu demontieren und bei Gebrauch wieder leicht anzufügen sei. Während der Reinigung von Schlacke und Asche ist darauf zu achten, daß dieselben fortwährend mit Wasser besprißt werde, denn sie enthalten in der Regel noch viel nicht vollständig verbranntes Stroh und glühende Asche.

Bei einzelnen Konſtruktionen pflegt man in den Aſchenkaſten un=
mittelbar einen feinen Waſſerſtrahl zu leiten, doch iſt dies darum nicht
empfehlenswert, weil durch Löſchung der glühenden und wärmeſtrahlen=
den Aſche einerſeits Wärme verloren geht, andererſeits aber der ſich ent=
wickelnde Dampf die vollſtändige Verbrennung behindert und das An=
kleben der auf die Röhrenwände ſowie in die Röhren ſelbſt abgela=
gerten Aſchen= und Rußteile verurſacht. Wird jedoch in den Aſchen=
kaſten Waſſer gelaſſen, ſo hat dies ohne Zweifel den Vorteil, daß der
ſich entwickelnde Dampf das Verbrennen der Roſtſtäbe verhindert und
zugleich dagegen ſichert, daß der Wind die Glut hinfortweht.

Der untere Rand der Heizthüre wird entweder im Niveau des
Roſtes, oder in der normalen Höhe angebracht, und dementſprechend
wird das Stroh in den Feuerraum entweder durch den Heizer mittelſt
langſtieliger Gabel geſchoben, oder aber es verſieht ein beſonderer Ap=
parat automatiſch das Einführen von Stroh in den Feuerraum.

Solche Lokomobilen, bei welchen die Heizthüre in der Ebene des
Roſtes ſich befindet, beſitzen für Kohlenfeuerung noch eine zweite höher
angebrachte Heizthüre, während, wenn wir die mit automatiſcher Heiz=
vorrichtung verſehenen Lokomobilen zur Kohlenfeuerung verwenden wollen,
nur die Heizvorrichtung zu entfernen und an ihrer Stelle eine normale
Heizthüre anzubringen iſt.

a) Strohfeuerungs-Lokomobilen mit zwei Heizthüren.

α) Die Strohfeuerungsvorrichtung von Ruſton=Proctor, welche
Fig. 16 teilweiſe im Schnitt zeigt. Die Vorrichtung beſteht aus einer·

Fig. 16.

an der Stelle des regelmäßigen Aſchenkaſtens angebrachten Blechbüchſe,
deren innere zwei Seiten mit feuerfeſten Ziegeln ausgelegt ſind. In
dieſer Büchſe werden die nach obenhin gekrümmten Roſtſtäbe angebracht,

durch deren weite Spalten die Schlacke, Aſche oder Glutteilchen leicht
abfallen, um ſich im Unterteil der Büchſe zu ſammeln, wo ſie mit=
telſt eines aus der Pumpe herzuleitenden Waſſerſtrahles gelöſcht werden
können.

Unterhalb der diesſeitigen Wand der Feuerbüchſe beginnt die
untere Feuerungsöffnung, welche aber ſo breit hergeſtellt wird, wie die
ganze Roſtfläche. Vor dieſer Öffnung wird ein weiter aus Blech ge=
fertigter Heiztrichter angebracht, deſſen mittelſt Scharnier bewegbarer
Deckel während der Arbeit ſtets offen iſt, da das Stroh ohnehin den
ganzen Trichter ausfüllt und ſonach auch das Einſtrömen von Luft in
den Feuerraum verhindert.

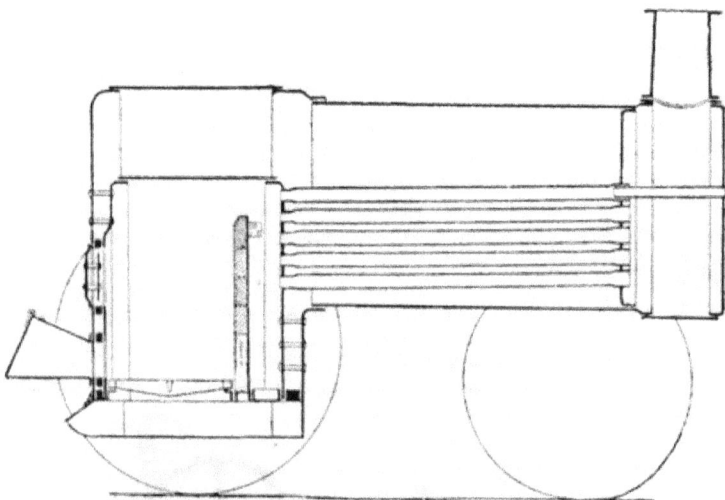

Fig. 17.

Bei Arbeitsraſt iſt dieſer Trichter abzuſchließen, damit nicht kalte
Luft in den Feuerraum kommen kann.

Soll dieſe Konſtruktion zu Kohlenfeuerung benutzt werden, ſo ent=
fernen wir die krummen Roſtſtäbe und den Trichter und befeſtigen
ſtatt der großen Blechbüchſe den gewöhnlichen Aſchenkaſten unterhalb
der Feuerbüchſe und legen zugleich die der Kohlenfeuerung entſprechen=
den Roſtſtäbe in den Feuerraum.

β) Um das Ablagern der Schlacke auf die Röhrenwand zu ver=
meiden, hat die Leiſtoner Firma Garrett laut Fig. 17 in das
Innere des Feuerraumes auch noch eine Feuerbrücke placiert, über welche
die Flammen hindurchziehen müſſen; die Gaſe kommen dadurch in dem
engen Raume hinter der Feuerbrücke in innige Berührung miteinander

und verbrennen vollſtändiger, die Schlacke und die Aſche aber lagert
ſich zum Teil auf die Fläche der Feuerbrücke ab, zum Teil fällt ſie
hinter derſelben hinab.

Die Feuerbrücke ſtellt Garrett aus einer zweiflügeligen gußeiſernen
Thüre her, welche ſich um Scharniere leicht öffnen läßt, wenn wir
die Röhrenwand oder die Feuerröhren reinigen wollen.

Die dem Feuer zugewendete Oberſeite der Feuerbrücke iſt mit
feuerfeſten Ziegeln bekleidet. Der untere Teil kann darum nicht gleich=
falls bekleidet werden, weil bei Kohlenfeuerung die unten befindlichen
Ziegel bald durch das Schüreiſen ruiniert würden.

Da man die Erfahrung gewonnen, daß in dem engen Raum
hinter der Feuerbrücke die Verbrennung infolge Luftmangels eine un=
vollſtändige iſt, ſo hat Garrett 3—4 Röhren der oberen Röhrenreihe
durch die Rauchkammer hindurch verlängert und führt ſolchermaßen

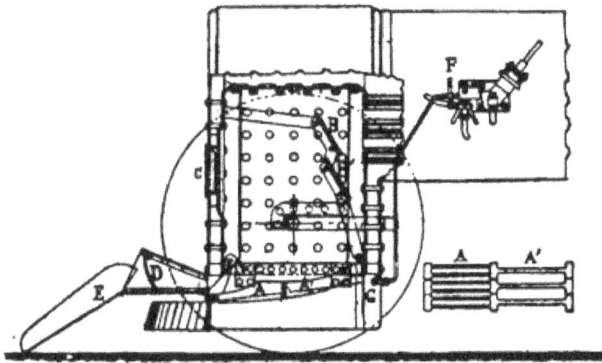

Fig. 18.   Fig. 19.

von außen Luft ein, welche gut vorgewärmt gegen die Feuerbrücke zu=
ſtrömt und daſelbſt ſich mit den noch nicht verbrannten Gaſen ver=
mengend, deren vollſtändigere Verbrennung befördert. Die Enden der
durch die Rauchkammern ziehenden Röhren können mittelſt kleiner
Deckel abgeſperrt werden und dadurch läßt ſich die zur Feuerbrücke
ſtrömende Luft beliebig regulieren. Dieſe rauchverzehrende Vor=
richtung ſoll bei Heizung mit Kohle ſowohl als mit Stroh eine be=
deutende Erſparnis an Brennmaterial ergeben.

γ) Weſentlich abweichend iſt von dieſer Konſtruktion die in Fig. 18
und 19 dargeſtellte Melegh'ſche, von der Maſchinenfabrik der kgl.
ungariſchen Staatsbahnen gebaute Einrichtung für Strohfeuerung, deren
Roſt nicht flach iſt, ſondern aus in Doppelbogen gekrümmten guß=
eiſernen Stäben verfertigt wird. Am Vorderteil des Roſtes ſind, wie

Fig. 18 zeigt, die Spalten nur klein, hier wird das Stroh nur vor=
gewärmt und kann von diesem Raume vermöge der Form des Rostes
leicht in den oberen, mit großen Spalten versehenen Teil des Rostes
geschoben werden, wo die Verbrennung sich vollzieht.

Behufs Zurückhaltung der fliegenden Schlacke und Asche und be=
hufs Vermengung der Gase finden sich bei dieser Konstruktion im
Feuerraum zwei schief angebrachte Schutzplatten, welche oben mit Haken
hängen, unten aber sich auf einzelne Zapfen stützen, sodaß sie sich
durch die obere Feuerthüre mit Hilfe einer Stange leicht heben lassen.
Wenn dann diese Platten auf ihren Platz zurückfallen, so fällt die
darauf abgelagerte Asche von selbst ab.

Im Innern der Öffnung für Strohheizung werden zwei in Schar=
nieren hängende, sich einwärts krümmende Deckel angebracht, welche
vermöge ihres Eigengewichts das hineingeführte Stroh niederdrücken
und dadurch das Eindringen größerer Luftmengen in den Feuer=
raum verhindern; da jedoch beim Einschieben des Strohes die Gabel
unter die Decke gerät, so kann bei unvorsichtiger Heizung mittelst der=
selben leicht brennendes Stroh herausgerissen werden.

In den geräumigen Aschenkasten führt aus der Pumpe ein Rohr,
welches von innen mit einer Querröhre in Verbindung steht, aus welcher
ein feiner Wasserstrahl auf die glühende Asche gerichtet werden kann.
Aus dem Aschenkasten führt auf jeder Seite ein Rohr ab, durch welches
die Asche herausgescharrt werden kann, ohne daß dies den Heizer
stören würde.

δ) In diese Kategorie, doch mit einer wesentlichen Neuerung ver=
sehen, gehört die in Fig. 20 dargestellte Vorrichtung für Stroh=
feuerung, System Harding, gebaut von Robey & Comp., welche
ihrem Wesen nach aus einem an Stelle des gewöhnlichen Aschenkastens
einzuschaltenden, gußeisernen hohlen Kasten und aus einem an der Rück=
seite der Feuerbüchse angebrachten Gebläse besteht. Der Feuerkasten
wird mit feuerfesten Ziegeln ausgelegt und mittelst Schrauben an der
Feuerbüchse festgehalten. Das Stroh wird entweder durch den an der
Vorderseite des Kastens befindlichen Trichter oder durch die gewöhn=
liche Heizthür auf den feuerfesten Ziegelboden geführt, wo die Ver=
brennung sich vollzieht.

Um eine vollkommene Verbrennung zu erzielen, wird die vom
Ventilator eingesaugte Luft zwischen die hohlen Wände des Feuerkastens
getrieben und bringt von diesem Kanal durch eine passende Anzahl
Düsen zum Brennmaterial. Zur Regulierung der Stärke des Windes
ist eine einfache Absperrvorrichtung angebracht.

In der Feuerbüchse sind die schon bekannten Schutzschirme ange=
bracht, welche die fliegenden Teile des Brennmaterials zurückhalten.

Die Reinigung der zurückbleibenden unverbrennlichen Teile erfolgt während der Arbeitspause.

b) Strohfeuerungs-Lokomobilen mit einer Heizthüre.

α) Von den Konstruktionen mit einer Heizthüre erwähnen wir an erster Stelle die in Fig. 21 dargestellte Lokomobile für Stroh=

Fig. 20.

heizung von Clayton & Shuttleworth, welche in ihrer Anord=
nung von allen anderen Konstruktionen abweicht.

Vor der Feuerbüchse befindet sich eine zweite kleinere Feuerbüchse,
an welcher der Rost von geringer Neigung angebracht wird.

Der Rost besitzt ebenso wie bei der Melegh'schen Konstruktion an
seiner der Heizöffnung zugewendeten Seite nur enge Spalten und die

breiteren Spalten beginnen erst in der zweiten Hälfte des Rostes; zwischen den Roststäben und der Feuerbüchse aber wird ein weiterer Zwischenraum belassen.

In dem großen Feuerraume ist eine gußeiserne Schutzplatte auf=gehängt, damit die Flammen nicht unmittelbar in die Feuerröhren dringen können, sondern gezwungen seien sich abwärts zu krümmen und sich inzwischen aufs neue zu vermengen, während welcher Zeit die Asche,

Fig. 21.

die sie mit sich reißen, zum großen Teile in den Aschenkasten der großen Feuerbüchse hinabfallen kann. Auf der Sohle der letzteren wird in der Regel Wasser gehalten.

Die meiste Asche fällt selbstverständlich durch die weiten Spalten des Rostes und durch den zwischen den Roststangen und der Feuer=büchse freigelassenen Raum hinab. Es wird dies befördert, indem der Heizer die Glut vermittelst der Gabel von Zeit zu Zeit schürt und auch die Feuerbüchse reinigt.

Der Aſchenkaſten a unterhalb des Roſtes wird nur nach Auf=
ſtellung der Lokomobile aus einzelnen Platten aufmontiert; wenn ſich
derſelbe unten nicht genau dem Boden anſchließt, ſo ſind die Lücken
mittelſt Erde oder Thon zu verſtopfen. Auf dem Aſchenkaſten ſind
zwei Regulierdeckel zu finden und iſt je nach der Richtung des Windes
der eine oder der andere derſelben zu benutzen; während des Trans=
ports iſt dieſer Aſchenkaſten wieder zu demontieren.

Die ſchiebbare Heizthüre hängt an einer Kette, welche ſich um
eine Winde dreht und an einen Fußhebel befeſtigt iſt. Durch Hinab=
drücken des Hebels wird die Heizthüre gehoben und das frühere
Stroh durch das neuerdings eingeführte vorwärts geſchoben. Vor der
Heizthüre iſt eine kurze Blechmulde ſichtbar, an welche die zur Ein=
führung des Strohs dienende ſchiefe Platte befeſtigt wird.

Wollen wir dieſe Lokomobile zur Kohlenfeuerung benutzen, ſo
muß an der Stelle des Strohroſtes ein zur Kohlenheizung geeigneter
Roſt angebracht werden; die zur Strohfeuerung verfertigte große Feuer=
thüre iſt zur Kohlenfeuerung ungeeignet, dieſelbe wird aber durch Ein=
lage eines ∩ Eiſens verkleinert und mit einer zweiflügeligen Thüre
verſehen, nachdem wir die ſchiebbare Heizthüre, die Winderolle, die
Kette und den Fußhebel demontiert haben.

Eine weſentliche Umgeſtaltung erheiſcht die Lokomobile, wenn wir die=
ſelbe zur Holzfeuerung verwenden wollen. Zu dieſem Behufe muß nicht
nur der bei der Strohfeuerung verwendete Roſt, ſondern auch die Schutz=
platte und die Feuerbrücke entfernt und an der letzteren Stelle ein
Querträger befeſtigt werden. Der Roſt für die Holzfeuerung wird in
der großen Feuerbüchſe untergebracht und wird mittelſt einer in der
kleinen Feuerbüchſe liegenden Vorderroſtplatte ergänzt.

β) Gleichfalls nur eine Heizthüre beſitzt die Konſtruktion Elworthy,
welche wir in der Figur 22 abbilden.

Nach Entfernung der zur normalen Kohlenfeuerung beſtimmten
Roſte werden die gußeiſerne Platten mittelſt ihrer Haken auf die Roſt=
träger gehängt.

Durch die Mitte des hierdurch gebildeten Beckens bringt die Roſt=
achſe, welche im Vorderteil des Aſchenkaſtens und in der hintern
Gußplatte gelagert iſt, und in dieſer Lage durch einen hierdurch ge=
ſteckten Bolzen gehalten wird. Die auf dieſer Achſe befeſtigten guß=
eiſernen Arme und die Seitenteile mit ihren vorſpringenden Stangen
bilden zuſammen den Roſt.

Die Roſtachſe hat an ihrem Ende eine kleine Kurbel, mit deren
Hilfe dieſelbe in Zeiträumen von 15—20 Minuten 2—3 mal halb=
gedreht wird, wodurch der Grund des Feuers von der Aſche gereinigt
wird. Dieſe Roſtachſe darf nicht ganz umgedreht werden, da ſonſt

auch die brennende Glut in den Aschenkasten fällt. Behufs Schutzes
der Röhrenwände und vollständiger Verbrennung des Brennstoffes
werden in den Feuerraum 3 konvexe Eisenplatten angebracht und zwar
in der Weise, daß dieselben mit ihrem untern Ende sich auf den Rost=
träger, mit dem obern aber auf die Vorwand der Feuerbüchse stützen,
wobei besondere Aufmerksamkeit darauf zu verwenden ist, daß dieselben
dicht enge nebeneinander zu liegen kommen. Die Flammen und die
verbrennbaren Gase werden zwischen den engen Öffnungen der konvexen
Platten zusammengepreßt, vermengen sich daher gut und verbrennen
möglichst vollständig. Der größte Teil der Asche und des Rußes wird

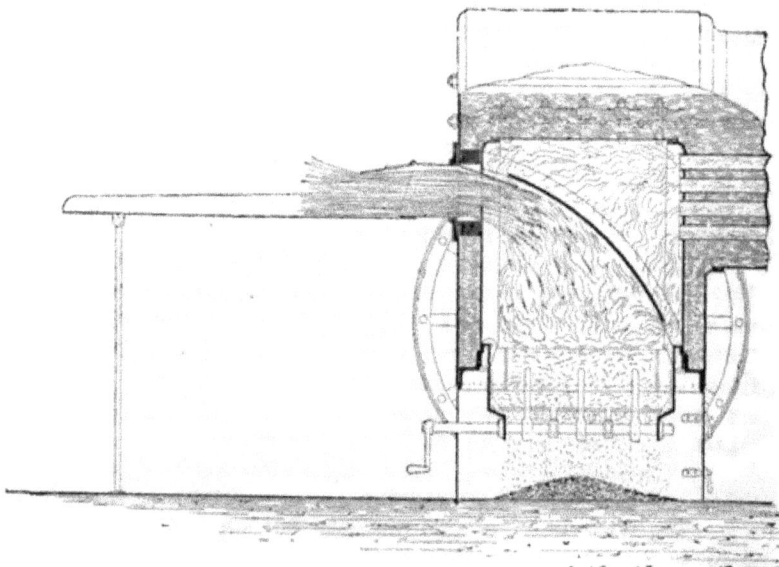

Fig. 22.

gleichfalls durch die Schutzplatten zurückgehalten und ist von derselben
von Zeit zu Zeit mittelst eines krummen Schüreisens abzufegen.

Die hinwegziehenden Flammen besorgen die Vorwärmung des
Strohs, welches durch die in normaler Höhe befindliche Heizöffnung
reicht. Die Heizöffnung darf nicht vollständig ausgefüllt sein, damit
durch dieselbe zu den zusammengesperrten Feuergasen Luft zuströmen
könne und auch die wegen Luftmangel noch nicht entzündeten Gase ver=
brennen. So besorgt die Heizöffnung zugleich das Geschäft der Rauch=
verzehrung, indessen muß beim Beginn der Feuerung die Heizöffnung

vollſtändig zugeſtopft werden, damit der Rauch infolge des ſchwachen
Luftzuges zu derſelben nicht herausſtröme.

Bei Strohfeuerung beſitzt die Heizöffnung anſtatt der normalen,
eine nach auswärts in Trichterform gedehnte Heizthüre, an welche ſich
auch nach eine Stroh führende Mulde ſchließt.

An Stelle des bei Kohlenfeuerung verwendeten ~~Aſchenkaſtens~~ wird
nach Aufſtellung der Lokomobile aus beſonderen Platten ein Aſchen=
kaſten zuſammengeſtellt, deſſen Seiten mittelſt Schrauben an dieſelbe
Stelle, wo früher die Ohren des gewöhnlichen Aſchenkaſtens ſich be=
fanden, befeſtigt und an die Feuerbüchſe gebunden werden.

Bei einem Transport der Lokomobile iſt der Aſchenkaſten jedes=
mal zu demontieren.

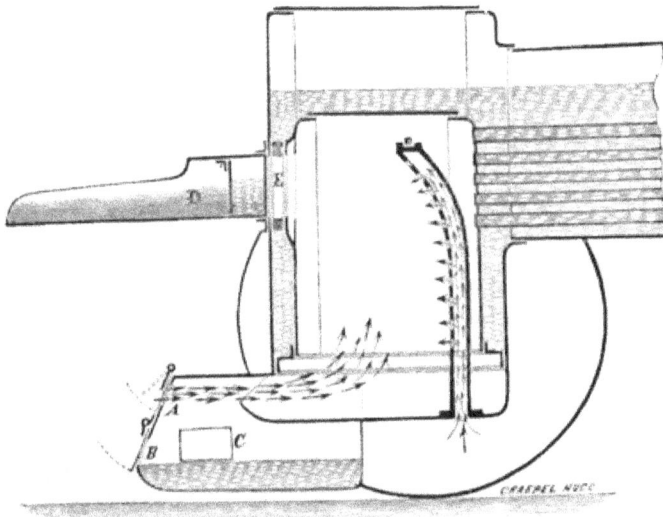

Fig. 23.

γ) Die in jüngſter Zeit konſtruierte Vorrichtung für Strohfeuerung
von Marſchall Sons & Comp. wird in Figur 23 dargeſtellt.

Vor die Heizöffnung E, welche ſich am normalen Orte befindet,
wird eine Blechmulde D angebracht, welche durch eine mit Klappen
verſehene Heizthüre verſchloſſen iſt. Die vor der Heizöffnung liegenden
Teile der Mulde ſind mit Thon zu beſtreichen, damit hier keine Luft
in den Feuerraum bringen könne. In der Feuerbüchſe wird kein Roſt
verwendet, ſondern das durch die Klappenthüre mit der Hand einge=
ſchobene Stroh ſinkt auf die Sohlenplatte des normalen Aſchenkaſtens
hinab, um auf derſelben zu verbrennen.

In der ganzen Breite des Feuerraumes ist ein ausgehöhlter konvexer gußeiserner Schirm angebracht, welcher einerseits das Einsaugen von Schlacke und Asche in die Feuerröhren behindert, andererseits aber durch die Öffnungen, welche sich an der der Heizthüre zugewendeten Seite befinden, einen Strom von Außenluft zu den Heizgasen leitet, infolgdessen die Rauchgase sich gut vermengen und verbrennen.

Die im Aschenkasten sich sammelnde Schlacke und Asche kann mittelst einer Eisenstange in die Aschenkiste C gescharrt werden, welche zum Teile mit Wasser gefüllt ist und so die noch glühenden Abfälle zum Erlöschen bringt. Diese untere Aschenkiste besitzt an der äußern Seite 2 Thürchen, von welchen A zur Regulierung der in den Feuerraum strömenden Luft, B aber, sowie auch die Seitenthüre C zur Ermöglichung der Reinigung der unteren Kiste dienen.

Wollen wir zeitweilig die Lokomobile zur Kohlen- oder Holzfeuerung benutzen, so werden nur die Mulde und der untere Aschenhälter entfernt, die Heizthüre und die Thüre des Aschenhälters eingehängt und die entsprechenden Roststäbe auf die Rosthälter der Feuerbüchse gelegt.

*   *

Es ist erwähnt worden, daß die Hauptbedingung der Strohfeuerung darin besteht, daß das Stroh in gleichmäßigen, lockeren Mengen in den Feuerraum gelange. Im praktischen Leben jedoch verstoßen unsere Heizer sehr häufig gegen diese Regel und stopfen das Stroh in allzugroßen Mengen in den Feuerraum, so daß dieses Brennmaterial sich nicht entzünden kann, und nur unvollständig verbrennt, was am besten aus den zum Schornstein herausströmenden dichten Rauchwolken zu ersehen ist.

Behufs Vermeidung einer solchen Brennmaterialverschwendung werden am zweckmäßigsten solche Konstruktionen angewendet, welche, die Zuteilung von Stroh automatisch besorgen; eine solche ist

δ) Die Vorrichtung von Heab und Schemioth, welche wie Figur 24 zeigt, mit den bei den Häckselschneidemaschinen in Verwendung stehenden Speischlindern und Mulden fast identisch ist. Die gezahnten Speisewalzen sind in einem besondern Gußstück placiert und das letztere ist mittelst Schrauben vor der breiten Heizöffnung an die Steinplatte der Feuerbüchse befestigt.

Auf der Achse der einen Walze sitzt eine Riemenscheibe, welche mittelst gekreuzten Riemens von der Hauptwelle der Maschiene getrieben wird. Da die Achsen der beiden Walzen mit in Eingriff stehenden Zahnrädern verbunden sind, so drehen sich dieselben in entgegengesetzter Richtung, ziehen das in die Mulde locker gelegte Stroh gleichmäßig ein und streuen dasselbe in den Feuerraum. Das Einlegen des Strohes

in die Mulde erheiſcht einen Arbeiter, welcher darauf zu achten hat,
daß die Speiſung bald an der rechten, bald an der linken Seite der
breiten Walze bewirkt wird.

Bevor die Dampfmaſchine in Gang gebracht wird, beſorgt ein
Arbeiter die Bewegung der Walzen mittelſt einer außerhalb der Riemen=
ſcheibe anzubringenden Kurbel; nur iſt, da der Luftzug zu dieſer Zeit
noch ein ſchwacher, darauf zu achten, daß der Feuerraum nicht mit
Stroh überſtopft wird. Zu Beginn der Feuerung iſt trockenes Stroh
zu verwenden, damit nicht allzudichter Rauch ſich entwickelt.

Über den Speiſewalzen werden 3, mittelſt Deckel verſperrte, Öff=
nungen belaſſen, durch welche das Feuer beobachtet und die Glut von

Fig. 24.

Zeit zu Zeit mittelſt Schüreiſens geſchürt werden kann. Durch dieſe
Öffnungen können auch die Ablagerungen von Aſche und Schlacke von
der Röhrenwand, oder wenn eine Feuerbrücke verwendet wird, von
dieſer hinweg geſcharrt werden.

Die hier behandelte Vorrichtung entſpricht bei langem Stroh ſehr
gut ihrer Beſtimmung, doch läßt ſie bei einer Speiſung mit Spreu
das Brennmaterial faſt ganz auf den Vorderteil des Roſtes fallen.

Daher wird bei beſſeren Konſtruktionen (ſ. Fig. 25) der Roſt aus
in breiten Zwiſchenräumen gelegten Stäben gebildet, als ſeine Verlänge=
rung aber wird hinter dem Schirm eine in Scharnieren drehbare
Sohlenplatte angebracht, welche mittelſt eines durch den Aſchenkaſten

hindurchragenden Hebels umgeklappt werden kann, wodurch die hinter der Feuerbrücke auf der Sohlenplatte sich sammelnde Asche mit den Abfällen in den Aschenkasten fällt.

Die Flammen und die sich entwickelnden gasartigen Brennprodukte pressen sich zum Teile in dem engen Raum zwischen den Schutzplatten zusammen, zum Teile aber durch die im untern Teile des vordern Schirmes befind= lichen Öffnungen hindurch, vermengen sich inzwischen gut und verbrennen demnach mög= lichst vollständig, während sie zu gleicher Zeit den größten Teil der mit sich gerissenen Schlacke und Asche auf die Sohlenplatte fallen lassen. Auch bei dieser Konstruktion wäre es von Vorteil, zum Zweck der Rauchverzehrung durch einige Feuerröhren an den Ort der Gasvermengung Luft zu leiten.

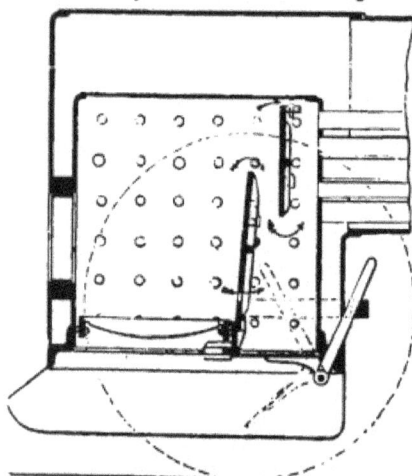

Fig. 25.

3. Vorrichtungen zur Förderung und Regulierung des Zuges.

Die Grundbedingung des Verbrennens ist, wie erinnerlich, die, daß die Brennstoffe und die aus diesen sich entwickelnden Heizgase sich stets mit einer hinreichenden Quantität Luft berühren sollen; es ist da= her dafür Sorge zu tragen, daß in den Feuerraum beständig frische Luft kommt, die verbrauchten Heizgase aber kontinuierlich abgeleitet werden.

a) Der Schornstein.

Zur Entwickelung des notwendigen Luftzuges dient in erster Reihe der Schornstein, welcher aus einem genietetem Blechcylinder besteht und oberhalb der Rauchkammer angebracht wird. Da die warmen Rauch= gase leichter als die Luft sind, so steigen dieselben in den Schornstein empor und ziehen, indem sie einen Raum mit verdünnter Luft hinter sich zurücklassen, die Heizgase mit sich fort, wodurch wieder im Feuer= raum die Luft verdünnt wird und neue Luftquantitäten einströmen können.

Die einströmende Luftmenge ersetzt daher immer die zum Schorn= stein herausströmende Luft; je mehr Luft demnach zum Schornstein ins Freie hinausströmt, um so größer wird der Luftzug sein, welcher dem Roste entgegenweht.

Die Quantität der aus dem Schornſtein ziehenden Luft hängt aber von dem Querſchnitte des Schornſteins und von der Luft= geſchwindigkeit ab. Die letztere iſt eine um ſo größere, je höher der Schornſtein, und je wärmer die abziehenden Rauchgaſe ſind.

Die Höhe des Schornſteins kann jedoch mit Rückſicht auf die leichte Transportfähigkeit der Lokomobile nur eine ſehr beſchränkte ſein und kann mithin nur ſelten das 7—8fache des Schornſteindurchmeſſers überragen. Bei ſo kurzen Schornſteinen müßten aber die Heizgaſe behufs Ermöglichung des entſprechenden Luftzuges mit ſehr großer Temperatur in den Schornſtein gebracht werden, was ſelbſtverſtändlich mit großem Wärmeverluſt verbunden wäre. Damit die Heizgaſe nicht mit einer 300° überſteigenden Temperatur in den Schornſtein gelaſſen werden müſſen, benutzen wir zur Belebung des Luftzuges den Abdampf.

b) Das Blaſerohr.

Der Druck des Abdampfes der Lokomobilen iſt ein bedeutend größerer, als der Atmosphärendruck; leiten wir ſonach dieſen Dampf durch eine nach aufwärts gebogene enge Röhre, durch das ſogenannte Blaſerohr, in den Schornſtein, ſo tritt derſelbe mit großer Geſchwin= digkeit heraus, und reißt die im Schlot befindlichen Gaſe mit ſich und erhöht dadurch deren Geſchwindigkeit.

Die Geſchwindigkeit des aus dem Blaſerohre herausſtrömenden Dampfes kann durch die Verjüngung der Öffnung des Blaſerohres vergrößert werden, zu welchem Zwecke das Blaſerohr mit einem ſtell= baren dünnen Eiſenringe verſehen wird, mit deſſen Hilfe wir der ausſtrö= menden Schornſteinluft eine beliebige Geſchwindigkeit zu geben vermögen.

Es iſt jedoch nicht angezeigt, dieſe Blaſerohröffnung allzu klein anzulegen, da ſonſt der Abdampf, indem er ſchwerer heraus zu bringen vermag, im Cylinder einen Gegendruck erzeugt und die Nutz= arbeit beeinträchtigt, überdies auch der allzuſtarke Luftzug Funken mit ſich reißt, wodurch Feuersgefahr entſtehen kann.

Um auch bei der Anheizung, ſolange die Maſchine noch nicht im Gange iſt, den entſprechenden Luftzug herſtellen zu können, iſt es zweckmäßig ein beſonderes, friſchen Dampf führendes und mittelſt Hahnes ſchließbares, kleines Hilfsblaſerohr anzuwenden, welches jedoch nicht früher in Wirkſamkeit treten darf, als bis die Dampfſpannung 1½ Atmoſphäre erreicht hat, da ſonſt die Spannung des Dampfes raſch abnehmen und dies die Dampfbildung verzögern würde.

Auch in das große Blaſerohr wird zuweilen friſcher Dampf ge= leitet, damit der ſtürmiſche Luftzug den in den Feuerröhren abgelagerten Ruß mitreißen kann.

Die Blaseröhren werden stets in dem aus Blech oder häufig auch aus Gußeisen hergestellten Schornsteinstutzen angebracht und zwar mündet in der Regel das Hilfsblaserohr in das größere Blaserohr ein.

Der Schornsteinstutzen ist oberhalb der Rauchkammer befestigt und hält den Schornstein mittelst gußeiserner Ringe, oder solcher aus Winkeleisen; beim Transport ist der Schornstein auf den auf der Lokomobile befindlichen gabelförmigen Träger gelegt und allenfalls mit Schrauben in seiner Lage befestigt. Ebenso ist es üblich, auch während des Betriebes, die an den Rauchfang und dessen Stutzen genieteten Ringe mittelst einiger Schrauben an einander zu befestigen, damit der Schornstein nicht umstürzen kann.

Behufs bequemer Umlegung des Schornsteins hat Marshall eine Schrauben- und Kurbelkonstruktion verfertigt, während Coultas und H. Lanz eine Ketten- und Winden-Vorrichtung, Hornsby und Garrett einen langen Hebelarm empfehlen. Solche Vorrichtungen eignen sich besonders für Schornsteine, die mit schweren Funkenfänger-Apparaten versehen sind.

Für leichte Schornsteine sind solche Komplikationen durchaus überflüssig und erhöhen nur den Preis der Maschine.

*   *   *

Luftzugsregulatoren. Wir haben erwähnt, daß der Luftzug unter sonst gleichen Umständen in geradem Verhältnisse zur Luftgeschwindigkeit zu- und abnimmt; da nun die Geschwindigkeit der Luft je nach Maßgabe der der letzteren im Wege stehenden Hindernisse sich verändert, so kann der Luftzug vermindert werden, wenn die Luft genötigt wird, in ihrem Wege größere Hindernisse zu belegen, sowie auch, wenn der Querschnitt des Durchströmens vermindert wird.

Den größten Widerstand der Luftströmung bildet ohne Zweifel die Brennstoffschicht; wollen wir also den Luftzug erhöhen, so darf das Brennmaterial nur in dünnen Schichten aufgelegt werden, während behufs Herabminderung des Luftzuges eine dickschichtige Feuerung bewirkt wird. Indessen eine Regulierung solcher Art gelingt nur einem geschickten Heizer und darum ist es zweckmäßiger, den Luftzug durch die Thür des Aschenkastens und die Klappen des Rauchfanges zu regulieren.

Wenn der Aschenkasten ganz fest an dem Unterteil der Feuerbüchse befestigt ist, so kann die Luft nur in der durch die Decke des Aschenkastens gelassenen Öffnung hindurch zum Roste bringen. Je enger diese Öffnung gelassen wird, um so weniger Luft kann durch dieselbe bringen, um so schwächer wird also auch der Luftzug sein, sowie denn umgekehrt durch Erweiterung der Öffnung auch der Luftzug verstärkt wird.

Oft wird auch im Rauchfange eine Drosselklappe verwendet.

Wird nun der Querſchnitt des Rauchfanges durch die Klappe ver=
kleinert, ſo bringen weniger Heizgaſe ins Freie heraus und es wird
hierdurch auch der Bedarf an friſcher Luft zum Zwecke des Erſatzes
ein geringerer; dieſe Vorrichtung läßt ſich daher zur Regulierung des
Luftzuges ebenſo verwerten, wie die Decke des Aſchenkaſtens.

D. Sicherheitsvorrichtungen.

Der Keſſel iſt auch mit ſolchen Vorrichtungen zu verſehen, welche
zur Abwehr der Feuersgefahr, zur Füllung des Keſſels, zur Erkennung
des Waſſerſtandes und zum Erſatze des verdampften Waſſers, zur Er=
kennung des Dampfdruckes und zur Regulierung desſelben, zur Abwehr
einer Keſſelexploſion und ſchließlich auch zur Entfernung des Waſſers und
zur Reinigung des Keſſels dienen. All dieſe Vorrichtungen werden
insgeſamt Sicherheitsvorrichtungen genannt, da ohne dieſelben mitten
im Betriebe nicht allein Störungen eintreten würden, ſondern auch die
Behandlung der Lokomobile in Ermangelung einer Kontrolle mit der
Gefährdung des Lebens und Vermögens verbunden wäre.

1. Vorrichtungen zur Verhütung von Brandſchäden.

Die durch den Roſt hindurchfallenden, glühenden Brennmaterial=
teile werden im Aſchenkaſten aufgefangen und durch das zumeiſt darin
befindliche Waſſer gelöſcht. Bei windſtillem Wetter brauchen dieſe
glühenden Teile nicht gelöſcht zu werden, da ihre ſtrahlende Wärme
die einſtrömende Luft ein wenig erwärmt; doch muß in ſolchem Falle
der Boden des Aſchenkaſtens mit einer Aſchenſchicht bedeckt ſein, damit
derſelbe nicht verbrennen kann.

Größere Feuersgefahr droht von Seite des Schornſteins, welcher
bei Lokomobilen nur niedrig angelegt werden kann, und ſo kann der
durch das Blaſerohr hervorgerufene ſtarke Luftzug viel Funken, glühende
Kohlenteilchen und brennende Holz= und Kohlenſtücke mit ſich reißen.
Zur Abwehr der hierdurch entſtehenden Feuersgefahr dienen ſolche Vor=
richtungen, welche das unmittelbare Herausbringen der Funken ver=
hintern und dieſelben abkühlen, oder ſolche, welche die Funken mittelſt
Waſſer oder Dampf löſchen, und ſchließlich ſolche, welche die Rauch=
gaſe auf gebundenem Wege leiten und bei dem Richtungswechſel der
Gaſe die Funken zurückhalten.

a) Die Funkenkühler.

In der Regel werden auf dem Gipfel des Schornſteins Körbe
aus Kupfer= oder Eiſendraht befeſtigt; dieſelben müſſen ſo groß ſein,
daß die Summe der freien Öffnungen nicht kleiner iſt, wie der Quer=
ſchnitt des Rauchfanges. Größere brennende Beſtandteile können durch

das Netz des Korbes nicht hindurchbringen und fallen sonach in die Rauchkammer zurück, der Funke aber kühlt ab, indem er sich an den Metalldraht schlägt und verliert seine zündende Wirkung. Die Kupfer= drähte kühlen besser, als diejenigen aus Eisen und sind daher vorteil= hafter, allerdings auch kostspieliger.

Da der Abdampf eine Ablagerung von Ruß auf dem Drahte bewirkt, so wird das Netz des Korbes alsbald von Ruß verstopft werden und demnach nicht mehr zu kühlen vermögen; auch ruft die Verringerung der Zwischenräume eine Abnahme des Luftzuges hervor und dazu kommt noch, daß der auf dem Draht liegende Ruß gleich= falls leicht Feuer fangen und, vom Winde fortgetragen, Brandschäden verursachen kann. Der Korb hat demnach täglich mindestens einmal mittelst einer Bürste gereinigt zu werden.

Der Korb ist entweder rund oder cylindrisch geformt; im letzteren Falle muß er mittelst einer Blechdecke schließbar sein, welche auf einer im Innern des Schornsteines placierten Stange angebracht ist und mit Hilfe eines kleinen Hebels sich heben und senken läßt. Bei Be= ginn der Arbeit, empfiehlt es sich, da wir den Luftzug noch nicht mittelst Dampfes befördern können, den Deckel zu heben, doch muß der= selbe im Laufe der Arbeit stets geschlossen bleiben, damit brennende Teile nicht durch die Zwischenräume des Korbes und seines Deckels hinausgelangen können.

Behufs Zurückhaltung größerer brennender Teile und zum Schutze des funkenkühlenden Korbes wird in der Rauchkammer vielfach ein Rost= oder Drahtsieb angebracht, welche Vorrichtung jedoch den Nachteil hat, daß sie rasch von Ruß und Asche belegt wird und somit häufige Reinigung erheischt, überdies auch noch den Luftzug vermindert.

b) Die Funkenlöscher.

Bei denselben wird der durch das Blaserohr ausströmende Dampf zumeist durch mehrere übereinander gelegte konische Ringe ge= führt, an deren Wänden der Dampf sich fein verteilt und die Funken löscht. Indessen beeinträchtigen diese Funkenlöscher erheblich den Luft= zug und können überdies bei der Anheizung nicht in Thätigkeit gesetzt werden, daher auch ihre Anwendung nicht empfehlenswert erscheint.

c) Die Funkenfänger.

Da die zur Zeit in Verwendung stehenden Funkenlöscher nicht hin= reichende Sicherheit bieten, so entsprechen dieselben den in Deutschland vorschriftsmäßig erforderten Bedingungen der Sicherheitsvorrichtungen gegen Brandschäden nicht so gut wie die eigentlichen Funkenfänger, da= her wir die letzteren im folgenden eingehender zu behandeln gedenken.

Bei Funkenfängern zwingen die in den Schornstein oder über denselben gelegten einzelnen Platten die Gase, auf gebundenem Wege ins Freie zu ziehen, wodurch die brennende Teile an den Stellen des Richtungswechfels der Gase zurückgehalten werden.

In Deutschland sind zahlreiche Funkenfänger in Verwendung, doch sind die meisten von komplizierter Konstruktion und schwer zu behandeln, dabei vermindern sie auch fühlbar den Luftzug, weshalb man bei der Auswahl des Funkenfängers nie vorsichtig genug sein kann. Die meist verbreiteten Konstruktionen sind die folgenden:

α) Der Funkenfänger von Graham, bei welchem im oberen Teile des Schornsteins eine doppelte konische Blechbüchse angebracht ist. Wie der in Fig. 26 dargestellte Längenschnitt des Schornsteins klar zeigt, werden die Rauchgase durch die konischen Einlagen von ihrer geradlinigen Bewegung abgelenkt, die festen Bestandteile schlagen sich an die Decke des Funkenfängers, fallen hinab und können aus dem unteren Teile mit Hilfe der dort angewendeten Schieber entfernt werden.

Da auch die übrigen Teile des Funkenfängers durch Ablagerung des Abdampfes rußig werden, so ist es zweckmäßig, die obere Deckplatte nur mittelst Schrauben zu befestigen. Nach Abnahme derselben ist alsdann der ganze Funkenfänger mit allen seinen Teilen leicht zu reinigen. Diese Reinigung hat wöchentlich mindestens einmal, die Entfernung des im unteren Teile sich ansammelnden Rußes aber täglich nach Einstellung der Arbeit stattzufinden.

Der Graham'sche Funkenfänger wirkt sehr zuverlässig und sein einziger Nachteil ist, daß er den Luftzug einigermaßen behindert. Dem könnte zwar durch Verjüngung der Öffnung des Blaserohres abgeholfen werden, doch würde hierdurch der Gegendruck des Abdampfes im Dampfcylinder zunehmen.

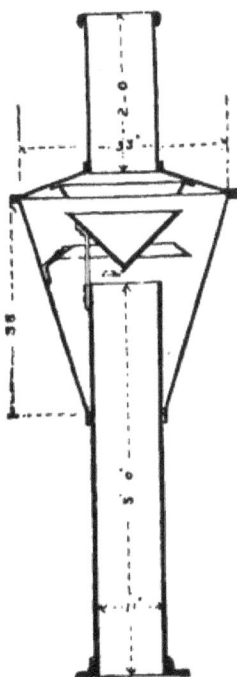
Fig. 26.

β) Der Funkenfänger von Strube (Fabrik Buckau-Magdeburg) ist in Fig. 27, seinem Längsschnitte nach, dargestellt. Im Unterteile des Schornsteins sind mehrere in einer Schraubenlinie sich erhebende Blechstreifen angebracht. In der Mitte des Rauchfanges befindet sich eine Blechbüchse in der Form eines stumpfen Kegels.

Das nach oben gerichtete Ende des Blaserohres ist verlängert

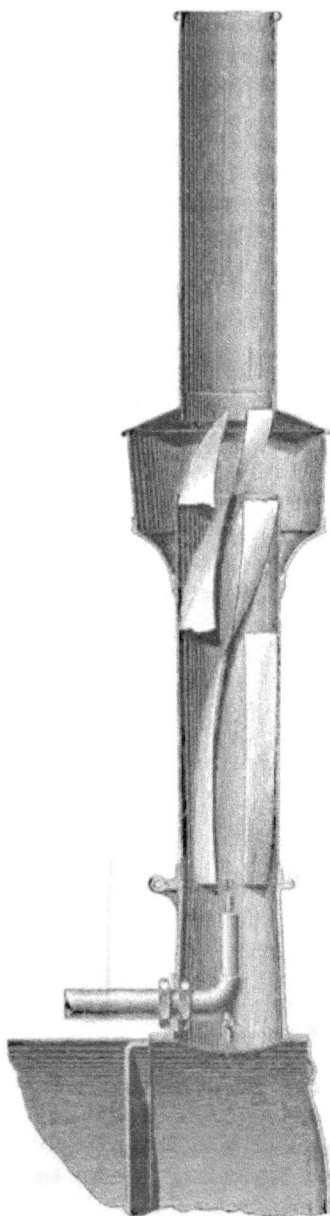

Fig. 27.

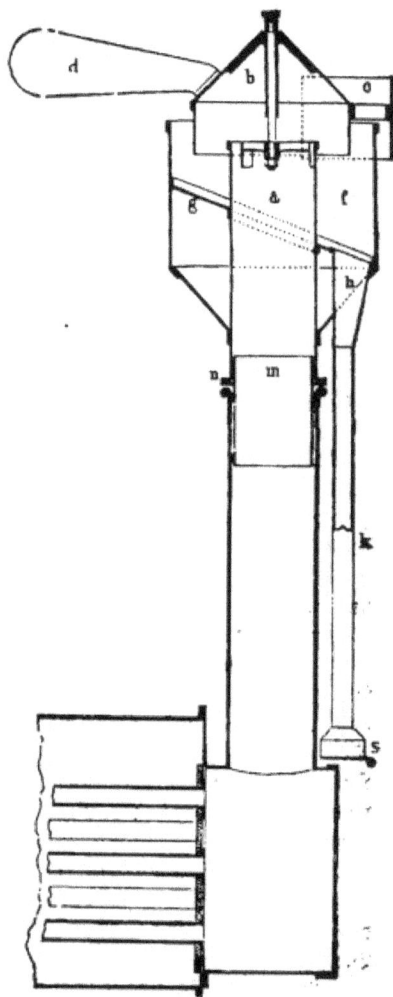

Fig. 28.

und lenkt der in der Mittellinie des Schornſteins in gerader Rich=
tung geführte Dampf die ausſtrömenden Rauchgaſe gleichmäßig gegen
die Blechſtreifen, infolge deſſen dieſelben in drehender Bewegung empor=
ſteigen. Indem ſie in den Raum des Funkenfängers gelangen, büßen
die Gaſe daſelbſt infolge ihrer Ausdehnung viel von ihrer Geſchwindig=
keit ein, während die feſten Beſtandteile ihre Bewegung in Schrauben=
linien fortſetzen und ſich ſo an die obere Schlußplatte ſtoßen und am
Boden des ſtumpfen Kegels ſich anſammeln, von wo ſie durch die mit=
telſt eines Schiebers abgeſchloſſene Öffnung täglich zu entfernen ſind.

Die Strube'ſchen Funkenfänger haben ſich bei einer in Magdeburg
ſtattgehabten Konkurrenz*) ſehr gut bewährt.

γ) Der Funkenfänger von Neuhaus, erzeugt von Schäffer
und Budenberg in Buckau=Magdeburg, beſteht, wie aus Fig. 28 er=
ſichtlich, aus einem Rohre a von der Weite des Schornſteins, auf wel=
chem der Apparat angebracht werden ſoll; aus der oben geſchloſſenen
drehbaren Haube b, um welche der mit Windſchutz c und Windfahne d
ausgerüſtete Kegel ſich drehen kann. Der durch a aufſteigende Rauch
wird durch b abwärts gedrängt und ſteigt in dem äußeren Blechchlinder
f wieder aufwärts, um den Schornſtein zu verlaſſen. Infolge der
Windung der Rauchgaſe werden die Funken zuerſt gegen die Haube b
und von da auf den ſchrägliegenden Boden g des Chlinders f geſchleu=
dert, von wo ſie durch den Trichter h von Zeit zu Zeit durch Öff=
nung eines Schiebers entfernt werden können.

δ) Ganz gut entſpricht ferner auch der amerikaniſche teller=
förmige Funkenfänger (Fig. 61), welcher bei den Lokomobilen der
Maſchinenfabrik der ungariſchen Staatsbahnen verwendet wird. Am
Gipfel des Schornſteins iſt eine Blechbüchſe in der Form eines dop=
pelten ſtumpfen Kegels angebracht, in deren Mitte ſich ein auf einer
Schraubenſtange auf= und abſtellbarer gußeiſerner Teller befindet.
Die Funken ſtoßen ſich an dieſen und ſinken hinab. Die Rauchgaſe
ſtoßen ſich, von ihrer Richtung abgelenkt, an den oberen Kegel und
laſſen daſelbſt auch die mit ſich geriſſenen Funken fallen. Durch Höher=
oder Tieferſtellung des Tellers kann die Wirkſamkeit des Funkenfängers
und zugleich die Stärke des Luftzuges reguliert werden.

ε) Zu erwähnen wäre hier noch der Funkenfänger von Petzhold,
welchen Flöther in Gaſſen an ſeinen Lokomobilen anwendet. Der=
ſelbe beſteht aus einem in dem Schornſteinſtutzen eingefügten Sieb=
chlinder, in deſſen Öffnungen die Funken abgefangen und zurückgehalten
werden.

---

*) Siehe Heft 7 der techniſchen Mitteilungen des Magdeburger Vereins
für Dampfkeſſelbetrieb.

d) Die kombinierten Funkenfänger

werden aus einer Kombination der Funkenlöscher und der eigentlichen Funkenfänger gebildet.

a) Eine solche Konstruktion von R. Wolf ist in Fig. 29 anschau= lich gemacht. Unmittelbar oberhalb der Rauchkammer befindet sich die konische Büchse, in welcher die Rauchgase zuerst sich an den das Blasrohr umfangenden stumpfen Kegel und dann an die Decke des Funkenfängers stoßen, um dann in den unteren Raum des Kegels hinab zu sinken, von wo sie zeit= weilig durch die mit einer Decke abgeschlossene kleine Öffnung hin= weggefegt werden können. Ober= halb des inneren stumpfen Kegels wird das Blaserohr von einem

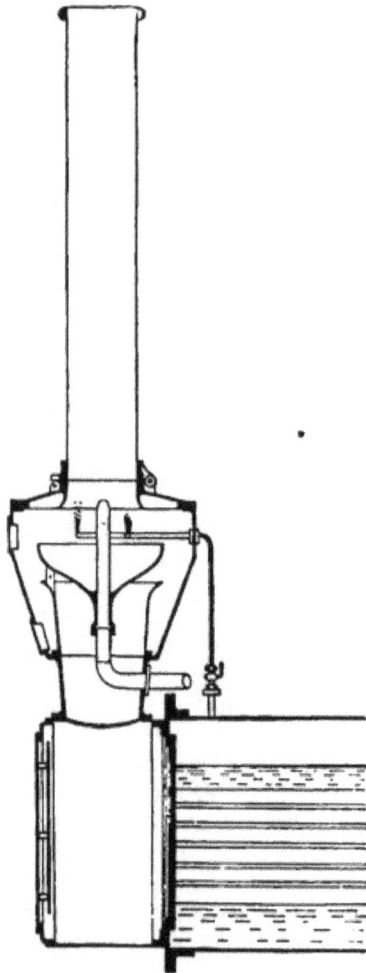

Fig. 29.

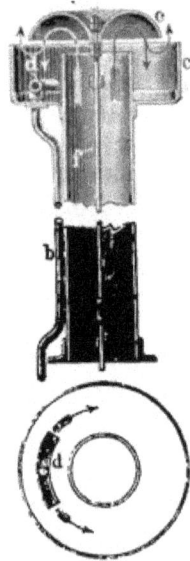

Fig. 30.

kleinen, frischen Dampf führenden Rohre umschlossen, aus welchem gleichfalls ein feiner Dampfstrahl in den Rauchfang geführt werden

kann, durch welchen auch während der Arbeitsraſt etwa aufſteigende
Funken gelöſcht werden können.

β) Eine ſehr gelungene Kombination des amerikaniſchen teller=
förmigen Funkenfängers mit einer Funkenlöſchvorrichtung zeigt der in
Fig. 30 dargeſtellte Funkenfänger von H. Lanz in Mannheim. Der
gußeiſerne Teller e kann durch die Stange f und mittelſt eines Hebels
zur Regulierung des Luftzuges und der Wirkſamkeit des Funkenfängers,
wie oben, verſtellt werden.

Zum Löſchen der durch den Teller nach abwärts gelenkten Funken
führt Lanz mittelſt des unterhalb des niedrigſten Waſſerſtandes in den
Keſſel mündenden Rohres b Keſſelwaſſer in das Segmentrohr d des
cylindriſchen Gefäßes c am oberem Ende des Schornſteins. Das
ringförmig austretende Keſſelwaſſer bildet in der freien Luft feuchten
Dampf und löſcht ſehr wirkſam die glühenden Kohlenteilchen.

Zum Ablaſſen des Kondenſationswaſſers, ſowie zur Entfernung
der Aſchenteilchen iſt im Boden des Löſchcylinders ein beſonderes
Ableitungsrohr angebracht.

2. Borrichtungen zur Erhaltung und Beobachtung des Wafferftandes.

Der Waſſerraum der Lokomobile iſt vor Beginn der Arbeit zu
füllen, das verdampfte Waſſer aber während der Arbeit kontinuierlich
zu erſetzen. Sinkt im Keſſel der Waſſerſtand ſo tief hinab, daß ein=
zelne Teile der Heizfläche nicht mehr gekühlt werden, ſo überhitzen ſich
dieſelben und können durch den Dampfdruck leicht geſprengt werden,
wodurch auch eine Keſſelexploſion entſtehen kann. Darum iſt es von
Wichtigkeit, den Keſſel auch mit ſolchen Vorrichtungen zu verſehen,
welche die unausgeſetzte Beobachtung und Kontrolle des Waſſerſtandes
geſtatten und ferner mit ſolchen, welche eventuell auch automatiſch auf
die nahe Gefahr aufmerkſam machen.

a) Das Füllrohr.

Das Füllen des Keſſels wird bei den meiſten Lokomobilen durch
die am Mannlochdeckel befindliche und mittelſt einer Meſſingſchraube
verſchließbare Öffnung bewirkt. Das Füllen des Keſſels durch die
Öffnung des Sicherheitsventils empfiehlt ſich nicht, da ſonſt das Neſt
des Ventils leicht Schaden nehmen kann.

Bei einigen Konſtruktionen werden beſondere Füllröhren verwen=
det, in welche der Trichter hineingelegt werden kann. Dieſes Füllrohr
wird, wie Fig. 31 u. 32 zeigen, an ſeiner Flantſche a mittelſt Schrau=
ben an den Keſſel befeſtigt. Die Öffnung des Füllrohres b kann
mittelſt eines Deckels derart abgeſchloſſen werden, daß keine Luft hin=
durchbringen kann, zu welchem Zwecke der Bügel c ſich an die Flantſche

des Füllrohres klammert und für die Spannschraube d das Gehäuse
bildet. Statt des Bügels und der Spannschraube wird die Öffnung
des Füllrohres einfacher mit=
telst einer Messingschraube ge=
schlossen.

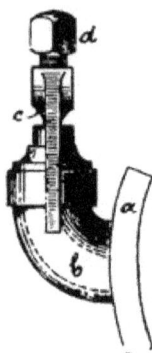
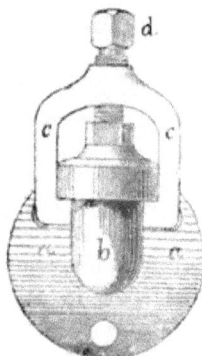

Der Kessel ist bis zum
oberen Wasserstandszeichen zu
füllen, und muß inzwischen der
Dampfprobierhahn geöffnet,
oder aber das Sicherheits=
ventil gehoben werden, sodaß
die im Kessel befindliche Luft
frei ausströmen kann. Zur
selben Zeit wird es geraten
sein, den Wasserprobierhahn
und die unteren Hähne des
Wasserstandglases zu wieder=

Fig. 31.   Fig. 32.

holten Malen auf je einen Augenblick zu öffnen, um sich davon zu
überzeugen, ob dieselben verstopft sind, in welchem Falle die mit dem
Kessel korrespondierenden Öffnungen mit Draht zu durchstechen sind.

b) Die Speise-Pumpen.

Zum Ersatze des verdampften Wassers werden bei Lokomobilen
in der Regel Kolbenpumpen verwendet, während zu gleichem Zwecke
Dampfstrahlpumpen seltener gebraucht werden.

Da die Pumpen leicht in Unordnung geraten, ist es zweckmäßig
zwei Pumpen von verschiedener Konstruktion anzuwenden, von denen eine
jede im Notfalle im stande ist, das 3—4fache des bei normaler Arbeit
konsumierten Wassers in den Kessel zu befördern, damit bei einer all=
fälligen plötzlichen Abnahme des Wasserstandes das Wasser so rasch
als möglich wieder auf die erforderliche Höhe gebracht werden kann.

Bei kleineren Lokomobilen genügt es eine Handpumpe und eine
Dampfstrahlpumpe anzuwenden, bei größeren Maschinen jedoch wäre
die Arbeit mit der Handpumpe zu mühselig, daher kommen auch bei
solchen mit der Maschine betriebene oder Dampfstrahlpumpen zur Be=
nutzung.

Das gepumpte Wasser wird mittelst eines Speiserohres in den
Kessel geleitet. Dieses Rohr hat unterhalb des Wassers auszumünden
und ist es, da aus dem Speisewasser sich gerade dort der meiste
Schlamm ablagert, wo sich dasselbe mit dem heißen Kesselwasser be=
rührt, zweckmäßig, das Speiserohr auf 10—15 cm von der Kesselwand
einwärts zu biegen, damit sich der ablagernde Schlamm nicht in engem

Raum ansammeln kann, widrigenfalls die Bleche sich rasch abnutzen. Da das Ende des Speiserohres sich leicht verstopfen kann, so muß es auf leicht zugängliche Weise placiert werden.

Zwischen der Pumpe und dem Speiserohr wird ein sogenanntes Speiseventil angebracht, welches einerseits vom Kesselwasser geschlossen wird, andererseits aber vom einströmenden Wasser der Pumpe stoßweise gehoben wird und so den Rückfluß des Kesselwassers verhindert. Dieses Ventil ist abgesondert an das Speiserohr befestigt, oder aber — und dies ist der häufigere Fall — es ist im Ventilgehäuse der Pumpe untergebracht. Ist das Speiseventil geschlossen, so können wir die übrigen Teile der Pumpe auch während des Betriebes zerlegen. Es ist ferner gebräuchlich zwischen dem Speiseventil und dem Kessel auch einen Absperrhahn anzubringen, damit das Speiseventil auch während des Betriebes sich untersuchen und allenfalls reparieren läßt.

Hier mag erwähnt werden, daß die Kolbenpumpen der Lokomobile sich auch dazu eignen, bei Kesselproben eine besondere Pumpe zu ersetzen, wenn die Füllöffnung sonst das Anfüllen des ganzen Kessels gestattet. Nach Absperrung derselben genügt es in diesem Falle das Schwungrad einigemal umzudrehen, um durch die Kolbenpumpe noch so lange Wasser in den Kessel zu drücken, bis die zur Prüfung vorgeschriebene Spannung im Kessel erzeugt wird.

α) Kolbenpumpen.

Diese Pumpen werden entweder mit der Hand oder durch die Maschine getrieben, im letzteren Falle wird die Treibstange des Kolbens bei Lokomobilen in der Regel durch einen auf der Hauptwelle angebrachten Exzenter bewegt. Bei einigen Konstruktionen bewegt die Treib- oder Kurbelstange der Maschinensteuerung zugleich auch den Pumpenkolben, oder es bildet die Schieberstange selbst durch eine Verdickung den Pumpenkolben, in welchem Falle darauf zu achten ist, daß die in einer Linie befindlichen Stopfbüchsen in gleichmäßiger Weise angezogen werden, damit nicht schiefe Spannkräfte auftreten. Die allgemeine Anlage der normalen Pumpe ist in Fig. 33 und 34 in der Ausführung von Ransomes Sims & Head in Horizontal- und Querschnitt dargestellt.

Der Pumpenkolben A wird aus Messing oder Gußeisen hergestellt. Er besitzt am Boden ein Gelenk, mit welchem die Pumpenstange B verbunden ist. Der Kolben ist nur locker in den Pumpenchlinder gefügt. Der letztere ist an seinem Oberteile weiter ausgedreht und ragt in diese Höhlung die Stopfbüchse C hinein, welche die luftdichte Abschließung des Kolbens bewirkt. Als Packung wird in der Regel ein Hanfgeflecht verwendet, welches nur in Wasser

getränkt werden darf, damit nicht fettige Teile in den Keſſel ge=
langen.

Mit dem Pumpencylinder iſt das Ventilgehäuſe verbunden, in
welchem das Saugventil a und das Druckventil b, wie in der Zeichnung
erſichtlich, in einer Mittellinie übereinander, in anderen Fällen neben=
einander placiert werden. Die aus Meſſing verfertigten Ventile werden
aus Tellern in der Form von ſtumpfen Kegeln gebildet, welche auf
der Kegelfläche des gleichfalls aus Meſſing gearbeiteten Ventilneſtes
aufliegen und in dieſem durch ihre Führungsrippen in gerader Rich=
tung geleitet werden.

Bei anderen Konſtruktionen wendet man an Stelle der teller=
förmigen Ventile metallene Kugelventile an, welche auf koniſchen Ventil=
neſtern liegen und deren Hub durch die kugelförmig ausgehöhlten Enten
der Verſchlußſchrauben des Ventilgehäuſes begrenzt werden.

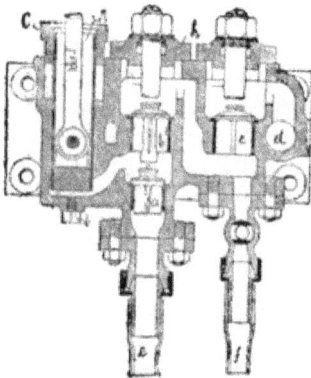

Fig. 33.

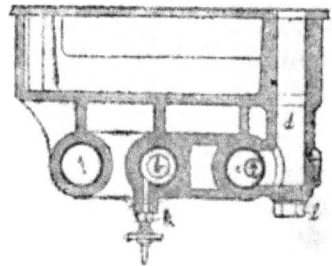

Fig. 34.

Dieſe Ventile nutzen ſich nicht ſo raſch ab, wie die Kegelventile,
doch genügt ſchon eine geringe Abnutzung, um ſie unbrauchbar zu
machen, da ſie ſich nicht aufs neue aufrichten laſſen.

Der Hub des Saugventils wird durch den hinunterragenden kleinen
Dorn des Druckventils begrenzt, während für das Druckventil die Ver=
ſchlußſchraube das Stoßkiſſen bildet. Das Ventil c bildet das Speiſe=
ventil und das durch dasſelbe bringende Waſſer wird durch das Speiſe=
rohr d unter dem niedrigſten Waſſerſtande in den Keſſel geleitet.

Unterhalb des Saugventils erblicken wir das Saugrohr e, welches
aus Kupfer oder aus einer mit Drahtſpiralen verſteiften Gummiröhre
gefertigt wird. Das obere Ende des Gummiſchlauches iſt mit einem
Holländer an das Ventilgehäuſe befeſtigt; häufig wird der Schlauch

mit einer konischen Messingschraube versehen und einfach in die mit
einer Verschlußschraube versehene Öffnung der Pumpe eingeschraubt.
Es ist darauf zu achten, daß die Verbindung stets luftdicht hergestellt
wird, und daß der Gummischlauch sich nicht infolge der Pulsierung des
Wassers an dem Rand des Wasserbottiches reiben kann, da sich derselbe sonst rasch abnutzt. An das untere Ende des Saugrohres pflegt
man ein Sieb zu befestigen, welches den Zweck hat, zu verhindern,
daß feste Bestandteile in die Pumpe gelangen.

Unterhalb des Speiseventils wird ein Rückflußrohr angewendet,
in dessen oberem Teile ein Rückflußhahn g angebracht ist.

Behufs leichterer Zugänglichkeit der Ventile befinden sich oberhalb des Ventils b und c weite Öffnungen, welche mittelst Deckel
und durch diese hindurch reichende Schrauben luftdicht verschlossen sind.
Die Köpfe der Schrauben legen sich im Innern des Ventilgehäuses
gegen zwei Knaggen, sodaß durch Anziehung der Schraubenmuttern
die Deckel fest niedergedrückt werden. Will man die Deckel abnehmen, so
müssen nach Lösung der Schraubenmuttern die Stangen verdreht werden.

* * *

Um uns die Wirkung der Pumpen zu vergegenwärtigen, denken
wir uns den Kolben aus seinem tiefsten Stande emporgehoben; es
dehnt sich hierdurch die im Ventilgehäuse befindliche Luft aus und wird
infolgedessen dünner; die Außenluft, deren Druck nun ein größerer
ist, drückt das Wasser in dem Saugrohr e hinauf, hierbei das Saugventil a hebend und gelangt durch die hierdurch entstandene Öffnung
in das Ventilgehäuse. Beim Zurückschieben des Kolbens drückt das im
Vorraume des Ventilgehäuses befindliche Wasser das Ventil a hinab
und hebt das Druckventil b, um in den oberhalb desselben befindlichen
Raum zu gelangen. Bei der wiederholten Hebung des Kolbens saugt
die sich verdünnende Luft das Ventil b an seinen Platz zurück und
das durch die Außenluft eingedrückte Wasser dringt wieder durch das
Saugventil hindurch. Bei einer fortgesetzten Bewegung des Kolbens
füllt sich auch der hinter dem Druckventil befindliche Raum mit Wasser;
und ist der Hahn g gesperrt, so gelangt das Wasser durch das
Speiseventil c in das Rohr d und so endlich in den Kessel.

Das Speisen des Kessels kann also leicht eingestellt werden, wenn
man den Rückflußhahn öffnet, in welchem Falle das aufgepumpte
Wasser durch das Rohr f in den Bottich zurückfließt. Es ist jedoch
zweckmäßiger, das Speisen unausgesetzt zu bewirken und gleichmäßig
so viel Wasser in den Kessel zu leiten, als verdampft; der Hahn g
wird daher nur soweit geöffnet, daß durch denselben bloß das überflüssige Wasser in den Bottich zurückfließt. Das fortgesetzte Speisen
hat den Vorteil, daß das Speiseventil nicht verschlammt werden kann

und daß bei gleichmäßiger Feuerung eine ständige Dampfspannung sich leichter erhalten läßt.

Das nach dem Betriebe in der Pumpe zurückgebliebene Wasser ist abzulassen, zu welchem Zwecke unterhalb des Pumpencylinders eine Schraube i angebracht ist. Das Ablassen des Wassers ist darum not= wendig, weil dasselbe sonst im Winter gefrieren könnte, in welchem Falle es sich ausdehnt und leicht die Pumpe zum Bersten bringen kann. Ist an der Pumpe ein diesem Zwecke dienender Hahn nicht angebracht, so muß vor der Einstellung der Arbeit das Saugrohr aus dem Bottiche gehoben werden, die eingepumpte Luft drückt alsdann den größten Teil des im Ventilgehäuse befindlichen Wassers heraus.

Es ist ferner auch für die Entfernung der in der Pumpe sich ansammelnden Luft zu sorgen, da dieselbe sonst den ordentlichen Verlauf des Betriebes zu stören vermag. Zu diesem Zwecke wird bei der in Fig. 33 dargestellten Pumpe zwischen dem Saug= und dem Druckventil ein mit m bezeichneter kleiner Lufthahn angebracht, welcher geöffnet werden muß, wenn die Pumpe in Gang gesetzt wird, wenn allfällige Störungen eintreten und zeitweilig auch zur Kontrolle, — aber nur wenn der Kolben nach innen geht. Wenn nun in solchen Fällen ein Wasser= strahl zum Lufthahn herausschießt, so zeigt dies, daß die Pumpe regel= mäßig arbeitet; darum wird auch dieser kleine Lufthahn Probierhahn genannt.

Schließlich ist noch zu erwähnen die Metallschraube l, nach deren Entfernung das Speiserohr gereinigt werden kann, falls es von Schlamm verstopft ist.

* * *

Das in den Kessel gepumpte Wasser kann mit um so weniger Brennmaterial zum Verdampfen gebracht werden, je wärmer es in den Kessel gelangt. Es ist daher von hohem Vorteile, einen Teil des Abdampfes zur Vorwärmung des Speisewassers zu benutzen; denn wenn der Abdampf sich niederschlägt, so vermag dessen latente Wärme eine große Quantität von Wasser zu erwärmen.

Der Abdampf wird entweder durch ein besonderes Rohr in den Bottich geleitet, oder er mengt sich schon in dem Rückfluß= raume der Pumpe mit dem zurückströmenden Wasser. Bei speziellen Vorwärmungskonstruktionen wird das bereits durch das Speiseventil hindurchgedrängte Wasser in einem entweder in der Rauchkammer an= gebrachten, oder vom Abdampf umringten Rohrsystem erwärmt.

Bei der gewöhnlichen Erwärmung im Bottiche strömt der Ab= dampf am Boden des Wassergefäßes hinein, dringt durch das Wasser und erwärmt es auf 60⁰—70⁰. Zum Speisen wird in diesem Falle die bereits geschilderte oder eine ähnliche Pumpe verwendet, bei welcher das zurückfließende Wasser in den Bottich gerät, ohne daß es sich unterwegs erwärmt.

Vorteilhafter sind jedoch solche Konstruktionen, bei welchen das Wasser bereits in dem Rückflußrohre der Pumpe sich mit dem Dampf

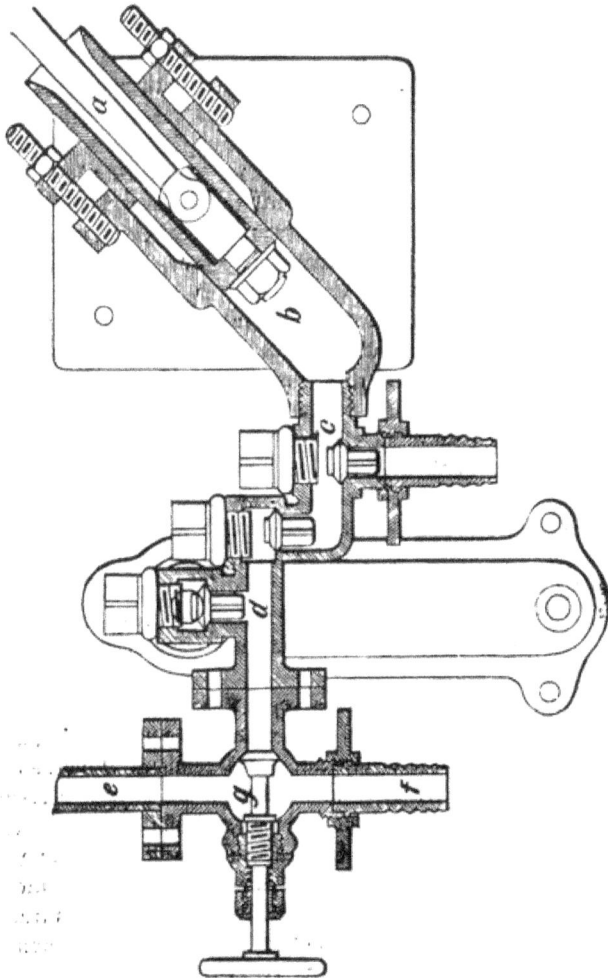

Fig. 35.

vermengen kann; die Berührung ist hier eine viel gründlichere und kann das Speisewasser da auf 70⁰—90⁰ erwärmt werden; solche Konstruktionen sind:

β) **Kolbenpumpen mit Vorrichtungen zur Vorwärmung.**

Bei der in Figur 35 in Vertikalschnitte dargestellten sehr einfach konstruierten Pumpe, von Garrett in Buckau-Magdeburg, weichen der Pumpenkolben a und der Pumpencylinder b nicht wesentlich von der vorigen Konstruktion ab, doch ist hier das Ventilgehäuse nicht mehr aus einem Stücke mit dem Pumpencylinder gegossen, sondern es bildet einen Bestandteil für sich und ist in den Boden des Cylinders ein=geschraubt. Das Saugventil c und das Druckventil sind nebeneinander angebracht und zwar das Druckventil etwas höher, damit die Luft durchbringen kann. d bildet das Speiseventil, hinter welchem das horizontale Speiserohr in den Kessel führt. Die Ventile haben keine besondern Nester, da das ganze Ventilgehäuse aus Metall gearbeitet ist. Die Verschlußschrauben der Öffnungen des Ventilgehäuses, nach deren Entfernung die Ventile einzeln untersucht werden können, be=grenzen den Hub der Ventile.

Am Ende des unterhalb des Speiseventils befindlichen Rohres ist ein Rückflußventil g angebracht, welches durch ein Handrad geschlossen werden kann. Der Röhrenteil f dient zur Aufnahme des Rückfluß=gummischlauches. In den oberen Raum hinter dem Sperrventil mündet überdies auch noch das Rohr e, welches den zur Vorwärmung erforder=lichen Abdampf in den Mischraum g leitet und zumeist mittelst eines besonderen Hahnes verschließbar ist. Das zurückfließende Wasser reißt aus dem Raum g auch die Luft mit sich fort und saugt somit nach Öffnung des Dampfhahnes den Abdampf gierig auf, wodurch es wirksam erwärmt wird. Wenn das Ventil g gänzlich geschlossen ist, so muß auch der Hahn des dampfleitenden Rohres gesperrt werden, damit der heiße Dampf den Gummischlauch nicht abnützt.

* * *

Eine noch engere Berührung des Abdampfes mit dem Wasser erzielen wir bei der in Fig. 36 dargestellten Konstruktion. Das Rück=leitungsrohr mündet in die Mittellinie des konischen Mischraumes und ist mittelst eines Ventils, das durch ein Handrad gestellt werden kann, verschließbar. In denselben Raum mündet auch das den Abdampf leitende Rohr, dessen Öffnung gleichfalls mit einem durch ein Handrad stellbaren Ventil verschließbar ist. Während der Arbeit fließt das überflüssige Wasser durch das Rückflußventil beständig zurück; der Rückflußhahn ist also teilweise unausgesetzt geöffnet, während das Vorwärmeventil nur nach Maßgabe des Bedarfs zu öffnen ist. Ist auch der Vorwärmehahn offen, so saugt das zurückfließende Wasser einen großen Teil des Abdampfes in sich auf und erwärmt sich dadurch wesentlich. Diese Konstruktion übertrifft an Wirksamkeit die übrigen bei Lokomobilen angewendeten Konstruktionen, allein die zusammen mit

ihr abgebildete Pumpe iſt minder vorteilhaft, da die Luft infolge
der gleichen Höhe der Ventile in dem oberen Teile des Ventilgehäuſes

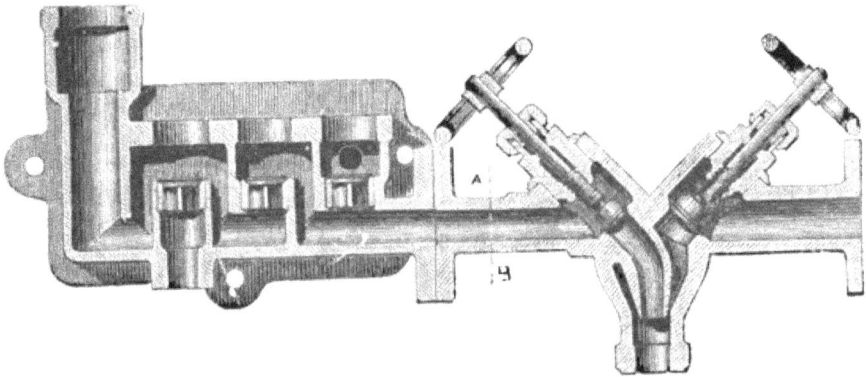

Fig. 36.

ſich leicht zuſammenpreſſen kann, welchem Übel der oberhalb des Saug=
ventils angebrachte kleine Lufthahn nicht ganz abzuhelfen vermag.

* * *

Vorwärme=Bottich. Da der Abdampf aus dem Cylinder
Ölteilchen mit ſich führt, ſo gelangen dieſelben in den Vorwärme=
Bottich. Es iſt daher darauf zu achten, daß der Saugſchlauch die
Fettteilchen nicht in den Keſſel hinüber bringt, da dieſe die Be=
rührung zwiſchen Keſſelplatte und Waſſer behindern und ſonach das
Verbrennen der Platten ver=
urſachen können. Überdies
ätzt die entſtandene Fettſäure
die Keſſelwand aus, auch
können die fetten Teile das
regelmäßige Funktionieren
der Pumpe ſtören, indem
ſie das Kleben der Ventile
verurſachen.

Aus dieſen Gründen
iſt es geboten, die Vorrich=
tung zur Vorerwärmung,
wie die Fig. 37 zeigt, in
zwei Teile zu ſondern. Aus
dem Rohre a, welches den

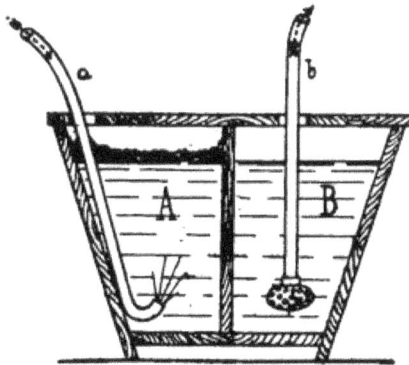

Fig. 37.

Abdampf oder die Miſchung von Dampf und Waſſer führt, ſteigen die
Ölteilchen auf und verharren in dem Teile A des Bottichs, während

der Saugschlauch aus dem Teile B das Wasser auffaugt, welches durch
die in der Scheidewand angebrachten kleinen Löcher hindurch aus dem
Raum A erfetzt wird.

In solchen Vorwärmern soll das Wasser nicht über 90⁰ erwärmt
werden, da das wärmere Wasser in dem durch die Pumpe hervor=
gerufenen luftverdünnten Raume sich leicht in Dampf verwandelt und
das regelmäßige Funktionieren der Pumpe dadurch behindert. Damit
das in dem Vorwärmer enthaltene Wasser sich nicht rasch abkühlt und

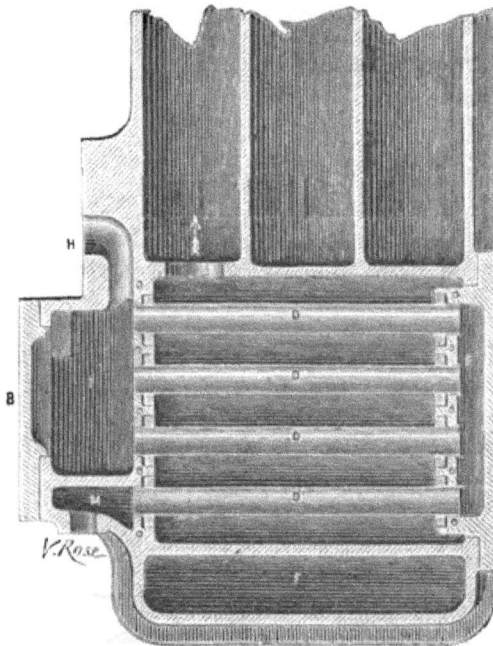

Fig. 38.

keine Unreinlichkeiten in den Bottich gelangen, wird der letztere am
zweckmäßigsten mit einem Deckel versehen.

Das Einbringen der Ölteile in den Keffel wird am sicherften
vermieden, wenn der Dampf nicht mit dem Speisewasser vermengt wird.

Vorwärmer mit Röhrenfyftem. Die Figuren 38 und 39
stellen den auf der Lokomobile von H. Lachapelle befindlichen Vor=
wärmer mit Röhrenfyftem im Horizontal= und Vertikalschnitte dar. Der
Vorwärmer bildet zugleich das Fundament der Dampfmaschine; seine

weſentlichen Beſtandteile ſind die Röhren D, welche an ihren Enden mittelſt Packung in die entſprechenden Deckel eingefügt werden.

Das aufgepumpte Waſſer tritt bei H ein, zieht durch die Röhren D, D, D, dann durch das Rohr D^1 in den Raum M und von da in den Keſſel.

Der Dampf tritt durch die Öffnung A in den Kaſten und er= wärmt die Röhren, bevor er am jenſeitigen Ende des Kaſtens in den Schornſtein ſtrömt.

Bei dieſer Konſtruktion findet demnach keine unmittelbare Be= rührung zwiſchen Dampf und Waſſer ſtatt, das Speiſewaſſer kann mit= hin keine Ölteilchen aufnehmen und kann ſonach mit dieſem Vorwärmer das Waſſer auch bis 100° vorgewärmt werden, da es auf die Pumpe nicht mehr ſchädlich einwirken kann.

Auszuſetzen wäre an dieſer Konſtruktion, daß die Reinigung der Röhren etwas ſchwer vor ſich geht und in Winterszeit das im Vor=

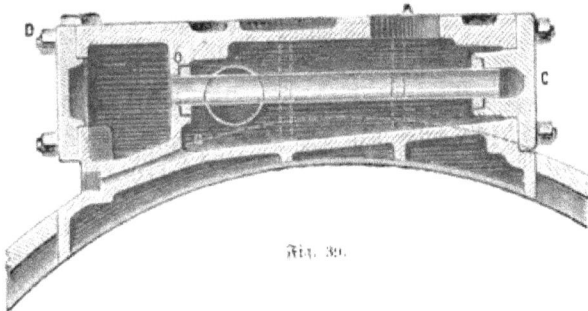

Fig. 30.

wärmer gebliebene Waſſer leicht ein Berſten der Gefäße verurſachen kann; bei vorſichtiger Behandlung — das Waſſer kann aus dem Vor= wärmer durch einen kleinen Hahn abgelaſſen werden — beſitzt jedoch dieſe Konſtruktion unleugbare Vorteile.

Es giebt ferner auch Vorwärmer, wie derjenige von Cambridge und Parham, bei welchen das Röhrenſyſtem in der Rauchkammer an= gebracht iſt und ſowohl der Abdampf wie auch die abziehenden Rauch= gaſe zur Vorwärmung des Waſſers benutzt werden. Indeſſen ſind die bisher beſtehenden Konſtruktionen dieſer Art viel zu kompliziert, als daß deren eingehende Beſprechung derzeit bereits zeitgemäß wäre.

γ) Bei den Kolbenpumpen vorkommende Betriebsſtörungen und Beſeitigung derſelben.

Es iſt bereits erwähnt worden, welche weſentliche Bedingung des geſamten Betriebes es bildet, daß das Speiſen des Keſſels gleichmäßig

und unausgesetzt erfolgt, denn hiervon hängt zum guten Teile die
Sicherheit des Betriebes, die Instandhaltung der Lokomobile und die
zweckmäßige Ausnutzung des Brennmaterials ab.

Wenn beispielsweise im Kessel das Wasser allzusehr abgenommen
hat, so wird das Kesselwasser durch das rasch hinein zu leitende kalte
Wasser abgekühlt, wodurch die Dampfbildung daselbst behindert wird,
was wieder eine plötzliche Abnahme der Dampfspannung zur Folge hat.
Dies hemmt nicht allein die Arbeit, es verursacht auch einen erheblichen
Verlust an Brennmaterial. Ist unglücklicherweise das Wasser so tief
gesunken, daß die Heizfläche entblößt daliegt, so darf das Speisen gar
nicht mehr fortgesetzt werden, sondern das Feuer muß durch Herausziehen
einiger Roststäbe unverweilt in den Aschenkasten geworfen und der Kessel
allmählich abgekühlt werden.

Ist in den Kessel zu viel Wasser gepumpt worden, so nimmt die
Dampfspannung gleichfalls ab und ihre Steigerung kostet zu viel Brennmaterial, zudem reißt der Dampf viel Wasser in den Dampfcylinder,
was einerseits dem letzteren schädlich werden kann, andererseits aber einen
Wärmeverlust verursacht, indem dieses erwärmte Wasser ins Freie gelangt,
ohne daß es eine Arbeit verrichtet hätte.

Bei einem normalen Funktionieren der Pumpe erlernt ein gewandter Heizer sehr bald, wie weit der Rückflußhahn geöffnet werden
muß, damit ebenso viel Wasser in den Kessel gelange, als daraus während der Arbeit verdampft.

Indessen können bei der Pumpe Störungen mancherlei Art vorkommen, daher denn auch das normale Funktionieren der Pumpe sehr
aufmerksam beobachtet werden muß, damit etwaige Störungen rasch erkannt und beseitigt werden.

Das normale Funktionieren der Pumpe spiegelt sich am auffäl-
ligsten in dem gleichmäßigen Wasserstand ab, in welchem Falle durch
das Rückflußrohr ein hinreichender und beständiger Wasserstrahl sich
ergießt. Ein Zeichen des normalen Funktionierens ist ferner, wenn nach
Eröffnung des Lufthahnes das Wasser durch denselben rasch hervor-
dringt; überdies weist auch das regelmäßige Pulsieren auf eine normale
Arbeit hin.

Die Störungen können hervorgerufen werden durch die im Ventilgehäuse sich ansammelnde Luft, durch Verstopfung einzelner Teile, ferner
durch Erwärmung, oder Abnutzung derselben.

Die Luft kann auf verschiedenen Wegen in die Pumpe gelangen,
so auch indem die Stopfbüchse um den Pumpenkolben Luft durchläßt.
Wir erkennen dies an dem Durchsickern des Wassers und an dem Zischen
der Luft. Am untrüglichsten überzeugt uns jedoch eine Kerzenflamme,
welche vor eine schlechtschließende Stopfbüchse gehalten, durch die ein-

geſogene Luft in die Bewegungs=Richtung des Kolbens gezogen wird. In dieſem Falle ſind die Schrauben der Stopfbüchſe anzuziehen, oder muß, falls dies nichts nützt, eine neue Packung eingefügt werden.

Bei Pumpen, bei welchen das Ventilgehäuſe nicht aus einem Stücke mit dem Pumpencylinder gegoſſen iſt, kann es vorkommen, daß die Verbindung nicht gut ſchließt; von dem Einſtrömen der Luft können wir uns auf die vorherbeſchriebene Weiſe überzeugen.

Es iſt ferner möglich, daß die Luft durch einen etwaigen Riß im Pumpencylinder, oder wenn der Guß ein ſchlechter iſt, durch deſſen Poren eingeſogen wird. Haben wir die ſchadhafte Stelle entdeckt, ſo wird dieſelbe getrocknet, erwärmt und mit Bleioxyd oder Eiſenſtaubkitt, oder einem Gemiſch von Teer und Ziegelſtaub verſtopft und mit Hanf verbunden. Dies kann jedoch nur als ein proviſoriſches Schutzmittel betrachtet werden und iſt während der Arbeitspauſe durch Verlötung zu erſetzen. Bei größeren Sprüngen ſind dem Riß entlang kleine Schrauben mit feinem Gewinde zu ſchrauben derart, daß dieſelben in einander greifen. Schließlich kann auch durch die Verbindung zwiſchen dem Saugrohr und dem Ventilgehäuſe die Luft durchbringen oder es können ſich auf dem Saugrohre Sprünge zeigen. Die Riſſe des Gummiſchlauches ſind gleichfalls mit Kitt zu verſchmieren und mit Hanf oder Fetzen zu verbinden.

Die Verſtopfung kann verurſacht werden, indem zwiſchen die Ventile und deren Neſter Schlamm oder eventuell auch feſte Beſtand= teile gelangen, welche den ordentlichen Schluß des Ventils verhindern, oder indem fette Teile in das Ventilgehäuſe bringen und ſich daſelbſt ablagern, wodurch das Ankleben des Ventils verurſacht wird. Wenn wir ein unregelmäßiges Pulſieren des Ventils hören, oder mit der Hand fühlen, ſo ſind das Saug= und das Druckventil herauszunehmen und zu reinigen. Sollte ſich auf dem Speiſeventil eine Störung zeigen, auf welche wir ſchließen können, wenn während der Arbeitsraſt an dem Rückflußrohr eine Durchſickerung wahrgenommen wurde, ſo kann das Speiſeventil auch bei Dampf enthaltendem Keſſel unterſucht werden, wenn zwiſchen dem Speiſeventil und dem Keſſel ſich noch ein Abſperr= hahn befindet; im entgegengeſetzten Falle iſt der Dampf aus dem Keſſel abzulaſſen.

Es kann noch vorkommen, daß das Saugrohr, beziehungsweiſe deſſen Sieb ſich verſtopft; dies zu vermeiden iſt es geboten, den Waſſer= bottich mittelſt eines Deckels abzuſperren, wie wir dies ſchon empfohlen haben. Auch iſt es geraten, das Saugrohr nicht ganz bis an den Boden des Bottichs zu ſenken, von wo es ja allerlei Schmutz mit auf= ſaugen kann.

Es kann ferner sich auch das Speiserohr verstopfen, da der meiste Schlamm sich am Ende desselben ablagert. In diesem Falle ist das Speiserohr mittelst Drahtes gut zu durchstöchern; während der Arbeitsrast aber ist es zweckmäßig das Innere des Kessels um die Öffnung des Speiserohres herum gründlich zu reinigen.

Auch die Erwärmung einzelner Teile kann Arbeitsstörungen bewirken. So wenn das Wasser übermäßig vorgewärmt wird, noch mehr aber, wenn das Speiseventil schlecht schließt und das Kesselwasser in das Ventilgehäuse gelangen kann; im letzteren Falle dehnen sich die Ventile infolge der hochgradigen Erwärmung aus und die Führungsrippen klemmen sich in dem Ventilgehäuse.

Das übermäßig vorgewärmte Wasser kann auch dadurch Störungen herbeiführen, daß es in der verdünnten Luft des Ventilgehäuses verdampft und auf das Saugventil einen größeren Druck ausübt.

Die Erwärmung der Pumpe können wir durch Betasten wahrnehmen und es ist alsdann das einfachste, dieselbe durch einen in kaltes Wasser getauchten Fetzen abzukühlen.

Durch Abnutzung werden gleichfalls Störungen verursacht; die aufliegende Fläche des Ventils, oder das Ventilgehäuse nützen sich in solchen Fällen ungleichmäßig ab. Die abgenützten Ventile können wir mit einer Mischung von Öl und feinem Schmiergelstaub aufs neue aufschleifen, allenfalls auch die allzu abgenützten Ventilgehäuse durch neue ersetzen.

Auch die Führungsrippe kann sich unten krumm wetzen, oder das Stoßkissen durch wiederholtes Aufrichten des Ventils derart kurz werden, daß das Ventil allzu sehr in die Höhe gehoben wird und nicht regelmäßig auf seinen Platz zurückfällt. In diesem Falle kann das Stoßkissen durch eine kleine Schraube, oder durch eine kleine Metallhülse verlängert werden. Am zweckmäßigsten freilich werden derart abgenützte Ventile durch neue ersetzt.

δ) Dampfstrahlpumpen (Injektoren).

Die den Anforderungen der Praxis am besten entsprechenden Dampfstrahlpumpen sind die folgenden:

1. Die Dampfstrahlpumpe von Schäffer und Budenberg, welche in Fig. 40 abgebildet ist.

Der aus dem Dampfraume des Kessels geleitete Dampf strömt nach Öffnung des Hahnes D in das Pumpengehäuse und bringt durch die ⊢-förmige Bohrung der durch das Handrad A stellbaren Regulierspindel in das vor derselben liegende kegelförmige Rohr. Hierbei reißt er aus dem oberhalb des Saugrohres W befindlichen Raum die Luft mit sich fort, vermengt sich mit dem durch die Außenluft in den

luftverdünnten Raum emporgedrückten Wasser und kondensiert sich daselbst. Infolge der Kondensierung entsteht abermals ein luftverdünnter
Raum und so wird das Wasser beständig aufgesogen; das kondensierte Wasser strömt durch die in der Mitte des doppelten konischen
Rohres befindliche Öffnung in den darunter angebrachten Überlaufstutzen L und im Wege des letztern in den Wasserbottich zurück. Indem wir aber das Handrad der Regulierspindel nach links drehen,
bringt auch zwischen der Spindel und dem Kegel Dampf durch, welcher
bereits genügende Kraft besitzen wird, um das kondensierte Wasser in
Form eines beständigen Strahles durch die ganze Länge des doppelten

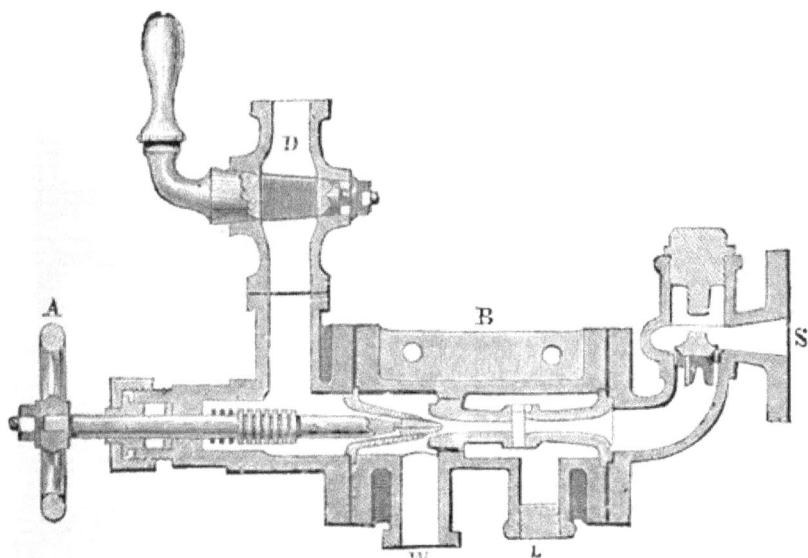

Fig. 40.

konischen Rohres und durch das Speiseventil S in den Keffel hinein-
zubringen. Das Handrad ist daher beim Speisen des Keffels so lange
nach links zu drehen, bis kein Wasser mehr aus dem Überlaufstutzen
herausquillt.

Behufs Einstellung der Funktion des Injektors ist der Dampfhahn abzusperren und die Regulierspindel auf ihren Platz zu drücken.

2. Von der dargestellten Konstruktion weicht wesentlich ab die
Dampfstrahlpumpe von Strube (s. Fig. 41). Bei dieser Konstruktion
ist anstatt des Sperrkegels in dem cylindrischen Dampfkegel ein kleines
Rohr angebracht, welches mit dem halbkreisförmigen und durch ein
Handrad bewegbaren Sperrkopf dampfdicht verschließbar ist.

Wenn das Handrad nach links gedreht wird, so dringt der ein=
geführte Dampf anfänglich nur durch das innere enge Rohr hindurch
und bewirkt gleichfalls einen luftverdünnten Raum, sodaß durch die
Außenluft im Saugrohre Wasser heranfgedrängt wird, welches samt
dem kondensierten Dampfe durch den Überlaufstutzen wieder heraus=
fließt. Wird das Rad so lange nach links gedreht bis es das den
Kopf umschließende Gehäuse und damit den cylindrischen Dampfkegel
mit sich führt, so strömt auch durch die auf dem letzteren befindlichen
Löcher Dampf durch und das aufgesogene Wasser wird in den Kessel
gedrückt. Diese Dampfstrahlpumpe arbeitet bei größerem oder bei
kleinerem Dampfdrucke gleich gut, nur ist bei größerem Drucke das
Rad mehr nach links zu drehen, als bei kleinerem, damit der cylin=
drische Dampfkegel sich um so weiter von dem Wasserkegel entfernt.

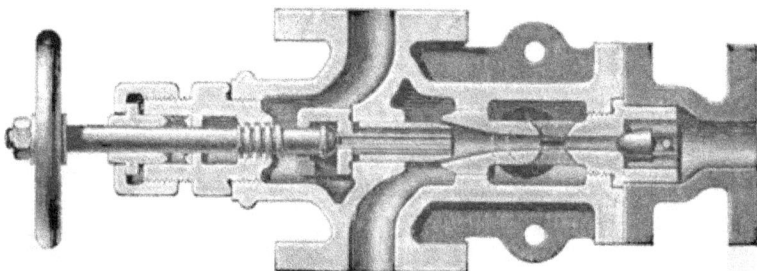

Fig. 41.

Zu erwähnen ist noch, daß Strube in die Überlaufstutzen seiner
Dampfstrahlpumpen ein Ventil placiert, welches das Auffaugen von
Luft und das Eindringen der letzteren in den Kessel verhindert.

Behufs Einstellung der Funktion der Dampfstrahlpumpe ist das
kleine Handrad zurückzudrehen.

Da der Dampf so viel Wasser auffaugt, als zu seiner Konden=
sierung notwendig ist, so folgt hieraus, daß er von wärmerem Speise=
wasser mehr, als von kälterem auffaugt; allein bei dem Auffaugen
größerer Wasserquantitäten verliert die Mischung ihren Überdruck, so=
daß bei Verwendung von Speisewasser, welches über 30^0—40^0 warm
ist, schon so viel Wasser zur Kondensierung des Dampfes notwendig
wird, daß die Mischung den zur Überwindung des Kesseldruckes
nötigen Überdruck verliert und daher das Funktionieren der Pumpe
ein unregelmäßiges wird. Darum ist es zweckmäßiger kaltes Wasser
pumpen zu lassen, welches in der Dampfstrahlpumpe infolge der Dampf=
Kondensierung sich ohnehin erwärmt, ehe es in den Kessel gelangt.

Sollte der Injektor infolge des einströmenden Dampfes sich allzu

ſehr erhitzen, ſo muß derſelbe durch in kaltes Waſſer getauchte Fetzen
gekühlt werden.

Ein großer Nachteil der Dampfſtrahlpumpe beſteht darin, daß der
aus dem erwärmten Speiſewaſſer ſich ablagernde Schlamm und Keſſelſtein ſehr bald eine Verſtopfung in den engen Kanälen hervorrufen
kann; es ſind denn auch ſolche Pumpen trotz ihrer leichten Behandlung
nur bei Gebrauch von reinem Speiſewaſſer zu empfehlen.

Die Montierung einer Dampfſtrahlpumpe von Schäffer und
Bubenberg auf einer Lokomobile zeigt Fig. 42. Dieſelbe wird mit-

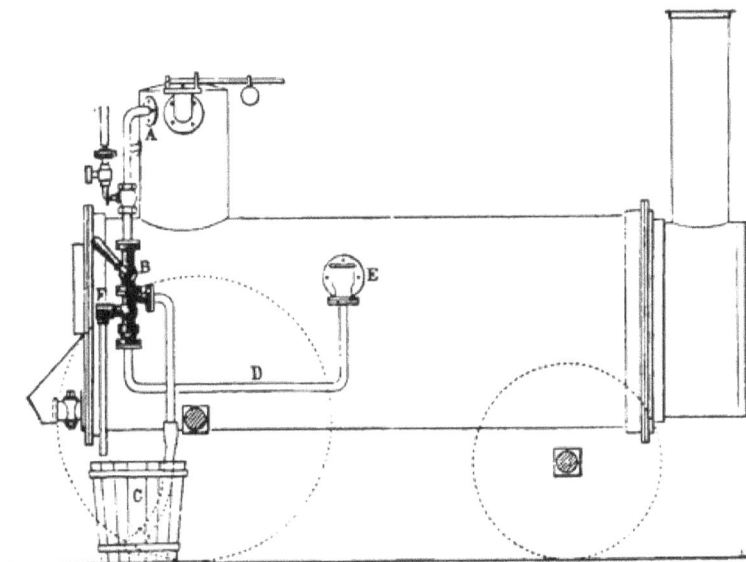

Fig. 42.

telſt Schrauben auf die Seitenwand der Feuerbüchſe befeſtigt; damit
ſie ſich jedoch nicht allzuſehr erwärmt, wird zwiſchen ihr und dem
Keſſel ein Stück Hartholz angebracht. Der friſche Dampf wird bei
A dem Dampfraume des Keſſels entnommen und tritt nach Öffnung
des Hahnes B in den Injektor; der Saugſchlauch C ſaugt aus dem
neben die Lokomobile geſtellten Bottich friſches Waſſer und das Druck-
rohr D leitet das gewärmte Waſſer durch das Speiſeventil E in den Keſſel.

Bei der Montierung der Dampfſtrahlpumpe iſt darauf zu achten,
daß die ſämtlichen Röhrenleitungen in weitem Bogen gekrümmt ſind
und daß deren innere Lichte nicht enger iſt als diejenige der auf dem
Injektor befindlichen Öffnungen.

Auch bei den Dampfstrahlpumpen ist auf die luftdichte Verbin=
dung der einzelnen Bestandteile ebenso großes Gewicht zu legen, wie
bei den Kolbenpumpen.

*   *   *

Behufs Kontrolle der regelmäßigen Speisung des Kessels ist die
einfachste und die bequemste Methode die beständige Beobachtung des
Wasserstandes; dieser Bestimmung dienen das Wasserstandsglas und
die Probierhähne.

Im Sinne der einschlägigen Verordnungen muß in Deutschland
jede Lokomobile ein Wasserstandsglas und zumindest zwei Probier=
hähne besitzen.

c) Das Wasserstandsglas

besteht, wie Fig. 43 und 44 zeigen, aus einem an beiden Enden
offenen Glasrohr, dessen oberes Ende mit dem Dampfraum, das
untere Ende aber mit dem Wasserraum kommuniziert. Die Kommu=
nikation bewirken Hähne, welche behufs Aufnahme des Glasrohres eine
besondere Hülse besitzen; in die untere ist in einer Linie mit dem
Glasrohre auch ein Ausblashahn gefügt. Ist der letztere geschlossen,
der Dampfhahn und der Wasserhahn aber geöffnet, so befindet sich
das Glasrohr in offener Verbindung mit dem Dampf= und dem Wasser=
raum des Kessels und so wird im Wasserstandsglase stets ein solcher
Wasserstand angezeigt sein, als sich im Kessel thatsächlich befindet.

Um zu beurteilen, ob der Wasserstand die genügende Höhe hat,
muß der niedrigste zulässige Wasserstand am Äußeren des Kessels be=
zeichnet sein; da die Verläßlichkeit dieses Zeichens für der Sicher=
heit des Kessels von außerordentlicher Wichtigkeit ist, so ist es zweck=
mäßig, wenn der Maschinist sich von dessen Richtigkeit durch Nach=
messung persönliche Überzeugung verschafft, was sehr leicht bewirkt
werden kann, wenn man vom oberen Ende der Heizthür die Distanz
bis zur höchsten Heizfläche der inneren Feuerbüchse abmißt und diese
Länge, plus der Stärke der Platte (ungefähr 15 mm) auf die Stirn=
seite des Kessels aufträgt.

Das Glasrohr ist mit den Hülsen der Hähne dampf= und wasser=
dicht zu verbinden; denn wenn oben Dampf entweichen kann, so wird
dadurch der Druck im Dampfraume des Glasrohres kleiner, infolge=
dessen das Wasserstandsglas einen dem thatsächlichen nicht entsprechen=
den höheren Wasserstand zeigt. Während der Arbeit kann das Glas=
rohr bersten und daher ist es von Wichtigkeit, dasselbe rasch ersetzen zu
können, eine Anforderung, welcher das in Fig. 44 dargestellte Wasser=
standsglas gut genug entspricht.

Der Dampf= und der Wasserhahn werden an der Stirnplatte

der Feuerbüchſe in Bohrungen, welche an der entſprechenden Stelle des Dampf- und Waſſerraumes angebracht ſind, eingeſchraubt, oder ebenda mit Flantſchen mittelſt 2—3 Schrauben befeſtigt. Der untere Aus-blashahn wird entweder aus einem Stücke mit dem Waſſerhahn her-

geſtellt, oder aber, wie es die Zeichnung zeigt, in deſſen untere Hülſe einge-ſchraubt. Zwiſchen die beiden Hülſen iſt ein Glas-rohr einzufügen, zu wel-chem Behufe nur die oberſte Schraube herauszunehmen iſt. Nachdem wir das Glasrohr durch die oberſte Hülſe hindurchgeſteckt, müſ-ſen wir, ehe wir es in die nntere Hülſe bringen, den zur Dichtung der oberen Hülſe dienenden Gummi-ring, oder das zu gleichem Zwecke beſtimmte Hanfge-flecht, die Stopfbüchſe und die Schraubenmutter, dann die untere Schraubenmutter, die untere Stopfbüchſe und den unteren Gummiring darauf anbringen.

Iſt die Höhlung der oberen Hülſe groß genug, ſo braucht man die Sperr-ſchraube gar nicht zu öffnen, ſondern es genügt, das Glasrohr nach Verſehung mit den Packungen in die obere Hülſe hinauf zu ſchie-ben und ſobald es in einer Linie mit der unteren Hülſe ſteht, in dieſelbe hinein zu ziehen.

Fig. 43.   Fig. 44.

Durch Anziehung der Schraubenmuttern bewirken die eingelegten Gummiringe oder das Hanfgeflecht zwiſchen dem Glasrohr und deſſen Hülſen einen dampfdichten Verſchluß, nur iſt darauf zu achten, daß

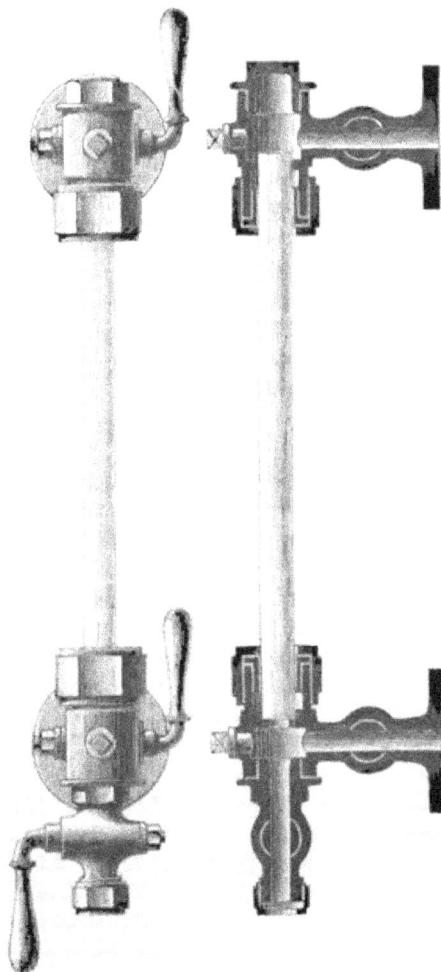

die Mittellinie der beiden Hülsen genau in eine Linie fällt, das Glas=
rohr in den Hülsen weder oben noch unten aufliegt und die Packung
infolge des Druckes sich nicht staut, weil dadurch der Durchflußquer=
schnitt des Rohres eingeengt würde, was bei kurzen Gläsern leicht vor=
kommen kann.

Es ist noch zu erwähnen, daß gegenüber den Bohrungen des
Dampf= und des Wasserhahnes kleine Schrauben angebracht sind, nach
deren Entfernung die betreffenden Bohrungen mittelst Draht durch=
stochen werden können.

Auch beim Wasserstandszeiger können Störungen sich ereignen,
welche eine unrichtige Signalisierung des Wasserstandes zur Folge
haben können. Solche Störungen können Platz greifen, wenn die Dich=
tung des Hahnes oder des Rohres locker wird, wenn der Durchfluß=
querschnitt infolge Verstopfung oder anderer Ursachen sich verengt und
endlich wenn das Glasrohr springt.

Wenn infolge ungleichmäßiger Abnutzung der Hähne Dampf oder
Wasser durch dieselben sickert, so sind sie mittelst einer Mischung von
Öl und Schmirgelpulver aufs neue einzupolieren. Dem Leckwerden
des Glasrohres aber kann durch stärkere Anziehung der Schrauben=
muttern abgeholfen werden.

Der Durchflußquerschnitt kann durch Ablagerung von Schmutz
und Kesselstein leicht abnehmen, das Wasserstandsglas hat denn auch
täglich mehreremal gereinigt, d. h. ausgeblasen zu werden. Das Aus=
blasen erfolgt mittelst Dampf oder Wasser. Wird hierbei mit
Dampf verfahren, so drehen wir den Wasserhahn ab und öffnen
den Ausblashahn, dem nun ein beständiger Dampfstrahl entströmt,
welcher die etwa abgelagerten Unreinlichkeiten mit sich reißt. Nach
gehöriger Reinigung wird der Hahn geschlossen und der Wasserhahn
allmählich wieder geöffnet. Soll die Ausblasung durch Wasser er=
folgen, so schließen wir zuerst den Dampfhahn und öffnen sodann den
Ausblashahn, hierbei wird insbesondere die Bohrung des Wasserhahns
gereinigt. Nach erfolgter Reinigung schließen wir den Ausblashahn
wieder und öffnen langsam den Dampfhahn.

Bei reinem Wasserstandsglase steigt das Wasser im Glase be=
ständig auf und nieder, es spielt; sowie der Wasserstand auf einem
Niveau verharrt, muß das Wasserstandsglas ausgeblasen werden; ver=
harrt der Wasserstand in der Mittelgegend, so ist der untere Hahn
verstopft, während die Verstopfung des oberen Hahnes durch die gänz=
liche Anfüllung des Rohres mit Wasser angedeutet wird. Nützt das
Ausblasen nichts, z. B. wenn feste Bestandteile die Bohrungen einengen,
so sind dieselben nach Entfernung der betreffenden Schrauben mittelst
Drahtes heraus zu stechen.

Indeſſen kann der Durchflußquerſchnitt auch dadurch verringert werden, daß nach mehrfacher Einpolierung der Hähne die durch dieſelben hindurchreichende Öffnung tiefer ſinkt und ſo deren voller Oberteil den oberen Teil der Bohrung bedeckt, daher denn auch die Bohrung der Hähne ſtets nachgefeilt werden muß.

Schließlich kann es vorkommen, daß das Glasrohr infolge Schadhaftwerdens, ſchlechter Montierung oder unachtſamer Behandlung zerbricht. Wenn nämlich die obere und die untere Hülſe nicht genau in einer Linie liegen, ſo kann die Anziehung der Dichtungsſchraube das Glas ſchief ſpannen und das letztere, indem es ſich bei der Erwärmung ausdehnt, leicht zerbrechen. Überdies kann auch eine ungeſchickte Behandlung, ſo das jähe Aufdrehen des Waſſer- und des Dampfhahnes ein Berſten des Glaſes verurſachen, insbeſondere wenn deſſen Material auch ſonſt nicht gut iſt, oder wenn das Glas auch ſonſt nicht richtig vorbereitet wurde. Die Bedingungen einer guten Glasröhre ſind, daß ſie gleichmäßig, nicht übermäßig dick iſt, daß keine Blaſe und kein Ritzer ſich darauf befinden, daß ihre Enden zugeſchmelzt ſind und ſie ſelbſt gut gekühlt iſt.

Da wir nicht wiſſen, ob die Glasröhren gut gekühlt ſind, iſt es zweckmäßig, dieſelben aufs neue auszuglühen. Zu dieſem Behufe wird das Glas in Öl gelegt und das letztere zum Sieden gebracht; ſodann läßt man das Öl auskühlen und wäſcht die abgekühlte Röhre in Lauge ab, wobei man ſich jedoch hütet, zur Reinigung Sand oder ſonſtige Materialien, durch welche ſie geritzt werden könnte, zu verwenden.

Springt das Glas, ſo iſt vorerſt der Waſſerhahn, dann der Dampfhahn zu ſchließen, das Reſerveglas auf die geſchilderte Weiſe einzufügen, hernach vorſichtig mit Dampf vorzuwärmen und dann erſt das Waſſer einzulaſſen.

d) Die Probierhähne.

Behufs Kontrolle des Waſſerſtandglaſes und damit man ſich auch bei etwaigen Störungen in demſelben von dem Waſſerſtande genaue Kenntnis verſchaffen kann, werden auf jeder Lokomobile zumindeſt zwei Probierhähne angebracht.

Der obere dieſer Probierhähne wird im Niveau des höchſten Waſſerſtandes placiert und, da demſelben beim Öffnen in der Regel Dampf entſtrömt, Dampfhahn genannt, während der im Niveau des tiefſten Waſſerſtandes placierte Hahn Waſſerhahn genannt wird. Zwiſchen dieſen beiden Hähnen pflegt man behufs Erkennung des mittleren Waſſerſtandes auch noch einen dritten Probierhahn anzubringen.

Die beiden gebräuchlichen Formen der Probierhähne ſtellen wir in den Figuren 45 und 46 dar. Dieſelben ſind in der Regel mit einer Schraubenſpindel verſehen und werden einfach in die Bohrung der Stirnwand eingeſchraubt. Seltener werden ſie durch Flantſchen mit dem Keſſel verbunden, wie ſolches in der Zeichnung mittelſt durch= brochener Linien dargeſtellt iſt. Damit der zu den Probierhähnen heraus= ſtrömende Strahl den Heizer nicht verletzen kann, werden dieſe Hähne derart gebogen, daß die Richtung der Ausſtrömung um 20°—30° von der vertikalen abweicht. Wenn die Ausſtrömungsöffnung ſich nicht abwärts krümmt, wie in Fig. 45, ſo wird an dieſelbe ein kleines Rohr befeſtigt, welches die Ausſtrömung nach der Seite des Keſſels hin lenkt. Bei Hähnen mit gebogener Öffnung iſt in die Richtung der Bohrung eine kleine Schraube zu fügen, damit nach deren Ent= fernung die Bohrung mittelſt Drahtes ausgeſtochert werden kann.

Die Probierhähne ſind nicht immer zuverläſſig, da das Waſſer im Keſſel in ſo lebhafter Bewegung begriffen ſein kann, daß auch aus Bohrungen, die bereits im Dampfraume liegen, Waſſer rinnen kann.

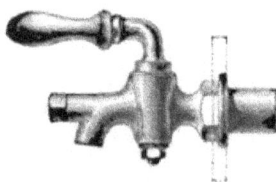 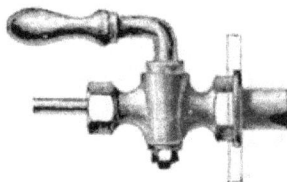

Fig. 45.   Fig. 46.

Überdies verwandelt ſich insbeſondere bei Keſſeln mit großem Drucke der herausſtrömende Waſſerſtrahl in der Luft in Dampf, und es kann daher nur ein gewandter Maſchiniſt oder Heizer je nach der lichteren oder dunkleren Farbe des herausſtrömenden Strahles, ferner danach, ob der Dampf heiß iſt oder nicht, endlich auch nach dem Gehöre beurteilen, ob Dampf oder Waſſer herausſtrömt? Wird übrigens vor den heraus= ſtrömenden Strahl eine Schaufel gehalten, ſo kann ſelbſt ein minder erfahrener Heizer aus der Menge des ſich niederſchlagenden Waſſers die entſprechenden Folgerungen ableiten.

Der Probierhähne bedürfen wir insbeſondere in dem Falle, wenn im Waſſerſtandsglaſe ſich Störungen ereignen.

Bleibt in dem Waſſerſtandsglaſe das Waſſer aus, ſo iſt der untere Probierhahn zu öffnen; wenn durch dieſen Waſſer herausſtrömt, ſo iſt der Übelſtand kein bedeutender, da bloß der untere Hahn des Waſſerſtandsglaſes verſtopft iſt. Entweicht jedoch Dampf dem unteren Probierhahne, ſo iſt der Keſſel in Gefahr, da dann das Waſſerniveau unter den tiefſten Stand hinabgeſunken iſt; in dieſem Falle iſt nach

Herausziehung einiger Roſtſtäbe das Feuer ſofort in den Aſchenkaſten
zu ſtoßen.

Wenn ſich das Waſſerſtandsglas ganz mit Waſſer füllt, ſo iſt
der obere Probierhahn zu öffnen; entſtrömt demſelben Dampf, ſo iſt
bloß der Dampfhahn des Waſſerſtandsglaſes verſtopft; während der
Keſſel, wenn Waſſer daraus rinnt, zu viel Waſſer enthält. Es iſt als=
dann das Pumpen einzuſtellen, bis das überflüſſige Waſſer verdampft.

Wiewohl die Probierhähne nur als Reſerve=Waſſerſtandszeiger
figurieren, ſo ſind dieſelben auch bei gutem Waſſerſtandsglaſe täglich
mehrmals zu öffnen, da ſie ſich ſonſt verſtopfen und uns in Fällen,
wo wir ihrer am dringendſten bedürfen würden, im Stich laſſen könnten.

Wenn die Hähne infolge ungleichmäßiger Abnützung ſchwitzen, ſo
müſſen ſie aufs neue eingeſchliffen werden; in dieſem Falle iſt die
durch den Hahn hindurchreichende Öffnung oben nachzufeilen, damit der
Querſchnitt der Durchflußbohrung nicht verringert wird.

3. Vorrichtungen zur Regulierung und Beobachtung des Dampfdruckes.

a) Die Sicherheitsventile.

Jeder Keſſel kann ſelbſt bei guter Behandlung und vorzüglicher
Inſtandhaltung nur mit einem gewiſſen, durch die behördliche Keſſel=
prüfung feſtgeſtellten, Dampfdrucke benutzt werden. Ein größerer Druck
gefährdet möglicherweiſe den Keſſelbetrieb, daher auch bei jeder Loko=
mobile mindeſtens zwei Sicherheitsventile zu verwenden ſind, welche
den überflüſſigen Dampf entweichen laſſen.

Das Sicherheitsventil beſteht aus einem möglichſt hoch anzu=
bringenden Tellerventil, welches von außen derart zu belaſten iſt, daß
der darauf geübte äußere Druck genau ſo groß ſei, wie der durch die
erlaubte Dampfſpannung darauf geübte innere Druck. Iſt der Druck
größer, als der für die Lokomobile erlaubte, ſo hebt der Dampf das
Ventil und entſtrömt ſo lange ins Freie, bis der Dampfdruck in
dem Maße abgenommen hat, daß die äußere Belaſtung das Ventil
wieder auf ſeinen Sitz zurückdrückt.

Die übliche Form der Sicherheitsventile wird in Fig. 47 teils
im Querſchnitt, teils in Anſicht dargeſtellt. Das Ventil liegt mit einem
ſchmalen, flachen Ringe auf der entſprechenden Fläche des Ventil=
neſtes auf. Die genaue Mitte des Ventils wird von dem koniſchen
Dorn des belaſtenden Hebels gedrückt, welcher Dorn in der Regel mit=
telſt Gelenks auf den Hebel befeſtigt wird, damit er das Ventil ſtets
in ſeiner Mitte drückt. Der Hebel kann ſich um den Zapfen des im
Ventilgehäuſe befeſtigten Trägers bewegen und iſt vorn von einer
gabelförmigen Führung umfangen, deren oberes Ende gleichfalls ge=

sperrt zu werden pflegt, damit die Führung sich nicht zusammenpressen
läßt und dem Hube des Ventils eine Grenze gezogen ist, falls durch
irgend eine Ursache der Hebel emporgestoßen werden sollte.

Nebst den flachen Ventilen pflegen auch solche mit Kanten und
solche von konischer Form verwendet zu werden. Indessen nutzen die
ersteren sich rasch ab und lassen sich nur auf einer Drehbank ausbessern,
die konischen Ventile dagegen nehmen rascher Schaden, daher das flache
Ventil allgemein empfohlen werden kann.

Es ist von großer Wichtigkeit, daß die aufliegende Fläche des
Ventils möglichst schmal ist; denn, wenn das Ventil und sein Sitz sich
auf breiter Fläche berühren, so lassen sie sich schwerer dampfdicht ab-
drehen und aufrichten; auch ist bei großen Flächen der Widerstand
durch Ankleben größer und legen sich die Unreinlichkeiten leichter auf
den Ventilsitz, wie auch das Aufliegen kein hinreichend sicheres ist.

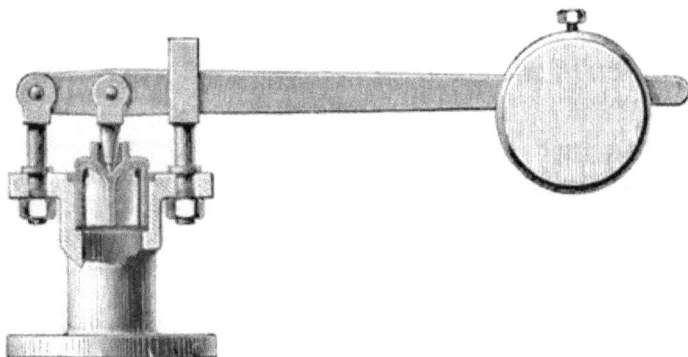

Fig. 47.

Aus diesen Gründen werden konische aufliegende Flächen 3 bis
5 mm, flache aber 1,5—2 mm groß angelegt.

Der Hebel wird mit Gewichten oder durch eine Feder belastet.

Das Gewicht kann, wie in Fig. 47, auf den Hebel geschoben oder
auf das angelförmige Ende des Hebels gehängt sein. Ist das Gewicht auf den Hebel geschoben, so wird es mittelst einer kleinen Schraube
oder eines durch Gewicht und Hebelarm hindurchreichenden Bolzens
gebunden, damit es nicht verschoben oder hinweggestoßen werden kann.

Es ist von hohem Belange für das verläßliche Funktionieren des
Sicherheitsventils, daß das Gewicht thatsächlich in jener Lage verharrt, in welche es bei Erprobung der Lokomobile eingestellt wurde.
Denn, wird das Gewicht weiter zurückgedrängt, so drückt der Hebel
stärker auf das Ventil und dieses wird sich alsdann nur noch bei
einem Dampfdruck heben, welcher höher als der erlaubte ist, was für

den Keſſel gefährlich werden kann. Gleitet aber das Gewicht vor=
wärts, näher an das Ventil, ſo drückt der Hebel das Ventil ſchwächer
auf ſeinen Sitz; es wird daher auch bei kleinerem Drucke, als der er=
laubte, Dampf entſtrömen, wodurch bedeutende Verluſte verurſacht
werden. Es iſt daher ſtreng verboten, die Größe oder die
Lage des Gewichtes willkürlich zu verändern.

Bei nicht vollkommen verläßlichen Maſchiniſten pflegt man das
Gewicht auch mittelſt eines kleinen Schloſſes an ſeinen Platz zu ſperren.

Indeſſen gewährt auch dies
nicht hinreichende Sicher=
heit, da ein gewiſſenloſer
Maſchiniſt noch immer neue
Gewichte auf den Hebel
legen könnte, wenn infolge
des großen Druckes oder
der nachläſſigen Behand=
lung Dampf entweicht.

Dieſen Gefahren will
das Sicherheitsventil von
Nicholſon & Sohn (Trent
Iron Works, Newark) be=
gegnen, welches wir in
Fig. 48 in Anſicht und
Querſchnitt darſtellen. Das
gewöhnliche Kegelventil iſt
gehöhlt und wird durch
einen einwärts gehenden,
mit langer Spindel ver=
ſehenen, zweiten Kegel ge=
ſchloſſen. Nicholſon ver=
bindet die beiden Ventile
durch eine in der inneren

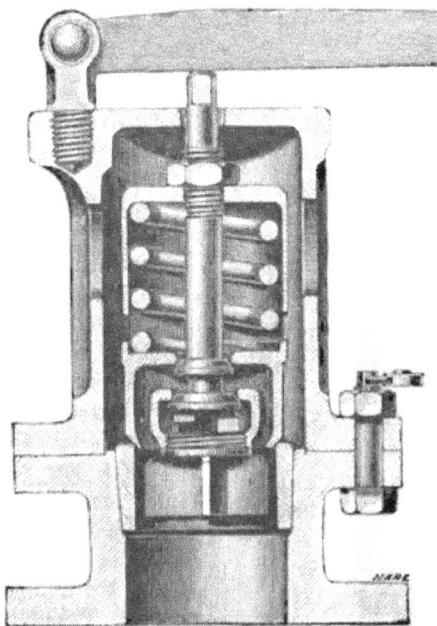

Fig. 48.

Hülſe untergebrachte Spiralfeder, deren Spannkraft dem, auf das
große Ventil geübten, inneren Drucke genau entſpricht. Die Stange
des inneren Ventils reicht durch die äußere Hülſe und wird durch
den belaſteten Hebel niedergedrückt. Wird nun ein noch ſo geringes
Mehrgewicht auf den Hebelarm gelegt, ſo drückt ſich die Spiralfeder
zuſammen, das innere Ventil ſenkt ſich ſonach und ſeiner Öffnung wird
gleichfalls Dampf entſtrömen, während, wenn der Keſſeldruck die er=
laubte Grenze überſchritten hat, der Dampf das große Ventil heben
und durch deſſen Öffnung entweichen wird.

*
*   *

Als Nachteil der Belastung mittelst Gewichtes kann erwähnt werden, daß bei einem Transport der Lokomobile das Ventil gerüttelt wird und somit dessen rasche Abnutzung erfolgt; daher pflegt auch beim Transport ein Holzteil zwischen den Hebel und den Oberteil seiner Führung eingetrieben zu werden, welcher vor Beginn des Betriebes wieder zu entfernen ist. Um sich nicht der Gefahr auszusetzen, daß man die Entfernung des Holzkeiles vergißt, wird es zweckmäßig sein, bei einem Transport den Hebelarm und das Gewicht zu demontieren.

*　　*　　*

Statt des Gewichtes können die Sicherheitsventile auch durch Federn belastet werden; solche Ventile können gleichzeitig zur Signalisierung des im Kessel faktisch vorhandenen Druckes benutzt werden und werden in diesem Falle auch Federwagen genannt.

In Deutschland ist es allgemein üblich, das eine Ventil mittelst Gewicht, das andere aber mittelst einer Feder zu belasten. Bei der gewöhnlichen Federbelastung wird über das konisch ausgedrehte Ventil ein mit einer konischen Spitze versehener Kolben aufgesetzt und letzterer mittelst einer Feder niedergedrückt. Kolben und Feder sind mit einem durchbrochenen Gehäuse umgeben, deren aufgeschraubte Kappe auf die Feder drückt und daher zur Regulierung der Ventilbelastung dienen kann.

Die Konstruktion der üblichen Federwagen ist in den Fig. 49 und 50 dargestellt. In das Innere der Messinghülse wird eine einfache oder doppelte Stahlspiralfeder gefügt, welche mit dem unteren Ende an das durch die Hülse hindurchreichende flache Eisenstäbchen, mit dem oberen Ende aber an die Decke der Hülse befestigt ist; auf die letztere wird auch eine lange Schraubenstange befestigt. Das untere Ende des flachen Stäbchens wird mit einem an den Kessel befestigten Zapfen verbunden, die Schraubenstange dagegen reicht durch den Hebel des Sicherheitsventils und wird mittelst Schraubenmutter daran befestigt.

Fig. 49.　　Fig. 50.

Wenn die Schraubenmutter abwärts gedreht wird, so spannt sich die Spiralfeder und wird das Ventil immer mehr in seinen Sitz gedrückt; den Grad der Spannung zeigt die auf das flache Stäbchen oder auf die Hülſe gravierte Skala an. So ſteht es in unſerer Macht, das Sicherheitsventil — innerhalb gewiſſer Grenzen — nach Belieben zu belaſten. War die Lokomobile z. B. auf 5 Atmoſphären konzeſſioniert, ſo drehen wir die Schraubenmutter ſo lange abwärts, bis der aus der Längenöffnung der Hülſe herausragende Zeiger, oder wenn das Stäbchen eingeteilt iſt, der untere Rand der Hülſe auf demſelben auf 5 Atmoſphären ſtehen wird.

Um die erlaubte Grenze nicht überſchreiten zu können, empfiehlt es ſich, auf den unterhalb des Ventilhebels befindlichen Teil der Schraubenſtange eine Hülſe zu ſchieben, welche den Raum zwiſchen dem Ventilhebel und der Meſſinghülſe begrenzt, ſodaß das Ventil nur bis zum erlaubten Drucke belaſtet werden kann. Damit nach ſtarker Abnutzung der Schraubengewinde der hohe Dampfdruck die Schraubenmutter nicht etwa von der Stange ſchleudern kann, iſt es zweckmäßig, auch den Hub der Schraubenmutter mittelſt eines durch die Stange reichenden Bolzens zu begrenzen.

Wollen wir die Vorrichtung als Federwage benutzen, d. h. handelt es ſich darum, die Höhe des im Keſſel herrſchenden Druckes zu erfahren, ſo wird die Schraubenmutter ſo lange zurückgedreht, bis das Ventil zu blaſen beginnt. Die ausgewieſene Nummer muß mit der vom Manometer gezeigten Nummer übereinſtimmen.

*   *   *

Die Inſtandhaltung der Sicherheitsventile bildet eine der wichtigſten Aufgaben des Maſchiniſten, daher er das Ventil ſtändig beobachten und einen zufälligen Fehler ſogleich beheben muß.

Auf ein unrichtiges Funktionieren des Sicherheitsventils kann man ſchließen, wenn bei demſelben der Dampf früher entſtrömt, als der Druck des Keſſels die erlaubte Grenze überſchritten hat, oder wenn das Ventil — trotzdem der Druck ſich übermäßig geſteigert — ſich nicht öffnet.

Die Urſachen dieſer Störungen können darin beſtehen, daß das Ventil oder der Hebel ſich reibt oder eingeklemmt iſt, daß der Hebel in ſeinem Gelenk oder das Ventil an ſeiner aufliegenden Fläche infolge von Unreinlichkeit, oder infolge von Roſt oder Schlamm klebt, das Ventil nicht ſchließt oder das Ventil durch Abnutzung oder Beſchädigung leck geworden iſt.

Die Urſache der verſchiedenen Reibungen iſt zunächſt in der unrichtigen Aufſtellung der Lokomobile zu ſuchen. Der das Ventil niederdrückende Dorn ſteht nämlich ſchief, wenn das Ventil nicht horizontal liegt, und der Hebel ſich nicht in vertikaler Ebene bewegen kann. Bei Ventilen, bei welchen der Hebel ſich auf dem emporragenden Zapfen des Bentils stützt und derselbe nicht halbkreisförmig abgestumpft ist, kann es gleichfalls vorkommen, daß der Hebel nur in der Ecke des letzteren aufliegt. In diesen Fällen wird das Bentil durch die Belastung einseitig in seinen Sitz gedrückt, daher klemmt es sich leicht ein und wird an seiner minder gedrückten Seite schon vor dem erlaubten Drucke Dampf entweichen. Auch kann hierbei infolge des schiefen Druckes der Hebel sich in seiner Führung reiben. Indessen kann auch durch ungeschickte Montierung das Sicherheitsventil in schiefe Stellung gebracht werden; so, wenn die Flantschenverbindung des Bentils ungleich angezogen wurde, oder wenn der Zapfenträger sich abbiegt oder verdreht. Schließlich können sich auch die Führungsrippen des Bentils klemmen. Während des Betriebes kann auf Störungen durch Reibung gefolgert werden, wenn die Dampfausströmung aus einem lecken Ventil durch leichtes Niederdrücken des Hebels sich leicht einstellen läßt.

Dem Bentil entströmt vorzeitig ein Dampfstrahl oder mehrere auch dann, wenn zwischen die aufliegende Fläche des Bentils sich Schlamm oder sonstige Unreinlichkeit gelagert hat; die letzteren können zumeist durch eine geringe Hebung des Hebels ausgeblasen werden. Die Unreinlichkeit legt sich am leichtesten in die durch die aufliegende Fläche des Bentils und die Führungsrippen gebildeten Ecken, daher müssen auch die oberen Enden jener ausgehöhlt werden.

Wenn das Bentil infolge Unreinlichkeit oder Öles anklebt, so vermag der erlaubte Dampfdruck dasselbe nicht langsam zu heben und nur ein stürmisch zunehmender Dampfdruck wird es jäh aufwerfen; der aus der großen Öffnung herausströmende Dampf kann durch seine Rückstöße dem Kessel gefährlich werden.

Es ist daher eine unabweisliche Pflicht der Maschinisten, sich täglich mehrmals davon zu überzeugen, ob das Bentil und der Hebel sich leicht bewegen. Es ist jedoch darauf Rücksicht zu nehmen, daß der Hebel nur sachte gehoben und vorsichtig wieder gesenkt werden muß, damit dem Bentil der Dampf nicht mit großer Kraft entströmt oder etwa der Hebel durch Fallenlassen beschädigt wird.

Zur Reinigung des Hebels und des Bentils darf kein Öl verwendet werden, da letzteres an der Luft dick wird und ein Kleben verursacht. Die aufliegende Fläche des Bentils wird am zweckmäßigsten in der Weise gereinigt, daß wir aus Hartholzbrett ein dem Durchmesser der Rippen des Bentils entsprechendes Loch ausschneiden und die oberen Ränder des Loches der aufliegenden Fläche des Bentils anpassen; sodann wird das Bentil in das Loch gesteckt, unter seine aufliegende Fläche feines Bimsstein- oder Holzkohlenpulver gestreut, das Bentil an die Holzplatte gedrückt, hin- und hergedreht und dadurch zum Glänzen gebracht.

Schließlich können sich auch Störungen ergeben, wenn die aufliegenden Flächen durch Ritzung oder Eindrückung beschädigt oder ungleichmäßig abgenutzt werden. Geritzt könnte das Ventil noch bei der
Abbrehung oder später durch unverständige Reinigung werden, während
die Eindrückung ein Zeichen zufälliger oder gewaltthätiger Verletzung
ist. Solchermaßen beschädigte aufliegende Flächen ſind durch Neuauf-
richtung zu reparieren, zu welchem Zwecke feines Schmirgelpulver und
danach Thon verwendet werden ſoll. Zu ſehr abgenutzte Neſter ſind
durch neue zu erſetzen. Ungleichmäßiger Abnutzung kann vor-
gebeugt werden, wenn das Ventil während des Betriebes
täglich mehrmals ein wenig gedreht wird.

Da die Sicherheitsventile nur das Überschreiten des höchſten erlaubten Druckes anzeigen, ſo iſt die Lokomobile behufs Beobachtung
des fortwährenden Druckwechſels auch noch mit einem beſonderen Manometer zu verſehen.

b) Das Manometer.

Bei Manometern, die bei Lokomobilen verwendet werden, ſtrebt
der Dampfdruck dahin, eine flache oder gebogene Feder zu ſpannen.
Die hervorgerufenen kleinen Formveränderungen bewegen durch entſprechende Überſetzung einen Zeiger, welcher auf der mit einer Skala
verſehenen Platte den im Keſſel herrſchenden Druck kennzeichnet.

In der Praxis ſind insbeſondere zwei Syſteme verbreitet.

Bei dem Manometer von Schäffer
und Budenberg (ſ. Fig. 51) schließen
wir eine ſtark gewellte Stahlplatte in die
linſenförmige Höhlung des Manometers.
Der Druck des Dampfes baucht dieſe
elaſtiſche Platte mehr oder minder aus.
Mit dieſer Platte verrückt ſich auch eine
kleine Stange, welche mittelſt eines kurzen
Armes einen gezahnten Bogen bewegt,
welch letzterer ſeinerſeits mit einem kleinen Zahnrade in Eingriff ſteht. Auf
der Achſe des letzteren ſitzt der Zeiger,
welcher ſonach ſchon bei verhältnismäßig
geringen Bewegungen einen großem Aus-
ſchlag gibt.

Abweichend hiervon iſt die Konſtruktion des Manometers von Bour-

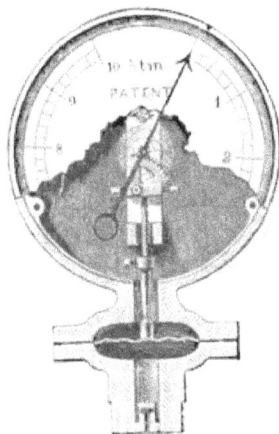

Fig. 51.

don, bei welchem der Dampf in eine gebogene Metallröhre, oder
bei ſehr empfindlichen Manometern in eine aus Silber verfertigte

Röhre eintritt, deren Querschnitt er zu erweitern trachtet, wodurch er zugleich den Kurven = Radius der Feder verändert. Bei dieser Kon= struktion werden verhältnismäßig größere Formveränderungen erzielt, daher die Übersetzung eine geringere sein kann; demzufolge ist dieses Manometer genauer und nützt sich minder rasch ab; doch ist es anderer= seits kostspieliger, so daß es in der Regel nur als Kontrollmanometer verwendet wird.

Die Einteilung der Skala erfolgt im Experimentwege und zwar wird mit 0 diejenige Stand des Zeigers bezeichnet, welchen derselbe einnimmt, wenn der im Kessel herrschende Druck gleich demjenigen der äußeren Luft ist, so daß das Manometer lediglich den Überdruck des Dampfes ausweist. Da jedoch das Manometer nach neuerem System den auf einen Quadrat = Centimeter Fläche entfallenden Druck in Kilo= grammen*) d. h. die Atmosphären anzeigt, so ist es klar, daß der Zeiger auf 1 steht, wenn der im Kessel herrschende Dampfdruck that= sächlich 2 beträgt, sowie er auch auf 2 steht, wenn der letztere faktisch 3 beträgt u. s. w.

Der höchste erlaubte Druck wird auf der Skala in der Regel durch einen auffälligen roten Strich be= zeichnet, die ganze Einteilung aber umfaßt ungefähr das Zweifache des erlaubten Druckes.

Da die Einteilung der Skalen unter Wasserdruck erfolgt und die große Wärme des Dampfes die Ela= stizität der Federn auch sonst be= einträchtigt, die feinen Teile aber ausdehnen würde, so ist das Dampf= leitungsrohr des Manometers, wie aus Figur 52 ersichtlich, gebogen

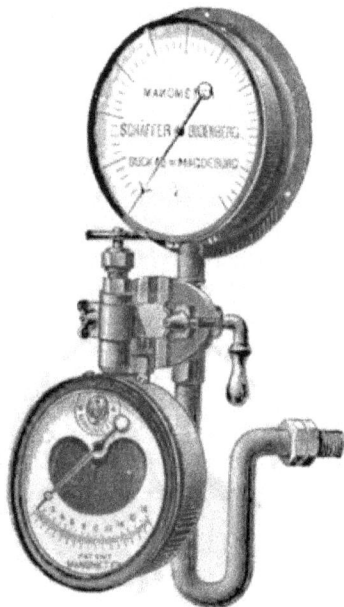

Fig. 52.

herzustellen; der Dampf kühlt und kondensiert sich darin, sodaß in das Manometer nur das Wasser von geringerer Temparatur gedrückt wird. Damit dieses Wasser bei kalter Witterung im gebogenen Rohre

---

*) Bei Manometern mit englischer Einteilung weist der Zeiger bei jeder Atmosphäre 14,2 engl. Pfunde, bei alter österreichischer Einteilung aber 13,9 österr. Pfunde aus; was die auf einen Quadratzoll entfallende Anzahl von Pfunden und daher nur annähernd die üblichen Atmosphären ergiebt.

nicht gefriert, iſt es zweďmäßig, im Unterteile desſelben einen kleinen Waſſerablaßhahn anzubringen.

Wie aus der Figur erſichtlich, beſißt das Dampfleitungsrohr einen Hahn mit dreifacher Bohrung, mittelſt deſſen das Rohr voll= kommen abgeſperrt werden kann, wenn wir das Manometer behufs Reparatur oder Unterſuchung abnehmen wollen; oder es kann der Dampf auch zum Kontrollmanometer, welches auf die im Vorder= teile des Rohres ſichtbare Scheibe befeſtigt iſt, geleitet werden. Der dreifach gebohrte Hahn kann auch ſo geſtellt werden, daß die Feder des Manometers mit der äußeren Luft in Berührung kommt. In dieſem Falle, ſowie auch bei Abſperrung des Dampfes muß bei rich= tigem Manometer der Zeiger ſtets auf den Nullpunkt der Skala zu= rüďkehren.

Das Kontrollmanometer kann jedoch bei den meiſten Lokomobilen auch an die Stelle der oberen Verſchlußſchraube des Waſſerſtandglaſes befeſtigt werden.

Funktioniert das Manometer richtig, ſo muß die Feder infolge des wechſelnden Dampfdruckes ſtets in ſchwacher Bibrierung begriffen ſein, auch muß das Manometer, wenn dem Sicherheitsventile Dampf zu entſtrömen beginnt, genau den erlaubten Druď zeigen. Da jedoch auch auf dem Sicherheitsventil ſich Störungen ereignen können, ſo iſt es zweďmäßig, das richtige Funktionieren des Manometers von Zeit zu Zeit mit dem Kontrollmanometer der behördlichen Organe zu prüfen.

4. Kontroll- und Signalvorrichtungen.

Damit durch gewiſſenloſe, fahrläſſige Aufſicht keine Gefahr entſtehen kann, werden bei Keſſeln auch Kontrollvorrichtungen angebracht, welche das Sinken des Waſſers unter das Niveau des Feuerraumes anzeigen.

Zu dieſem Zwecke wird bei Lokomobilen entweder ein Metallſpund verwendet, welcher aus einem Teil Bismut, 4 Teilen Zink und 4 Teilen Blei beſteht oder es wird in die dünne Bohrung einer Meſ= ſingſchraube Blei eingegoſſen und dieſes leßtere übernietet. Dieſe Vorrichtung befindet ſich bei Lokomobilen mit Heizröhren in der Regel unmittelbar an dem oberhalb des Roſtes befindlichen höchſten Punkte, bei Lokomobilen mit Feuerbüchſen aber an der Deďe der Feuerbüchſe.

Der Oberteil der Kontrollvorrichtung wird daher vom Waſſer gekühlt, während er von unten von der Flamme berührt wird; ſowie nun das Waſſer im Keſſel ſo tief geſunken iſt, daß der höchſte Punkt der Heizfläche ohne Waſſer bleibt, ſchmilzt die Kontrollvorrichtung und der Dampf löſcht das Feuer. Es iſt darauf zu achten, daß die Ober= fläche der Kontrollvorrichtung von einer Keſſelſteinablagerung frei bleibt,

da sie sonst nicht abgekühlt wird, folglich auch bei normalem Wasser=
stand schmilzt und den Betrieb stört.

Andere Kontrollvorrichtungen, die den Kessel automatisch speisen,
oder bei Abnahme des normalen Wasserstandes ein Signal geben, sind
bei Lokomobilen nicht gebräuchlich, und können wir demnach von ihrer
Besprechung hier absehen.

Die Dampf= oder Signalpfeife.

Die Dampfpfeife (s. Fig. 53) dient dazu, durch ihren Ton
den Beginn und das Einstellen des Betriebes anzuzeigen und so die
Arbeiter zur Vorsicht zu ermahnen.
Die Dampfpfeife ist, wie die Figur
zeigt, entweder mittelst einer Schrau=
benspindel oder mittelst einer Scheibe
über dem Dampfraum der Lokomobile
befestigt und kann ihre Öffnung durch
einen Hahn abgesperrt werden.

Nach Öffnung des Hahnes schlägt
der Dampf in einem feinen Strahle
an den Rand einer aufgehängten Glocke,
bringt die letztere hierdurch in rasches
Schwingen und ruft einen schrillen, schar=
fen Ton hervor.

Der Ton der Pfeife kann durch
Höher= oder Niedriger=Stellung der
Glocke verändert werden; je tiefer die
Glocke gedrückt wird, desto schriller wird
ihr Ton; während durch ihre Hebung
ein tieferer Ton hervorgerufen werden
kann.

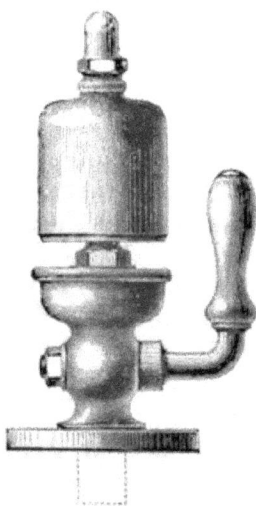

Fig. 53.

5. Vorrichtungen zum Ausblasen und zur Reinigung des Kessels.

Zur Sicherheit des Betriebes muß der Kessel auch noch mit sol=
chen Vorrichtungen versehen werden, welche die leichte Reinigung und
die Zugänglichkeit des inneren Kesselraumes ermöglichen.

Zum Zwecke des Ausblasens wird am untersten Teile des Kessels
ein Ausblase=Hahn angebracht und ist dessen Verbindung mit dem
Kessel, sowie auch der Hahn selbst dampfdicht zu schließen, da das durch
einen schadhaften Hahn ausströmende Wasser Wärmeverlust verursacht
und die sich bildenden Wasserdämpfe überdies das rasche Verrosten der
Kesselbestandteile zur Folge haben können.

Der Hahn iſt an geſchützter Stelle anzubringen, denn das all=
fällige Abbrechen desſelben könnte eine ſtürmiſche Abnahme des Keſſel=
waſſerſtandes zur Folge haben, wodurch auch eine Keſſelexploſion ver=
urſacht werden möchte.

Das Mannloch wird in der Regel in der Deckplatte der Feuer=
büchſe angebracht; damit behufs Kontrolle und Reinigung der inneren
Teile des Keſſels ein Mann durch dasſelbe ſchlüpfen kann, wird das=
ſelbe elliptiſch angelegt und pflegt dieſes Loch durchſchnittlich 400 mm
lang und 300 mm breit zu ſein; ſeine Ränder werden durch einen
aufgenieteten Ring verſteift. Es empfiehlt ſich, an beiden Seiten der
Feuerbüchſe je ein Mannloch anzubringen, damit die Fugen der Deck=
barren der Feuerbüchſe von allen Seiten her leicht kontrolliert und
bequem gereinigt werden können. Zum Verſchluß des Mannloches
dient in der Regel ein gußeiſerner Deckel (ſ. Fig. 54—56), welcher
im Innern des Keſſels über den Rand der Öffnung mit ungefähr

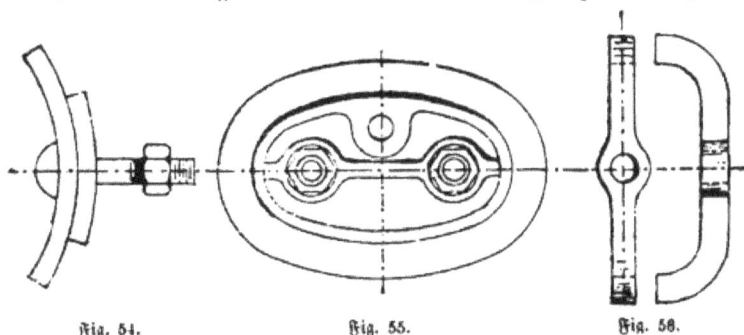

Fig. 54.   Fig. 55.   Fig. 56.

25 mm hinausragt. Der Verſchlußdeckel ſoll ſtets im Innern des
Keſſels auf den Rändern liegen, um durch den Dampfdruck in ſeinen
Sitz gedrückt zu werden. Behufs Erzielung einer vollkommenen Verdich=
tung iſt jedoch zwiſchen dem Deckel und ſeinem Sitze noch ein beſon=
deres Dichtungsmaterial zu verwenden, zu welchem Zwecke in Firnis
getauchtes Hanfgeflecht, Minium, oder ſeltener Gummiringe verwendet
werden.

Vor Auflage der neuen Verdichtung ſind die aufliegenden Flächen
gut zu reinigen. Damit die koſtſpieligen Gummiringe zu wiederholter
Dichtung geeignet bleiben, liegen ſie unmittelbar nur auf dem Deckel auf,
während zwiſchen ihnen und das Keſſelblech ein Papierring einzulegen,
oder die Keſſelwand ſorgfältig mit Graphit einzureiben iſt, ſodaß der
Gummiring nicht an das Blech ankleben kann.

Zum Zwecke des dampfdichten Verſchluſſes des Deckels ſind darin
gewöhnlich zwei Schraubenſpindeln befeſtigt, welche durch die ſich auf

die Ränder des Mannloches stützenden Bügel (f. Figur 56) hindurch=
reichen und mit Schraubenmuttern versehen sind. Es ist darauf zu
achten, daß die Schrauben gleichmäßig angezogen werden.

* * *

An allen Stellen, wo Kesselstein und Schlamm sich leicht an=
sammeln und von wo dieselben am leichtesten entfernt werden können,
sind kleinere Öffnungen, sogenannte Schlamm= oder Putzlöcher
anzubringen. Auch diese werden am besten paarweise einander gegen=
über gestellt, was die Reinigung des Kessels wesentlich erleichtert.

Die Schlammlöcher sind entweder kreisförmig, in welchem Falle
sie durch einfache Messingschrauben geschlossen werden, oder sie sind
elliptisch und ist in diesem Falle ihre Verdichtung und ihr Verschluß
identisch mit denjenigen der Mannlöcher, nur daß für sie ein Bügel
und eine Verschlußschraube hinreichend sind.

E. Die allgemeine Behandlung des Kessels.

Nachdem wir im bisherigen die Konstruktion der Bestandteile
des Lokomobilkessels kennen gelernt, werden wir uns nunmehr eingehend
mit jenen Grundsätzen beschäftigen, auf welchen die richtige Benutzung
des Kessels beruht; denn nur die entsprechende Vertrautheit mit diesen
Grundsätzen wird den Maschinmeister, oder den Heizer dazu befähigen,
den Betrieb aus dem Gesichtspunkte der Sparsamkeit wie auch aus
jenem der Sicherheit zu kontrollieren und etwaige Störungen auf der
Stelle zu beseitigen.

Die allgemeine Behandlung des Kessels erstreckt sich auf die Ver=
besserung des Speisewassers, auf die Inbetriebsetzung und den ordent=
lichen Betrieb des Kessels, auf die Instandhaltung des Kessels und
endlich auf die Kenntnisse der bei dem Gebrauch des Kessels vor=
kommenden Gefahren, sowie der Mittel zur Abwendung der letzteren.

1. Das Speisewasser und dessen Verbesserung.

Zur Speisung der Lokomobile wird, den Verhältnissen entsprechend,
Speisewasser von verschiedener Zusammensetzung benutzt. Unreines
Speisewasser siedet schwerer und giebt zu Rostbildungen, Fettablagerungen,
Schlamm= und Kesselsteinabsätzen Veranlassung.

a) Rostbildungen.

Die meisten Rostflecken bilden sich an denjenigen Stellen des Kessel=
bleches, an denen das Speiserohr einmündet und zwar deshalb, weil hier
die Luft länger mit den kälteren Teilen der Kesselwände in Berührung
bleibt, daher es anzuraten ist durch gute Vorwärmung den Sauerstoff aus
dem Speisewasser auszutreiben. Doch um auch auf den auf Seite 3

besprochenen Siedeverzug des luftfreien Kesselwassers Rücksicht zu nehmen, muß in solchem Falle für die stete Bewegung des Kesselwassers durch häufiges Abblasen und kontinuierliches Speisen gesorgt werden.

Bei der Erörterung der Ursache des Rostens weisen wir auf die nach Versuchen von Hall, Calvert, Kersting u. a. festgestellte Thatsache hin, daß Eisen in luftfreiem Wasser nicht rostet; eine Ausnahme bildet nach Deville das Wasser bei 150°C. Außer dem Sauerstoff sind es hauptsächlich Kohlensäure, Chlorverbindungen und Ammoniak, die die Rostbildung veranlassen. Chlormagnesium greift das Eisen auch bei Abwesenheit von Sauerstoff an, welche schädliche Wirkung nach Fischer Zinkeinlagen — wie früher irrtümlich geglaubt wurde — nicht zu verhüten vermögen. Es ist natürlich, daß auch schwefelwasserstoffhaltiges Speisewasser die Bleche korrodiert. Ebenso sind noch bei der Rostbildung die im Speisewasser enthaltenen Nitrate, Nitrite und das Ammoniak zu berücksichtigen. Interessant ist der Nachweis von C. Haage*) daß die chemische Beschaffenheit des Eisens die Rostbildung nicht beeinflußt.

b) Fettablagerungen.

Da es sich wegen Vermeidung von Rostbildungen, aber hauptsächlich aus ökonomischen Rücksichten vorteilhaft erweist, zum Speisen Kondensationswasser zu verwenden, dieses aber infolge des Schmierens der Dampfcylinder viel Fetteile in den Kessel führt, so bilden sich auf dem Wasserspiegel schwimmende Fettknollen, die sich an der Kesselwand ansetzen und deren Abkühlung hindern, welcher Umstand dann die Bildung von Beulen veranlassen kann.

Außerdem wirkt das fettige Speisewasser zerfressend auf das Kesselblech, wie dies die Versuche von Wartha**) erweisen, nach welchen Ölsäure Eisen unter Wasserstoffentwickelung auflöst. Ferner berichtet Wartha von einem aus 7 mm starkem Eisenblech hergestellten Vorwärmer, welcher durch die Fettsäure der Maschine in kurzer Zeit durchlöchert wurde.

Das Fett kann durch Zusatz von Kalkwasser abgeschieden oder mit Soda verseift werden. Nach Fischer ist es vorteilhaft, das mit etwas Kalkmilch versetzte Wasser aus einem Behälter nach dem Absitzenlassen zu verwenden; natürlich muß man vorsichtig sein, damit weder die oben schwimmende Fettschicht, noch die gefällte Kalkseife in den Kessel kommt; wir empfehlen für diesen Zweck den in Fig. 37 dargestellten einfachen Bottich. Am zweckmäßigsten ist es, zum Schmieren des Cylinders nur reines Mineralöl zu verwenden.

---

*) Zeitschrift der Dampfkesseluntersuch.- und Versich.-Gesellschaft 1879. 30.
**) Dingl. Polyt. Journal 219, 252.

c) Schlamm und Keſſelſtein.

Unter Schlamm verſteht man den weichen Abſatz derjenigen Rück-
ſtände, die ſich nach dem Verdampfen des Waſſers am Gefäßboden anſammeln. Bildet ſich dagegen im Waſſerraum des Keſſels eine feſt-
haftende Kruſte, ſo wird dieſelbe Keſſelſtein benannt.

Durch dieſe Ablagerung feſter Teile im Inneren des Keſſels wird
das Leitungsvermögen der Bleche vermindert, ſodaß ſich infolge des
Keſſelſteines ein ſtets wachſender Verluſt an Brennmaterial fühlbar
machen wird.

Um die nötige Wärmemenge nun durch die ſchlecht-leitende ver-
dickte Keſſelwand dem Waſſer mitzuteilen, muß eine viel größere
Temperatur im Feuerraum unterhalten werden, was die raſche Abnutzung der Feuerſeite der Bleche zur Folge hat. Die Bleche und
die Nietnäte werden auch noch beim Abmeißeln des Keſſelſteines ſtark
beſchädigt. Das Überhitzen der Bleche kann auch leicht ein Erglühen
derſelben verurſachen, was dann das Verziehen und Ausbauchen der
Feuerplatten und Undichtwerden der Nieten verurſacht.

Das Erglühen der Bleche kann aber auch eine Keſſelexploſion
verurſachen, weil von denſelben leicht größere Keſſelſteinkruſten abſpringen
und das Waſſer auf den bloßliegenden erglühten Wänden ſich ſo raſch
verdampft, daß die Sicherheitsventile nicht mehr genügen und die
jäh ſteigende Dampfſpannung die ohnehin durch Erhitzung geſchwächten
Keſſelbleche auseinanderbrückt.

Noch zu erwähnen wäre, daß das ſich immer mehr verſchlammende
Waſſer beim Sieden heftig aufſchäumt, ſo daß der entweichende Dampf
feſte Teile in den Cylinder, in die Stopfbüchſen und in die Sicherheitsvorrichtungen führt, die dadurch eine raſche Abnutzung und Verſtopfung erleiden.

Aus dem Vorhergehenden erhellt zur Genüge, daß es als eine
Hauptaufgabe des Dampfkeſſelbetriebes zu betrachten iſt, die Bildung
von Schlammablagerungen und Keſſelſteinkruſten zu verhindern.

Der Keſſelſtein bildet ſich dadurch, daß beim Kochen des Waſſers
die in demſelben, ſowie in der überſchüſſigen Kohlenſäure in gelöſtem
Zuſtande geweſenen Beſtandteile niederfallen, außerdem aber die im
Waſſer ſuspendierten mineraliſchen und organiſchen Beſtandteile ſich
ablagern.

Um ein leicht überſehbares Bild der gewöhnlichen Verunreinigung
des Speiſewaſſers und der Zuſammenſetzung des Keſſelſteines zu gewinnen, laſſen wir in folgender Tabelle einige Analyſen von Fiſcher
folgen:

Zuſammenſetzung von Speiſewäſſern und Keſſelſteinen.

Druck im Keſſel in Atmoſphären	2,5—3	3	3,5	3,5	—	2
Das Keſſelſpeiſewaſſer enthält im Liter:						
Kalk $\quad$ Kochabſatz $\quad$	225	86	Spur	63	146	Spur
Magneſia $\quad$	19	3	0	39	0	0
Kalk $\quad$ Geſamt $\quad$	450	147	46	155	244	599
Magneſia $\quad$	85	22	9	68	32	81
Schwefelſäure (S O₃)	219	121	40	89	232	306
Chlor	293	59	—	91	9	770
Der Keſſelſtein enthält:						
Kalk (Ca O)	44,38	34,13	36,43	44,32	38,20	40,07
Magneſia (Mg O)	0,82	6,69	2,64	4,90	3,02	0,25
Eiſenoryd und Thonerde	2,24	5,28	1,67	2,10	0,52	Spur
Schwefelſäure (S O₃)	28,22	37,04	45,21	18,76	48,41	56,94
Kohlenſäure (C O₉)	19,25	6,09	3,66	24,48	3,40	Spur
Kieſelſäure	0,47	Spur	0,88	Spur	—	—
Waſſer unter 120°	—	—	0,41	—	0,71	1,07
„ über 120°	3,68	7,90	3,04	2,31	3,50	0,68
Unlösliches	0,48	2,25	5,65	2,46	1,91	—

Diese Analyſen zeigen, daß die Keſſelſteinkruſten Gips nur in verſchwindendem Maße enthalten und ſo wird die frühere Anſchauung hinfällig, daß der austryſtalliſierende Gips der eigentliche Keſſelſtein=bildner ſei und daß kohlenſaures Calcium und Magneſium ſich als Schlamm abſetzen und nur durch den Gips zu feſten Kruſten zuſammen=gefaßt werden. Es iſt mehrfach erwieſen, daß Kohlenſaures=Calcium ſelbſt in raſch bewegtem Waſſer auch ohne Beiſein von Gips feſte Kruſten bilden kann.

Wir werden hier die verſchiedenen gebräuchlichen Mittel nur gruppenweiſe behandeln und uns nur allgemein über die Brauchbarkeit derſelben äußern. Auf die einzelnen, zum größten Teil nur proble=matiſchen Wert beſitzenden Rezepte können wir uns hier nicht erſtrecken, ſondern verweiſen behufs Studiums derſelben auf die ausgezeichneten Werke von Fiſcher, Schwackhöfer, Bolley, Otto u. a., in welchen „mehr Licht“ auf dieſelben geworfen wird.

Die Mittel, die zur Verhütung des Keſſelſteines dienen, werden entweder im Keſſel ſelbſt angewendet, oder aber in beſonderen Be=hältern dem Speiſewaſſer zugeſetzt und letzteres alſo gereinigt in den Keſſel geleitet. Ohne Zweifel iſt letztere Methode die allein richtige, doch müſſen wir uns beim Lokomobilbetrieb, wo der Keſſel von Ort zu Ort wandert und die zur Waſſerreinigung notwendigen Apparate nicht immer zur Hand ſind, im Notfalle begnügen, wenn es uns ge=lingt, ſtatt Keſſelſtein nur Schlamm in den Keſſel zu bekommen, den wir dann viel leichter bemeiſtern können, als die feſt anhaftende Keſſel-

ſteinkruſte. Wir müſſen daher auch denjenigen Mitteln unſere Auf=
merkſamkeit zuwenden, welche im Innern des Keſſels verwendet werden.

*　　*　　*

α) Die im Keſſel zur Anwendung kommenden mechaniſchen
Mittel zur Verhütung des Keſſelſteines ſind folgende:

1. Diejenigen, deren Wirkungsweiſe darin beſtehen ſoll, daß die=
ſelben die Adhäſion der ausgeſchiedenen Maſſe an die Keſſelwände
erſchweren. Zu dieſem Zwecke wird die innere Keſſelwand mit fetten
und teerartigen Subſtanzen eingerieben. Vielfach werden Miſchungen
von Graphit und geſchmolzenem Talg empfohlen; auch der Beiſatz von
Holzkohlenpulver und auch anderer Subſtanzen wird mit zahlloſen
Rezepten empfohlen. Die Wirkung all dieſer Mittel iſt mit Recht
anzuzweifeln, und empfiehlt es ſich nicht für einen fraglichen Erfolg
den beſtimmten Nachteil mit in den Kauf zu nehmen, daß die Fett=
teilchen mit dem Dampf fortgeriſſen werden und die ſchon erwähnten
Übelſtände verurſachen, und daß das Leitungsvermögen der Wände
durch den Anſtrich von vornherein vermindert wird und dieſelben
leichter überhitzt werden als ohne Anſtrich.

2. Um die Keſſelſteinablagerungen aufzunehmen, wendet man
vielfach beſondere Keſſeleinlagen an, welche das Ablagern von feſten
Kruſten auch dadurch behindern, daß ſie eine lebhafte Zirkulation des
Keſſelwaſſers veranlaſſen. Dieſe Einlagen werden gewöhnlich aus
Blech in Abſtänden von 30—40 mm der Form des Langkeſſels an=
gepaßt und im Innern desſelben zuſammengeſetzt. Bei Feuerrohrkeſſeln
umgibt man auch die Feuerröhre mit einem Blechmantel, welcher
oben offen und an der Unterſeite gelocht iſt, damit im Zwiſchenraume
das Waſſer ungehindert zirkulieren kann. Letzterem Zwecke entſprechen
auch die vielfach in Abſtänden von je $3/4$—1 m hintereinander an=
gewendeten Zirkulationsröhren, welche gewöhnlich von der tiefſten Stelle
des großen Blechmantels aufſteigen.

Solche Einlagen ſammeln den Schlamm und die abgeſprengten
Keſſelſteinkruſten und verhüten daher deren Feſtbrennen an die Keſſelwand.
Fernerhin erſchwert auch die raſche Bewegung des Waſſers die Kruſten=
bildung, die ſich auch dadurch dünner auf die Feuerplatten lagert,
weil der Keſſelſtein auch die Wände der Einlagen belegt. Letztere
müſſen daher von Zeit zu Zeit herausgenommen und gereinigt werden.
Doch ſind alle derartige Einlagen eher für Keſſel mit Unterfeuer, als
für Lokomobilkeſſel von Wert.

Eine von der beſprochenen abweichende Wirkung wird den in
den Keſſel eingeſetzten Zinktafeln zugeſchrieben. Dieſelben ſollen
durch Erzeugung eines elektriſchen Stromes die Kruſtenbildung ver=

hindern, weil angenommen wurde, daß das Zink als positiver, das Eisen aber als negativer Pol wirkt.

Die Wirkung der Zinkeinlagen als Antikesselsteinmittel ist nach den bisherigen Beobachtungen mit Recht anzuzweifeln, nachdem erwiesen wurde, daß Zinktafeln die Ablagerung fester Krusten und das Rosten der Kesselbleche selbst dann nicht verhindern, wenn reines Gipswasser zum Speisen des Kessels verwendet wird.

3. Die folgende Klasse der mechanischen Mittel zur Verhütung fester Inkrustationen besteht aus klein verteilten r a u h e n Körpern, welche durch die Bewegung des Wassers scheuernd auf die Kessel- wände wirken und dadurch einen Ansatz des Kesselsteines verhindern sollen. Zu diesem Zwecke verwendet man am allgemeinsten Eisen=, Kupfer=, Zink= und andere Metallabfälle, zerstoßenes Glas, Kiesel, Porzellanscherben u. s. w. All diese Körper wirken aber nur auf dem Boden des Kessels, nicht aber auch an den Kesselwänden. Durch ihre reibende Wirkung behindern sie wohl anfangs eine Ablagerung fester Teile am Kesselboden, nützen aber diesen stark ab. Bei Schlamm= bildungen stocken diese rauhen Teile in demselben und veranlassen nun die Bildung großer Knollen. Dasselbe gilt auch von den pulver= förmigen Stoffen wie Kohle, Thon und Talk und auch von den Sägespänen, welche alle durch ihre fegende Wirkung die Kesselstein= ablagerung behindern sollen. Diese Stoffe sind im Kesselwasser sus= pendiert gehalten, sie fegen daher auch die Wände, doch haftet ihnen neben der Schlammbildung noch der große Nachteil an, daß sie die Armaturgegenstände verstopfen und mit dem Dampf auch in dem Cylinder mitgerissen werden.

4. Die letzte Klasse der mechanischen Mittel zur Verhütung des Kesselsteines faßt alle jene fein verteilten organischen, vielfach schleimigen Körper zusammen, welche dadurch wirken, daß sie sich zwischen die ausgeschiedenen mineralischen Teilchen lagern und dadurch deren kry= stallinischen Zusammenhang unmöglich machen. Hierher gehören also die Gerbstoffe, das Stärkemehl und die zuckerhaltigen Substanzen. Gerbstoffe wie Gerberlohe, Lohewasser, Catechu, Galläpfel und Eichenrinde wurden in den mannigfaltigsten Kombinationen schon ver= sucht und wenn dieselben auch — unter Umständen — sich in kalk= haltigem Wasser als Antikesselsteinbildner bewähren, so können sie doch nicht den Ansatz von festem Kesselstein aus gipshaltigem Wasser hindern. Da dieselben die Schlammablagerung vermehren, fernerhin die Armatur= gegenstände verunreinigen und verstopfen, das Aufschäumen des Wassers verursachen und dadurch leicht in den Dampfcylinder mitgerissen werden, kann deren Anwendung nicht empfohlen werden.

Die gleichen Bedenken hegen wir gegen die Anwendung von Kartoffel, Kleie, Cichorienwurzel, Glycerin u. s. w. Diese schleimigen Stoffe sammeln sich an engen Stellen des Kessels an, machen das Wasser dickflüssig, verursachen daher dessen starkes Aufschäumen und verunreinigen die Armaturgegenstände und den Cylinder.

In unserer Schlußbetrachtung über die mechanisch wirkenden Mittel zur Verhütung des Kesselsteines schließen wir uns mit voller Über= zeugung dem nachfolgenden Ausspruch von Dr. Fischer an:

„Alle sogenannten Universalkesselsteinmittel sind, abgesehen von den unverhältnismäßigen Preisen derselben, verwerflich oder doch mindestens irrationell, da ihre Anwendung nur nach der Größe der Heizfläche oder der Anzahl der Pferdestärken bemessen werden soll, nicht aber, wie es doch allein vernünftig wäre, nach der Menge und der Beschaffenheit des verdampften Wassers. Trotz aller günstigen Zeugnisse, welche mit großer Vorsicht aufzunehmen sind, ist daher vor Anwendung dieser Mittel entschieden zu warnen."

β) **Chemische Reinigung des Speisewassers innerhalb des Kessels.**

Die im Kessel zur Anwendung kommenden chemischen Mittel wirken dadurch, daß sie die Kesselsteinbildungen möglichst als unlös= liche Pulver ausfällen. Die gebräuchlichsten derartigen Mittel sind:

1. Soda. Das gegen die Bildung von fester Krusten am häufigsten in Kessel gebrachte Mittel ist kohlensaures Natron, welches den im Speisewasser gelöst enthaltenen Gips, (schwefelsaures Calcium) und die sonstigen Calcium= und Magnesiumverbindungen unter gleich= zeitiger Bildung der entsprechenden leicht löslichen Natriumsalze fällt. *)

Da ein Überschuß der Soda ein Aufschäumen des Speise= wassers und infolge dessen die Verunreinigung der Armaturgegenstände und des Cylinders verursacht, so soll in den Kessel nur so viel Soda eingeführt werden, als gerade hinreicht, um den im Speisewasser gelöst enthaltenen Gips zu fällen.

Das richtigste ist natürlich den Gipsgehalt des Speisewassers quantitativ zu bestimmen, wo dies nicht möglich, kann man sich der von Fresenius angegebenen empirischen Art bedienen:

„Man setzt einem gemessenen Volumen des Wassers Sodalösung von bekanntem Gehalt zu, so lange man glaubt, dadurch Trübung hervorgebracht zu sehen. Nach dem Absetzen des weißen Niederschlages nimmt man von der klaren Flüssigkeit eine Probe, die man mit Kalk= wasser versetzt; entsteht dadurch eine starke Trübung, so ist zu viel Soda hinzugesetzt worden, es fehlt aber an letzterer, wenn in der

---

*) $Ca\,SO_4 + Na_2\,CO_3 = Ca\,CO_3 + Na_2\,SO_4$.

klaren Löſung durch ferneren Sodazuſatz eine Trübung erfolgt. Eine höchſtens ſchwache Trübung durch Kaltwaſſerzuſatz und Klarbleiben auf Sodazuſatz ſind die Merkmale einer richtigen Miſchung. Aus den zu dieſen Proben gebrauchten Verhältniſſen kann leicht der nötige Zuſatz von Soda für alles Speiſewaſſer berechnet werden.“

Außer reinem kohlenſaurem Natron werden häufig Miſchungen von Soda und Pottaſche und verſchiedene Beimengungen von ver= kohltem Tannenholz oder auch Karbolſäure und Öle empfohlen. Vor all dieſen Miſchungen kann nur gewarnt werden.

Reines kohlenſaures Natron bewährt ſich bei gipshaltigem Speiſe= waſſer ganz gut, doch bildet dasſelbe — wenn im Innern des Keſſels angewendet — zu viel Schlamm, welcher leicht feſtbrennt. Daher iſt es anzuraten, wenn thunlich, die Soda in beſonderen Gefäßen dem Speiſewaſſer beizumengen und letzteres ſchon geklärt in den Keſſel zu leiten.

2. Chlorbaryum. Die Anwendung des Chlorbaryums iſt hauptſächlich da anzuraten, wo das Speiſewaſſer nur ſchwefelſaures Calcium als Keſſelſteinbildner enthält. Schwefelſaures Calcium zerſetzt ſich mit Chlorbaryum und gibt unlösliches Baryumſulfat und leicht lösliches Calciumchlorid.*)

Auch bei Anwendung von Chlorbaryum iſt es anzuraten, die Miſchung in einem beſonderen Bottich zu vollführen und nur die klare Löſung in den Keſſel zu bringen, doch iſt es, wenn dies unthunlich, ratſam den Schlamm aus dem Keſſel öfters abzublaſen, weil ſonſt das ſchwefelſaure Baryum mit dem unzerſetzt ausgeſchiedenen ſchwefel= ſauren Calcium feſt zuſammenbackt.

Bei der Verwendung von Chlorbarium iſt noch zu berückſich= tigen, daß die Waſſerdämpfe ſalzſäurehaltig werden und dadurch das Roſten des Eiſens veranlaſſen können.

3. Kalk. Die Anwendung von Kalk bei Speiſewaſſer, welches Calciumbikarbonat enthält, mag wohl erfolgreich ſein, weil ſich einfach kohlenſaures Calcium in ſchwerlöslichen Flocken ausſcheidet,**) doch ſind die ſich ablagernden Schlammmaſſen durch Abblaſen kaum zu bewältigen; dieſelben brennen daher feſt an die Wände an.

Außer den obengenannten werden noch zahlreiche chemiſche Reagentien als Antikeſſelſteinbildner benutzt, aber wir wiederholen, daß alle dieſe im Keſſelinnern angewendeten Mittel nur im Notfalle, das heißt, nur dann anzuwenden ſind, wenn der Lokomobilbetrieb die Reinigung außer= halb des Keſſels nicht zuläßt. Der allgemeine Übelſtand, der all dieſen

---

*) $Ca\ SO_4 + Ba\ Cl_2 = Ba\ SO_4 + Ca\ Cl_2$.

**) $H_2\ Ca\ (CO_3)_2 + Ca\ O_2\ H_2 = 2\ Ca\ CO_3 + 2\ H_2O$.

Mitteln anhaftet, ist der, daß sie die Kesselwände angreifen, die schlam=
migen Ausscheidungen vermehren und dadurch ein Aufschäumen des
Kesselwassers und in dessen Begleitung die Verunreinigung der Arma=
turapparate und des Dampfchlinders verursachen.

Als allgemeine Regel kann gelten, daß die chemische Reinigung
des Wassers im Innern des Kessels stets mit dem fleißigen Abblasen
des entstandenen Schlammes Hand in Hand gehen soll.

Das Ab= oder Ausblasen des Kessels ist auch bei Speise=
wasser, welches keiner besondern Reinigung unterworfen wird, von
großem Vorteil, weil dadurch die Konzentration der Salzlösungen hint=
angehalten und der größte Teil des Schlammes entfernt wird.

* * *

Die rationellste Methode zur Verhütung der Kesselsteinbildung ist
diejenige, bei welcher das Speisewasser gereinigt wird, bevor dasselbe
in den Kessel tritt.   Dies geschieht entweder durch das Vorwärmen
des Speisewassers oder durch chemische Präparierung desselben in
besonderen Behältern.

γ) Reinigung des Speisewassers mittelst Vorwärmer.

Wie schon bei Behandlung der Pumpen auf Seite 66—69 her=
vorgehoben wurde, dienen die Vorwärmer hauptsächlich zu dem Zweck,
die Wärme der abgehenden Dämpfe und Verbrennungsgase auszu=
nutzen; doch bezwecken wir auch durch das Vorwärmen, die Kesselstein=
bildner des Wassers wie kohlensaures Calcium und Magnesium abzu=
scheiden, was uns aber nur teilweise gelingt.

Die meist komplizierten und einen besondern Apparat erforderlichen
Systeme können bei Lokomobilen nur beschränkte Anwendung finden,
weil dieselben dem Grundprinzipe der Lokomobile „transportabel zu
sein" nicht entsprechen. Von den gebräuchlichen schon besprochenen
Vorwärmern entspricht ganz gut der in Fig. 36 dargestellte Mischhahn,
wenn derselbe mit einem Vorwärmer=Bottich wie Fig. 37, kombiniert
wird, weil sonst Fettteile des Abdampfes in den Kessel gebracht werden.
Noch besser entspricht der Vorwärmer mit Röhrensystem, Fig. 38 u. 39.

δ) Chemische Reinigung des Speisewassers außerhalb des Kessels.

Die chemischen Reagentien zur Reinigung des Speisewassers können
nur nach der stattgehabten genauen chemischen Analyse des betreffenden
Wassers gewählt werden.   Sie verwandeln die im Wasser gelösten
Stoffe in unlösliche Verbindungen und tragen auch zur Aussonderung
der im Wasser enthaltenen organischen Substanzen bei.

Im allgemeinen können alle chemischen Mittel, welche als Anti=
kesselsteinbildner im Innern des Kessels angewendet wurden, dazu be=

nußt werden, um in besonderen Bottichen dem Wasser beigemengt zu werden und demnach die Ausfällung der Kesselsteinbildner außerhalb des Kessels zu besorgen.

Außer den besprochenen einzeln zur Verwendung kommenden Reagentien wie Soda, Kalk, Magnesia, ätzende Alkalien, Baryum= verbindungen, Chlorwasserstoffsäure u. s. w. hat es sich als vorteilhaft bewiesen, gleichzeitig mehrere Fällungsmittel anzuwenden, welche in besonderen Apparaten zur Verwendung kommen.

1. F. Schulze empfahl zuerst für Wasser, welches neben den Bikarbonaten des Calciums und Magnesiums noch Gips oder andere lösliche Calcium= und Magnesiumverbindungen enthält, die gleichzeitige Anwendung von Kalkmilch und Soda. Die Mischung ist nach F. Fischer am besten auf folgende Weise zu besorgen: Man läßt

Fig. 57.

zunächst den, je nach Bedürfnis 2—8 m³ fassenden Kasten A (Fig. 57) aus Kesselblech etwa zur Hälfte voll Wasser laufen, welches womöglich durch den Abdampf der Maschine in einem Vorwärmer unter Mit= anwendung des Kondensationswassers vorgewärmt ist und fügt die für die ganze Fällung erforderliche Menge gelöschten Kalk und die mit einer einfachen Handwage abgewogene Menge Soda hinzu. Dann öffnet man das Dampfventil b des Körting'schen Gebläses k, damit die bei a angesogene Luft die Flüssigkeit kräftig mischt. Nun läßt man auch das übrige Wasser zulaufen und stellt nach etwa 5 Minuten das Gebläse ab. Die vollständige Klärung des Wassers erfolgt dann innerhalb 10 bis 20 Minuten; war das Wasser nicht vorgewärmt, so sind 30 bis 40 Minuten erforderlich. Die Klärung wird etwas beschleunigt, wenn im Kasten stets ein Teil des Niederschlages von früheren Fällungen zurückbleibt.

2. E. de Haën übt dasselbe Verfahren aus, nur benutzt er statt Soda Chlorbaryum, welches aber kostspieliger ist als die entsprechende Menge Soda. Da das Absitzen des Niederschlages von Baryumsulfat bei gewöhnlicher Temperatur äußerst langsam vor sich geht, so ist es bei Anwendung von Chlorbaryum stets geraten, vorgewärmtes Wasser in das Reservoir zu leiten oder dasselbe, wie oben beschrieben, mittelst Injektors vorzuwärmen. Die Probe geschieht bei diesem Verfahren mit verdünnter Schwefelsäure, welche eine schwache Trübung ergeben muß.

3. Stingl-Bérenger wählen als Reagentien, je nach der Zusammensetzung des zu präparierenden Wassers, Natriumhydroxyd allein oder im Gemenge mit Calciumhydroxyd oder Natriumkarbonat. Sie bewirken durch dieselben das Ausfällen der Calcium-, Magnesium- und Eisen-Salze, der Silikate, der Thonerde und der freien Kieselsäure, ferner der fettartigen Bestandteile und endlich auch des größten Teiles der im Wasser gelösten organischen Stoffe. Zur Bereitung der Reagenslösung genügt bei stabilen Lokomobilen ein Reservoir mit Dekantierrohr.

Bei den täglich vorzunehmenden Kontroll-Proben darf aus dem Apparate nur klares Wasser abfließen; die Härte des präparierten Wassers darf nur eine geringe sein*) (6—8); das gereinigte Wasser darf nicht alkalisch reagieren;**) darf ferner mit Ammoniumoxalat keine Trübung geben und schließlich darf das gereinigte Wasser durch Zusatz der zur Präparierung benutzten Reagenslösung keine sofort eintretende Trübung geben.

3. Bohlig wendet ein Gemenge von Magnesium-Oxyd und Karbonat an und fällt mit demselben den Gips und den doppelt kohlensauren Kalk als kohlensauren Kalk aus. Zum Präparieren kann der in Fig. 57 dargestellte Apparat mit Dampfstrahlgebläse benutzt werden. Doch wird das Wasser ohne Filtration nicht ganz klar und

---

*) Zur Bestimmung des Härtegrades des Wassers gebe man 10 cm³ des zu prüfenden Wassers in ein eingeteiltes Glas, und tröpfe aus normaler Seifenlösung so viel hinzu, bis sich durch Rütteln kein konstanter Schaum mehr bildet, die Tropfenzahl der aufgebrauchten Normal-Seifenlösung zeigt den Härtegrad des Wassers an, welcher sich zwischen 6—8 bewegen darf.

**) Wenn eine Probe des gereinigten Wassers durch phenolphtalin Papier nicht rot gefärbt wird, ist es nicht alkalisch.

Um den Alkaligehalt des zu reinigenden Wassers zu bestimmen, nehme man wieder 10 cm³ Wasser in ein eingeteiltes Glas, lege einen phenolphtalin Papierstreifen hinein, und tropfe zu dem nun rot gefärbten Wasser so lange von einer Normal-Salzsäurelösung zu, bis das Wasser wieder farblos wird. Die Tropfenzahl der Normalsalzsäurelösung (gewöhnlich 6—8) zeigt den Alkaligrad des Wassers an.

ist bei diesem Verfahren der Kesselsteinbildung nicht vollkommen vor=
gebeugt.

       *   *   *

    Als Zwischenstufe zwischen den innerhalb und den außerhalb des
Kessels zur Anwendung kommenden Verfahren steht dasjenige von
Derveaux, bei welchem die Mischung der Reagentien wohl in einem
besondern Behälter geschieht, doch die Klärung des Wassers nicht ab=
gewartet zu werden braucht, da ein Apparat den sich bildenden Schlamm
kontinuierlich aus dem Kessel
schafft.

    Als Reagentien wer=
den Soda und Ätznatron
oder Soda und Kalkmilch
verwendet. Durch die Mi=
schung von Soda und Kalk
wird infolge Absorbierung
der Kohlensäure aus dem
löslichen doppeltkohlensau=
rem Kalk unlöslicher kohlen=
saurer Kalk und lösliches
kohlensaures Natron (Na$_2$
CO$_3$), welch letzteres auf
den Gips einwirkt und un=
lösliche kohlensauren Kalk
und lösliches Natriumsulfat
bildet.

    Bei der Anwendung
der Reagentien muß darauf
Bedacht genommen werden,
daß das Kesselwasser stets
etwas alkalisch bleibt, weil
nur so die beim Sieden
aus dem gelösten doppelt=
kohlensaurem Kalk sich ent=
wickelnde Kohlensäure ge=
bunden wird.

    Da sich im Kessel
gelöstes Natriumsulfat und

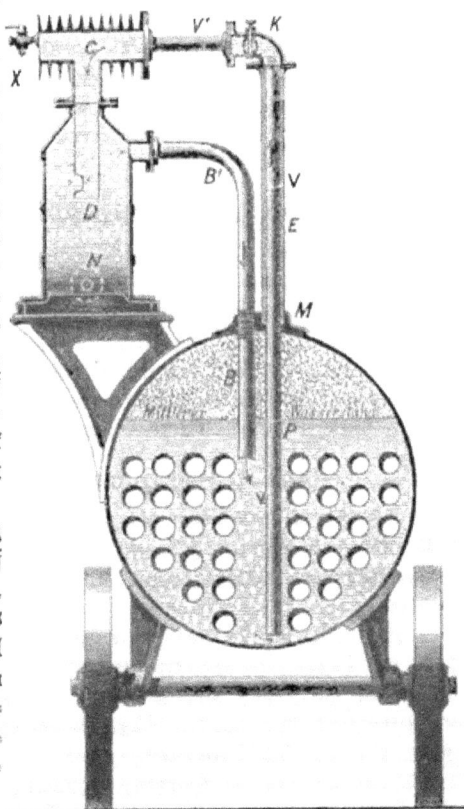

Fig. 58.

Chlorid ansammelt, so muß das Kesselwasser von Zeit zu Zeit ab=
gelassen werden.

    Der Apparat besteht, wie aus Fig. 58 ersichtlich, wesentlich aus
einem mit einem Rippenkopf versehenen Schlammsammler D, welcher

mit dem Kessel durch die heberartig wirkenden Rohre V und R ver=
bunden ist. Das Rohr V besitzt in der Höhe des mittleren Wasser=
standes einen Schlitz P und ist über dem Kessel mit einem Umhüllungs=
Dampfrohre E umgeben, wodurch eine Wärmeausstrahlung des Rohres V
thunlichst vermieden wird. Der Schlitz P im Rohre V hat den Zweck,
den auf der Oberfläche des Wassers schwimmenden Schaum abzusaugen.

Die zur Ausscheidung der kesselsteinbildenden Salze erforderlichen
Reagentien werden mit dem Speisewasser in den Kessel eingeführt.

Die Wirkung des Apparates beruht auf einer steten Zirkulation
des Kesselwassers durch denselben. Das Kesselwasser steigt in dem
Rohre V mit ziemlich bedeutender Geschwindigkeit in den Apparat
auf, passiert denselben, indem es bis zur Mündung des Rücklaufrohres
langsam sinkt, und läuft durch dieses Rohr, nachdem es infolge der
langsamen Bewegung im Apparat bereits seinen Schlamm abgesetzt hat,
gereinigt in den Kessel zurück.

2. Reinigung und Instandhaltung des Kessels.

Während des Betriebes legen sich von außen Ruß und Asche,
von innen Schlamm und Kesselstein auf die Heizfläche des Kessels.
Hierdurch wird, wie bereits erwähnt, nicht allein das Wärmeleitungs=
vermögen der Heizfläche herabgemindert, sondern auch der Kessel selbst
gefährdet. Ein gewissenhafter Maschinist wird also auf die regelmäßige
Reinigung des Kessels stets besondere Sorgfalt verwenden. Seine dies=
fälligen Pflichten lassen sich in folgendem zusammenfassen:

a) Äußere Prüfung und Reinigung des Kessels.

Die auf die Heizfläche sich ablagernden Schichten von Ruß und
Asche sind von Zeit zu Zeit zu entfernen, da sie teils das Wärme=
leitungsvermögen der Heizfläche vermindern, teils aber den Luftzug be=
hindern.

Ferner ist der sich auf die Seiten der Feuerbüchse ablagernde Ruß
durch die Feuerthüre hindurch mittelst scharfen Krätzers zu entfernen.
Zur selben Zeit muß auch untersucht werden, ob sich auf dem Deckel
der Feuerbüchse oder auf der Röhrenwand Eindrückungen oder Sprünge
zeigen und ob die Stehbolzen, sowie die durchgreifenden Köpfe der
Deckelschrauben sich in Ordnung befinden. Wird eine kleinere Ein=
brückung wahrgenommen, so ist deren Tiefe genau abzumessen und zu
verzeichnen, damit nach Einstellung des Betriebs die Veränderung der
gefährdeten Stelle sich genau kontrollieren lassen. Größere Vertiefungen
oder schichtige Anschwellungen sind zu reparieren.

Die Feuerröhren von kleinerem Durchmesser sind häufiger zu rei=
nigen, da sie sich rasch mit Ruß und Asche füllen. Zu ihrer Reini=

gung werden in der Regel Drahtrohrbürſten und Krätzer verwendet.
Eine raſche und wirkſame Art der Reinigung der Heizröhren beſteht
ferner darin, durch eine, mit einer kleinen Öffnung verſehene Dampf=
leitungsröhre einen Dampfſtrahl in dieſelben ſchießen zu laſſen; nur iſt
bei ſolcher Art der Reinigung vorerſt das Feuer zu löſchen. Während
der Reinigung ſind die Feuerröhren daraufhin zu unterſuchen, ob ſie
ſich an ihren Dichtungsſtellen gelockert haben, was an dem, an die
Röhrenwände angebackenen Keſſelſtein leicht zu erkennen iſt. Solche
ſchadhaften Stellen ſind durch Neudichtung zu reparieren; häufig nützt
ſchon die Ausweitung der Röhre.

Auch die Rauchkammer und der Schornſtein ſind zeitweilig aus=
zufegen; Glanzruß iſt eventuell mittelſt Krätzers zu entfernen.

Bei der gründlichen Reinigung des Roſtes und des Aſchenkaſtens
iſt von den Roſtſtäben die angebrannte Schlacke mittelſt Hammers ab=
zuſchlagen; etwa gebogene Stäbe ſind wieder gerade zu ſtrecken, ſchad=
hafte aber durch neue zu erſetzen. Zu prüfen iſt ferner auch, ob für
die Ausdehnung der Roſtſtäbe Raum genug bleibt und ob die Roſt=
träger ſich gelockert haben?

b) Innere Prüfung und Reinigung des Keſſels.

Aus unreinem Speiſewaſſer lagern ſich infolge der Verdampfung
des Waſſers fortwährend viele feſte Beſtandteile ab, welche das Wärme=
leitungsvermögen der Heizfläche beeinträchtigen und die Bildung von
Keſſelſtein verurſachen. Behufs Entfernung dieſes Schlammes iſt ein
Teil des Keſſelwaſſers mindeſtens einmal täglich abzulaſſen, ſo zwar,
daß wir vor Einſtellung des Betriebes, in den Keſſel eine übermäßige
Waſſermenge pumpen, den Überfluß aber nach Herabminderung des
Dampfdruckes auf das entſprechende Maß ausblaſen laſſen. Überdies
iſt die Lokomobile jedesmal ausblaſen zu laſſen, ſo oft im Waſſer=
ſtandsglaſe ſich trübes Waſſer zeigt oder das Waſſer im Keſſel ſchäumt;
nur iſt in ſolchem Falle der Ausblaſehahn bloß auf einige Minuten
zu öffnen, während bei dem vollſtändigen Ausblaſen des Keſſels das
Feuer erſt vom Roſte zu entfernen, der Dampf aber dadurch abzu=
arbeiten iſt, daß wir in den Keſſel möglichſt viel Waſſer pumpen.

Da das Waſſer die feſten Beſtandteile nur dann mit ſich reißt,
wenn es mit großem Drucke aus dem Keſſel ſtürzt, ſo iſt der Keſſel
teilweiſe oder ganz dann auszublaſen, wann das Manometer noch $1/4$
bis $1/2$ Atmoſphäre zeigt. Mit größerem Drucke ſoll der Keſſel grund=
ſätzlich nicht ausgeblaſen werden, da ſonſt ſtarke Stöße ſtattfinden,
welche von ſchädlicher Einwirkung auf den Keſſel ſein können.

Während des Ausblaſens wird behufs Einlaſſung der Luft das
Sicherheitsventil geöffnet. Das herausſtrömende Waſſer reißt den

größten Teil des Schlammes mit sich, die abgelagerten Brocken und
der Schlamm in den Fugen sind aber mittelst Hakens auszuscharren
und mittelst Spritze auszuwaschen. Je nach der Qualität des Speisewassers ist solche Reinigung zumindest einmal wöchentlich oder in noch
kürzeren Zeiträumen zu wiederholen.

Indessen lagert sich auch bei häufigerer Ausblasung noch Kesselstein auf die Platten, welcher samt dem sich in die Ecken legenden
Schlamme nur nach Öffnung des Kessels entfernt werden kann.

Im Bedarfsfalle muß man sonach auch in den Kessel hinein
schlüpfen, um ihn vom Kesselstein zu reinigen, ihn von innen eingehend
zu prüfen, und die etwa notwendigen Reparaturarbeiten zu verrichten.

Zu diesem Zwecke werden nach Ausblasung des Wassers das Mannloch und sämtliche Schlammlöcher geöffnet, der Schlamm herausgescharrt
und der Kessel durch Einspritzung von kaltem Wasser ausgewaschen. Mit
der Reinigung ist im Dampfraume zu beginnen und wenn wir sofort nach
Ablassen des Wassers in den Kessel schlüpfen, so finden wir den Kesselstein derart erweicht, daß er sich mittelst eines gezähnten Krätzers leicht
abkratzen läßt. Harter Kesselstein ist mittelst eines schmalen Hammers
abzuschlagen, doch ist nur ein schwaches Hämmern zuträglich, damit den
Platten keine Scharte aufgeschlagen wird, da solche rauhe Stellen leicht
rosten, den Kessel schwächen und das feste Ankleben von Kesselstein
befördern.

Von besonderer Wichtigkeit ist die gründliche Reinigung der Röhrenwände, sowie der Seiten der Feuerbüchse; ferner ist auch auf die Reinigung des Deckels der Feuerbüchse große Sorgfalt zu verwenden; so
wird der Kesselstein aus den Fugen der Deckbarren herausgekratzt
und eventuell mittelst stumpfen Meißels und Hammers abgeschlagen;
im Notfalle können die Deckbarren auch demontiert werden.

Sehr viel Kesselstein pflegt sich auch um die in den Kessel hinein-
ragenden Öffnungen der Speiseröhre und der Armaturteile abzulagern;
auch von da ist der Kesselstein sorgfältig zu entfernen.

Bei dem Abhämmern des Kesselsteines ist auch darauf zu achten,
daß die Nietköpfe und die Nietverbindungen nicht angeschlagen werden,
da sie sich sonst leicht lockern; an solchen Stellen darf der Kesselstein
nur abgekratzt werden.

Von den Feuerröhren darf der Kesselstein gleichfalls nur gescharrt
werden, während die Zwischenräume ausgestochert werden. Hammer-
schläge sind hier streng zu meiden, da sich sonst die Dichtung der
Röhren lockert. Hat sich auf die Röhren bereits eine ungefähr 2 bis
3 mm dicke Schicht harten Kesselsteines gelagert, so sind dieselben
herauszuziehen und nach erfolgter Reinigung wieder zurückzulegen.

Da nach dem Vorhergegangenen der Keſſelſtein nicht überall mit=
telſt Hammers abgeſchlagen werden darf und man mit dem Hammer
auch ſonſt nicht zu allen Teilen des Keſſels hinzugelangen kann, ſo iſt
es zweckmäßig auch chemiſche Mittel anzuwenden, durch welche der
Keſſelſtein derart erweicht wird, daß er ſich alsdann leicht abkratzen läßt.

So wird aus kohlenſaurem Kalk beſtehender Keſſelſtein weich ge=
macht, indem wir dem Speiſewaſſer Salzſäure beimengen. Das Vor=
handenſein von kohlenſaurem Kalk iſt zu erkennen, indem wir wenig
Salzſäure auf den Keſſelſtein tropfen laſſen und derſelbe zu ſchäumen
beginnt. Nach Anwendung von Salzſäure iſt der Keſſel ſofort mit
reinem Waſſer auszuwaſchen, da ſonſt die Salzſäure die Platten an=
greift. Minder verfänglich iſt das Mittel, 1—2 Tage vor der Rei=
nigung des Keſſels in denſelben Soda zu legen, wodurch der Keſſel=
ſtein gleichfalls weich gemacht wird.

Nach Abhämmern und Abſcharren des Keſſelſteines ſind die Flecken
mittelſt Bürſte ſtark zu ſcheuern, und ſodann mittelſt Spritze auszu=
waſchen.

Nach der Reinigung des Keſſels iſt derſelbe darauf zu prüfen,
ob ſich Roſtflecken oder Ätzungen zeigen; ſolche pflegen zumeiſt bei
Biegungen, Verbindungen u. ſ. w. vorzukommen. Kleinere Vertiefungen
können durch Minium ausgeglichen werden.

Zu prüfen iſt ferner, ob die im Innern des Keſſels befindlichen
Verbindungen ſich in Ordnung befinden und ob die Keſſelwand an
einzelnen Stellen geſchwächt wurde; den letzten Umſtand wird ein er=
fahrener Maſchiniſt durch leichtes Behämmern der Platten mit einem
Kupfer= oder Holzhammer an dem Klang=Unterſchiede ſofort erkennen.

Nach Reinigung des Keſſels pflegt man das Innere deſſelben
auch mit Holzteer dünn zu beſtreichen, damit daſſelbe ſchwerer roſtet.
Die Platten ſind, ſolange ſie noch warm, zu beſtreichen und die Teer=
ſchichten darauf noch nachträglich mit einem Fetzen zu zerreiben, damit
ſie dünner werden.

Sodann werden die Schließdeckel der Öffnungen mit Packung
verſehen, an ihren Platz befeſtigt und wird hierauf der Keſſel mit
friſchem Speiſewaſſer gefüllt.

Wenn jedoch der Keſſel nach der allgemeinen Reinigung auf lange
Zeit nicht in Betrieb genommen werden ſoll, ſo iſt es zweckmäßig, das
Innere deſſelben ganz austrocknen zu laſſen, zu welchem Behufe der
leere Keſſel wohl verſchloſſen und auf dem Roſte ein ſchwaches Feuer
angelegt wird, bis die Luft im Keſſel ſich auf 100° C. erwärmt hat,
welche Temparatur an einem Thermometer, der zu den Probierhähnen
gehalten wird, leicht zu erkennen iſt; ſodann werden die Ventile und
ſonſtigen Hähne geöffnet und ſo lange offen gelaſſen, bis die naſſe Luft

sich verflüchtigt hat. Durch mehrfache Wiederholung dieser Prozedur
können wir alle Nässe aus dem Kessel treiben. Es ist übrigens auch
gebräuchlich, auf den Deckel der Feuerbüchse in eine Blechbüchse Chlor=
kalcium zu legen, welches auch die allenfalls später einsickernde Nässe
aufsaugt und die Lokomobile trocken erhält. Solches Chlorkalcium
wird binnen 2—8 Monaten flüssig und ist alsdann durch neues zu
ersetzen.

c) Reparaturarbeiten am Kessel.

Bei der Behandlung der Reparaturarbeiten am Kessel haben wir
nur auf solche Arbeiten Rücksicht zu nehmen, welche häuslich verrichtet
werden können. Als Hauptprinzip gilt diesfalls, daß der Kessel um
so leichter vor einer vorzeitigen Abnutzung bewahrt werden kann, je
früher wir die noch so geringfügig scheinenden etwaigen Beschädigungen
ausbessern.

Zu den am häufigsten vorkommenden Reparaturarbeiten gehören die
Verdichtung leck gewordener Teile, die Ausbesserung kleiner Sprünge,
die Ersetzung gebrochener Stehbolzen und die Herausziehung, Zurück-
verlegung und Neuverdichtung der Feuerröhren.

Ein geringfügiges Schwitzen oder Sickern des Kessels läßt sich
während des Betriebes schwer erkennen, da die sich bildenden Tropfen
sich fast unmittelbar verflüchtigen. Indessen wird nach dem Erlöschen des
Feuers eine sorgfältige Prüfung unbedingt auf die schadhaft gewordene
Stelle führen. Ist die Feuerbüchse leck, so dient die unter dem Rost
befindliche Asche, welche in diesem Falle naß ist, als sicherstes Merkmal.

Nach der inneren Reinigung des Kessels sickern die Nieten und
Verbindungsstellen desselben zumeist in geringem Maße, doch schwindet
diese Erscheinung alsbald infolge der Ablagerung von Schlamm und
der Verrostung der Platten. Im anderen Falle erduldet es keine
Verzögerung, das Sickern durch Verdichtung zu beheben, da sonst solche
Teile rasch verrosten und unbrauchbar werden.

*   *

Kleinere Sprünge werden in der Weise repariert, daß wir die
Stelle des Sprunges ausbohren, in das Bohrloch ein feines
Schraubengewinde schneiden und diesem eine Schraube einfügen, deren
über die Platte herausragende Teile glatt abgefeilt werden. Solche
Schrauben dürfen nicht dicker als 15—20 mm sein. Sollte ein längerer
Sprung zu reparieren sein, so wird erst die eine Schraube placiert,
für die andere aber das Loch in der Weise gebohrt, daß es auch in
die frühere Schraube hineinreicht. Auf solche Art können auch 3 bis
4 Schrauben nebeneinander untergebracht werden. Bei Sprüngen zwischen den Feuerröhren in der Röhrenwand müssen die äußersten Schrau=

ben auch in die Röhrenwand hineinreichen, doch iſt nachträglich der
in das Rohr hineinragende Teil abzufeilen. Solche Schrauben ſind
aus demſelben Material anzufertigen, aus welchem die Keſſelplatte gefertigt iſt, um zu verhindern, daß die ungleichen Materialien ſich während der Erwärmung in ungleichem Maße ausdehnen.

Größere Sprünge und ſchichtige Blaſen können nur durch Flicken
repariert werden. Der Fleck wird am zweckmäßigſten immer von innen
aufgelegt, damit er vom Dampf ſtets an die Platte gebrückt wird.

Häuslich dürfen nur kleinere Flickarbeiten verrichtet werden, während größere dem Keſſelſchmied zu überantworten ſind.

Bei Auflegung kleinerer Flecke iſt aus dem Keſſel ein der Größe
des Fleckes entſprechender Teil auszuſchneiden und darauf der Fleck in
der Weiſe anzubringen, daß ſeine Ränder mit ungefähr 5—6 cm über
das Loch hinausreichen. Der Fleck wird proviſoriſch an ſeine Stelle
gebrückt, ſodann werden durch die beiden Platten hindurch in ungefähr
nach den Keſſelnieten zu beſtimmenden Entfernungen Löcher mit einem
Durchmeſſer von 15—20 mm gebohrt, die beiden Platten werden
dann mittelſt Nieten oder Schrauben verbunden; doch ſind zuvor die
aufliegenden Teile mit Pottaſchenlauge, Soda oder verdünnter Salzſäure abzureiben und guter Eiſenkitt dazwiſchen zu legen. Der Fleck
kann auch noch beſonders verdichtet werden, zu welchem Zwecke er ſchon
im voraus ſchiefkantig zu feilen iſt.

Guter Eiſenkitt kann nach Scholl aus 100 kg roſt- und ölfreien Feil-
ſpänen, ¼ kg Salmiak und ½ kg Schwefelblüte, oder aber aus 30 kg Eiſen-
ſpänen, 1 kg Salmiak und 1 kg Schwefelblüte hergeſtellt werden. Eiſenſpäne
und Salmiak ſind auf Rapskorngröße zu verkleinern und die Miſchung mit
Urin ſo lange zu kneten, bis ſie ſich erwärmt, trocken und ſpröde wird. In ein
Eiſengeſchirr gut eingeſchlagen, hält ſich ein ſolcher Kitt lange unter Waſſer,
doch iſt vor Gebrauch das Waſſer abzugießen und der Kitt mit ſoviel Eiſen-
ſpänen aufs neue zu verkneten, daß er die zum Gebrauch notwendige Dichtigkeit wieder erlangt.

Damit der Kitt ſich mit den Platten gut verroſten kann, müſſen die
Platten vollkommen rein und ölfrei ſein, daher auch bei der Bohrung
der Löcher nur Seifenwaſſer zum Schmieren verwendet werden darf.

Gilt es, die Stehbolzen auszuwechſeln, ſo werden deren Köpfe
abgeſchlagen und die Bolzen ausgeſchlagen. Sodann werden die alten
Schraubengewinde mittelſt eines durch die äußere und innere Feuerbüchſe hindurchreichenden Dorns abgerieben und mittelſt eines langen
Schraubenſchneiders die feinen Schraubengewinde für eine Schraube
von etwas größerem Durchmeſſer hergeſtellt. Die neuen Stehbolzen
werden feſt eingeſchraubt und das herausreichende Schraubengewinde
abgefeilt, die Nietköpfe geſtaucht und mit Meißel ringsumher verdichtet.

Schadhaft gewordene Feuerröhren können zuweilen auch mittelſt einer Wulstmaschine hinreichend verdichtet werden. Bei größeren Breschen, etwaigen Sprüngen und auch wenn wir den auf die Feuerröhren ab-

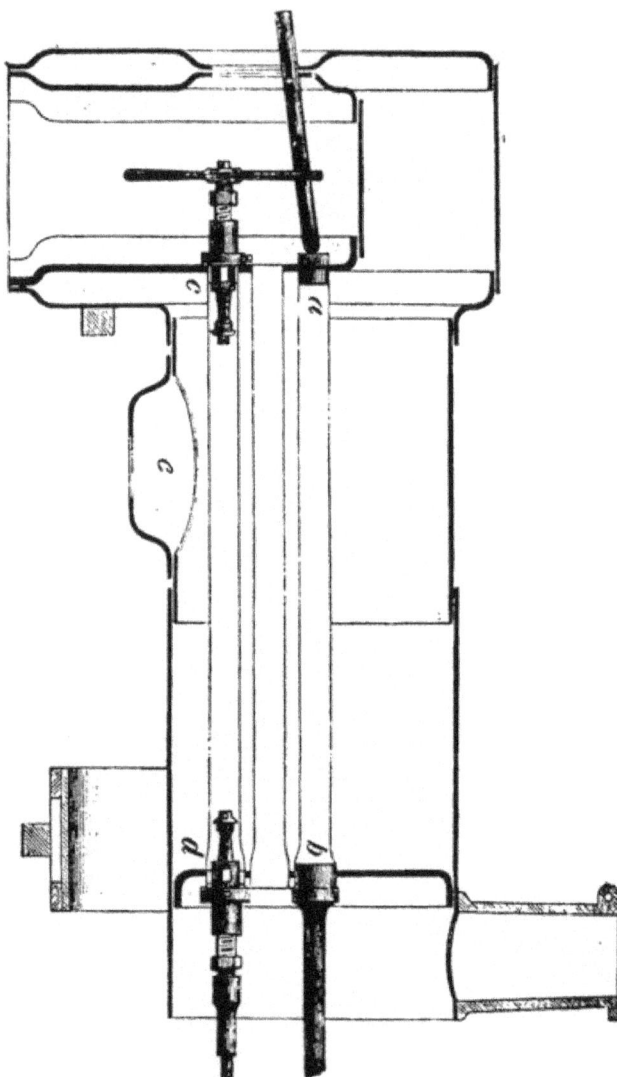

Fig. 59

gelagerten Kesselstein entfernen wollen, müssen dieselben aus den Röhren-wänden herausgezogen werden. Zu diesem Zwecke schneiden wir den in

die Feuerbüchſe reichenden umgebörbelten Grat der Feuerröhren mittelſt
Meißels ab, und legen, wie in Fig. 59 dargeſtellt wird, einen Dorn
mit einem Anſatz in die Röhre, welcher Anſatz nicht höher, als die
Wandbicke des Feuerrohrs und einwärts genietet iſt, damit er das
Rohr nicht ausdehnen kann. Eine aus der Feuerbüchſe herausreichende
Eiſenſtange wird nun an dieſen Dorn a geſtemmt und ſobann das
Rohr mittelſt einiger Hammerſchläge herausgetrieben.

Das Rohr kann, wenn es einmal herausgenommen iſt, bequem
gereinigt und falls ſein Ende geſprungen iſt, auch gekürzt werden,
da das der Rauchbüchſe zugekehrte Ende deſſelben ohnehin mit 40
bis 50 mm länger verfertigt wird; daher können wir das Rohr
um ſo viel tiefer einſchlagen. Iſt jedoch die Länge des Rohres bereits eine unzulängliche geworden, ſo kann daſſelbe eventuell gedehnt
oder ein weiteres Stück Rohr daran gelötet werden. Stark abgenutzte Röhren ſind jedoch durch neue zu erſetzen.

Bevor das Rohr zurückgelegt wird, ſind ſeine beiden Enden zu
erwärmen, dadurch auszuglühen und ganz rein zu feilen. Iſt die Öffnung der Röhrenwand nicht mehr ganz rund, ſo muß ſie vorerſt mittelſt eines Dorns aufs neue ausgerieben und das Rohr erſt nachher
zurückgelegt werden. Die Röhren werden mit Hilfe des in der Zeichnung mit b bezeichneten, das Rohr ganz umfangenden Nutendorns
durch Hammerſchläge ſo lange einwärts getrieben, bis ihr Ende in die
Feuerbüchſe mit ungefähr 5 mm hineinreicht. Dieſer vorſtehende Grat
wird mittelſt eines Hammers umgebörbelt und glatt geſtemmt. Endlich werden die Enden der Röhren bei c und d mittelſt einer Wulſtmaſchine aufgeweitet, damit die Röhren und die Röhrenwand feſt verdichtet ſind.

Die Wulſtmaſchine (ſ. Fig. 60) beſteht aus einer Hülſe, in
welcher kleine koniſche Rollen gefaßt ſind; dieſe liegen auf dem koniſchen
Dorn auf und üben, je nachdem der letztere durch die Schraubenmuttern einwärts gebrückt, oder auswärts gezogen wird, einen größeren
oder kleineren Druck auf die Feuerröhre. Damit der Druck nicht
allein auf die Lagerſtellen der Rollen, ſondern auf die ganze Röhren-
peripherie geübt wird, ſo wird an den, am äußeren Ende der Vorrichtung befindlichen Zapfen eine Kurbel angebracht und mit Hilfe derſelben die Vorrichtung gedreht.

Behufs leichterer Verwendung der Wulſtmaſchine ſoll die Rohr-
öffnung ein wenig geölt werden; der die Hülle umfangende Ring iſt,
wie dies auch in der Figur dargeſtellt erſcheint, an den Rand der Röhre
zu ſchieben und mittelſt einer kleinen Stellſchraube daſelbſt zu befeſtigen.
Die kleinen koniſchen Rollen dürfen nur ſo tief in die Röhre geſchoben
werden, daß ihr Ende die Röhrenwand eben noch erreichen kann.

Die Enden der Feuerröhren durch sogenannte Rohrringe zu ver=
dichten, ist nicht ratsam, da dieselben durch Verringerung des Querschnittes
den Luftzug behindern und die Entfernung von Ruß und Asche erschweren.

Nach der Reparatur soll der Kessel stets durch Kalt=Wasserdruck
geprüft werden; zu diesem Zwecke ist mit der an der Maschine befind=
lichen, oder mit einer besonderen Pumpe, falls eine solche zur Hand
ist, so lange Wasser in den Kessel zu pumpen, bis es zu dem mit
Probegewicht belasteten Sicherheitsventil herauszuströmen beginnt.

Nach wesentlicheren Reparaturen und Veränderungen, als die bis=
her Beschriebenen, sowie auch nach längerer Benutzung der Lokomo=

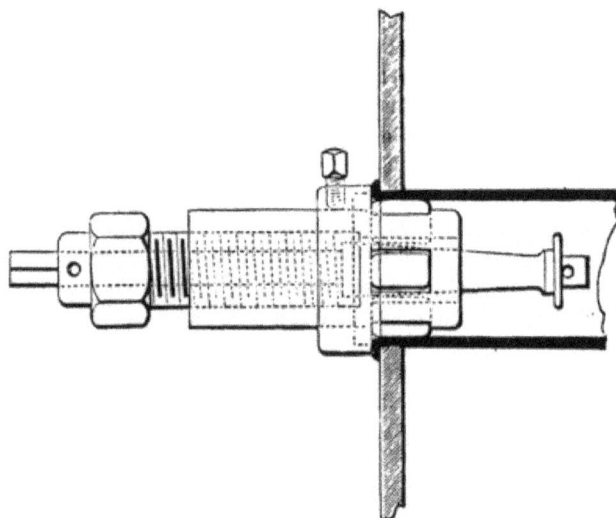

Fig. 60.

bile ist dieselbe behördlich untersuchen zu lassen, wovon in dem Kapitel
über die behördlichen Verordnungen des weiteren die Rede sein soll.

3. Der Kessel im Betriebe.

Betreffs der Sicherheit und des ökonomischen Betriebes hängt
der Lokomobilkessel lediglich von der Verläßlichkeit des Maschinisten
ab; es sind daher bloß praktisch vollkommen ausgebildete und geprüfte
Maschinisten zu verwenden, welche nicht allein in der erforderlichen
praktischen Handhabung sich die nötige Geschicklichkeit erworben haben,
sondern auch genau mit den Grundsätzen vertraut sind, welche die
Vorbedingung für die Sicherheit des Betriebes bilden.

Die Verrichtungen am Keſſel ſind: die Inbetriebſetzung und der gewöhnliche Betrieb des Keſſels, ſowie die Einſtellung des Betriebes auf längere und kürzere Zeit.

a) Die Inbetriebſetzung des Keſſels.

Der in Betrieb zu ſetzende Keſſel iſt zunächſt darauf zu prüfen, ob er den behördlich vorgeſchriebenen Anforderungen entſpricht, ob die Armatur ſich in gutem Zuſtande befindet, ob die Putzlöcher hinreichend verdichtet ſind, und ob der ganze Keſſel rein iſt? Haben wir uns von alldem überzeugt, ſo wird der Keſſel auf 2—3 cm über den normalen Waſſerſtand gefüllt und es kann alsdann mit der Anheizung begonnen werden.

Bei der Anheizung werden auf den Roſt leicht brennbare Hobel= ſpäne, Stroh oder Kleinholz und hierüber eine dünne Schicht des be= treffenden Brennmateriales gelegt, alsdann die Thür des Aſchenkaſtens zugemacht und nun erſt untergezündet, damit der allzuſtarke Luftzug das Feuer nicht löſchen kann.

Das Feuer darf im Anbeginn nur allmählich geſteigert werden, auch muß während der Heizung, behufs Austreibung der im Keſſel ent= haltenen Luft, das Sicherheitsventil oder der in den Dampfraum reichende Probierhahn ſo lange offen ſtehen, bis daraus Dampf zu ent= weichen beginnt. Alsdann werden alle Öffnungen geſchloſſen und die Heizung fortgeſetzt, bis der erwünſchte Dampfdruck erreicht iſt.

Während der Dampfentwicklung iſt das Manometer fortwährend zu beachten und zugleich in Evidenz zu halten, ob die Sicherheitsventile ſich leicht bewegen, und ob bei der Pumpe alles in Ordnung iſt, zu welchem Behufe man die letztere probeweiſe auf kurze Zeit gehen läßt.

Iſt im Keſſel noch vom vorhergehenden Tag Waſſer geblieben, ſo muß ein Teil deſſelben ausgeblaſen und durch friſches erſetzt werden.

So wie der erwünſchte Druck erreicht iſt, wird mit der Dampf= pfeife ein Signal gegeben, und der Betrieb kann beginnen.

b) Der Betrieb.

Während des Betriebes hat der Maſchiniſt die Heizung und die Keſſelſpeiſung derart zu regulieren, daß der erlaubte größte Dampfdruck bei dem normalen Waſſerſtande ſtändig erhalten werde, denn nur ſo wird der Betrieb ein ökonomiſcher ſein; überdies muß er ſelbſtverſtänd= lich alle jene Faktoren, welche von Einfluß auf die Sicherheit des Betriebes ſind, mit ſorgfältiger Aufmerkſamkeit verfolgen.

Für die Heizung gilt als Hauptregel, daß dieſelbe eine lebhafte und beſtändige ſein ſoll. Die ununterbrochene Heizung iſt notwendig, weil im widrigen Falle auch der Dampfdruck beſtändig wechſeln würde.

Hieraus folgt, daß der Brennstoff in geringen und gleichmäßig dicken Schichten auf die bereits vorhandene Glut gelegt werden muß, gleichwohl kann jedoch die Glutschicht dick gehalten werden, damit nicht allzuviel Luft in den Feuerraum dringe.

Wie bereits erwähnt, werden die Lokomobilen mit Steinkohle, Stroh oder Holz geheizt, überdies werden auch so mannigfache Kohlenarten verwendet, daß Regeln von allgemeiner Geltung sich kaum aufstellen lassen, wie es denn auch stets Sache der Intelligenz des Heizers ist, die den Eigenschaften des betreffenden Brennmaterials am besten entsprechende Heizmethode zu treffen.

Es ist im allgemeinen empfehlenswerter mit trockener, als mit benetzter Kohle zu heizen, da das Verdampfen der Nässe gleichfalls Wärme aus dem Feuerraume absorbiert; auch bilden die Wasserdünste, mit Ruß vermengt, eine pechartige Ablagerung auf der Heizfläche, wodurch deren Wärmeleitungsfähigkeit beeinträchtigt und die Reinhaltung erschwert wird.

Indessen bröcklige und klebrige Kohle ist dennoch zu benetzen und zwar am vorteilhaftesten am Abend vor dem Gebrauch, da sonst die bröcklige Kohle zum großen Teil durch die Rostplatten fällt, die klebrige Kohle aber Kuchen bildet; ohne solche Kohlenbenetzung würden wir einen Verlust von ungefähr 10 % erleiden.

Hinsichtlich der Größe der Kohlenstücke sei bemerkt, daß dieselben am besten faustgroß sind, da sonst die Dampfentwicklung eine ungleichmäßige sein würde, indem die großen Stücke sich nur schwer entzünden, kann jedoch mit sehr lebhafter Flamme verbrennen.

Die aufzulegende Kohle wird am zweckmäßigsten über die ganze Rostfläche zerstreut; wenn jedoch der Schornstein zu stark raucht, so wird das Feuer vor dem Auflegen der frischen Kohle ein wenig zurückgeschoben, und die Kohle auf den Vorderteil des Rostes geworfen; in diesem Falle verbrennt auch der über den Rost hinziehende Rauch und die Feuerung wird dadurch eine sparsamere.

Wenn dagegen eine raschere Dampfbildung angestrebt wird, so wird in umgekehrter Weise vorgegangen, wodurch sich auch die frische Kohle rasch entzündet und lebhaft verbrennt. In allen Fällen ist es jedoch zweckmäßig, nach dem Auflegen den Luftzug durch Öffnung der Thür des Aschenkastens ein wenig zu beleben, doch ist die Feuerthür möglichst rasch zu schließen.

Die Heizung ist stets nach Maßgabe des Dampfdruckes zu regulieren; diesem Zwecke dienen die bereits beschriebenen Vorrichtungen zur Entwicklung und Regulierung des Luftzuges. Wir wiederholen hier, daß die Feuerthür behufs Verminderung des Luftzuges nie offen bleiben darf.

Wollen wir die Heizung in ausgiebigerem Maße verringern, ſo
wird die Thür des Aſchenkaſtens ganz geſchloſſen und allenfalls auch
die Thür der Rauchkammer geöffnet. In Fällen, wo auch dies ſich
unzulänglich erweiſt, kann das Feuer hervorgezogen und mit naſſer
Kohle bedeckt werden.

In außerordentlichen Fällen, wo die Dampfbildung raſch ver=
ringert werden ſoll, ziehen wir einige Roſtſtäbe mittelſt des Schür=
eiſens heraus und ſtoßen das Feuer in den Aſchenkaſten, um es daſelbſt
zu löſchen; Waſſer darf jedoch unter keinen Umſtänden auf den Roſt
gegoſſen werden. Wollen wir den Luftzug plötzlich einſtellen, ſo wird
der Aſchenkaſten ganz geſchloſſen und die Feuerthür ſowie auch die
Thür der Rauchkammer ganz geöffnet, doch iſt dies nur in Zeiten
faktiſcher Gefahr gerechtfertigt.

Eine weitere Vorbedingung der regelmäßigen Heizung iſt, das
Feuer ſowohl, wie auch die Heizfläche rein zu halten. So hat der
Heizer, wenn mit klebriger Kohle geheizt wird, bevor er friſche Kohle
auflegt, den Schlackenkuchen aufzubrechen und zu entfernen, ſowie von
Zeit zu Zeit auch die Roſtſtäbe auszuſtochern.

Die im Aſchenkaſten ſich anſammelnde Aſche iſt täglich mehrmals
zu entfernen, da ſie den Luftzug behindert, und die Roſtſtäbe in der
großen Hitze verbrennen; um dies zu verhindern und behufs leichterer
Beobachtung des Feuers iſt im Aſchenkaſten Waſſer zu halten.

Überdies ſind auch die Feuerröhren von Zeit zu Zeit auszubürſten
und iſt auch der Funkenfänger täglich mindeſtens einmal zu reinigen.

Nebſt der Feuerung muß der Maſchiniſt ſein Hauptaugenmerk auf
die ununterbrochene und gleichmäßige Speiſung des Keſſels richten.
Aus dem Geſichtspunkte der Vorſorge ſoll der Waſſerbottich fort=
während voll und auch für die entſprechende Vorwärmung des Speiſe=
waſſers geſorgt ſein.

Die Bedingungen der regelmäßigen Speiſung haben wir bereits
bei der Behandlung der Pumpe mitgeteilt und hier erinnern wir nur
daran, daß die Pumpe fortwährend im Gange ſein ſoll, ſo daß ſie dem
Keſſel ſtets ſo viel Waſſer zuführt als daraus verdampft. Befinden
ſich zwei Pumpen an der Lokomobile, ſo wird die Speiſung nur von
einer beſorgt, doch ſoll probeweiſe von Zeit zu Zeit auch die andere
in Gang geſetzt werden, damit ſie im Bedarfsfalle ſich nicht als un=
brauchbar erweiſe.

Die Speiſung iſt ſelbſtverſtändlich je nach Maßgabe des Dampf=
verbrauchs zu regulieren, welchem Zwecke, wie erinnerlich, der Rück=
flußhahn dient, welcher mehr geſchloſſen wird, wenn der Waſſerſtand
abnimmt, und den man mehr öffnet, wenn das Waſſer ſich über den
mittleren Waſſerſtand erhoben hat. Ein geringer Waſſerſtand darf

nicht im Kessel geduldet werden, da er sonst leicht unter das Niveau
der Feuerlinie sinken kann; ein zu hoher Wasserstand ist aber darum
nicht ratsam, weil bei demselben nasser Dampf in den Cylinder gelangt, wodurch Brennstoffverlust verursacht und der Dampfcylinder
verdorben wird. In Ausnahmefällen, so wenn wir den Dampfdruck
rasch verringern wollen, ist es angezeigt, viel Wasser in den Kessel zu
pumpen. Es ist daher am besten, im Kessel stets den mittleren
Wasserstand einzuhalten, welcher sich am Wasserstandsglase leicht kontrollieren läßt.

Während des Betriebes sind auch die Öffnungen der Feuerröhren
unausgesetzt zu beobachten. Rinnt eine oder die andere Röhre, so
wird ein Eisenpfropf in dieselbe getrieben. Wenn mehrere Röhren
schadhaft sind, so ist der Betrieb einzustellen und sind die Röhren nach
den gegebenen Weisungen auszubessern.

Wenn der Maschinist nebst den geschilderten Aufgaben auch noch
die Probierhähne, das Manometer und die Sicherheitsventile sorgfältig
beobachtet und im Sinne der erteilten Weisungen prüft, so mag sein
Gewissen darüber beruhigt sein, daß er alles gethan habe, was aus
dem Gesichtspunkte der Ökonomie und der Sicherheit des Betriebes
seine strikte Pflicht gewesen.

c) Einstellen des Betriebes.

Wollen wir den Betrieb für die Zeit der am Morgen und am
Mittag üblichen Arbeitspause einstellen, so wird die Heizung schon eine
halbe Stunde vor der Pause gemäßigt und schließlich ganz eingestellt,
zu welchem Zwecke wir die Thür des Aschenkastens ganz schließen,
das Feuer vorziehen und allenfalls mit nasser Kohle bedecken.

Es ist geraten noch während des Betriebes Wasser zu pumpen,
damit auch der Dampfdruck abnehme; ja es wird geboten sein, den
noch vorrätigen Dampf durch den eine Weile dauernden leeren Gang
der Lokomobile gänzlich zu verbrauchen. Die Einstellung des Betriebes
wird in der Regel auch durch die Dampfpfeife signalisiert.

Bei mehrstündiger Pause läßt man die Maschine von Zeit zu
Zeit leer gehen; oder es wird der Dampf zum Sicherheitsventil heraus-
gelassen und nach der Speisung teilweise ausgeblasen, damit hierdurch
das Kesselwasser in fortwährender Bewegung erhalten bleibt und kein
Siedverzug eintritt, von dessen gefährlichen Folgen noch späterhin die
Rede sein soll.

Bei längeren Arbeitspausen, so über Nacht und über Feiertage
wird das Feuer gegen Schluß gleichfalls gemäßigt und nach Einstellung
des Betriebes gänzlich vom Roste entfernt. Vor der Pause kann so
viel Wasser gepumpt werden, daß der Wasserstand bis an den Dampf-

probierhahn reiche, damit bei der neuerlichen Inbetriebsetzung der Loko=
mobile der über Nacht abgelagerte Schlamm ausgeblasen werden kann.

Muß der Betrieb plötzlich eingestellt werden, so wird der Vor=
gang befolgt, den wir bei der Feuerung bereits besprochen haben; es
werden nämlich einzelne Roststäbe herausgezogen, das Feuer in den
Aschenkasten geschoben und daselbst gelöscht.

Nach Einstellung des Betriebes sind die Hähne des Manometers
und des Wasserstandsglases abzudrehen, ferner ist bei kaltem Wetter
aus der Speisepumpe alles Wasser abzulassen, damit es nicht gefriere
und dieselbe sprenge. Aus demselben Grunde ist in Winterzeit alles
Wasser einer im Freien stehenden Lokomobile abzulassen.

Soll die Lokomobile transportiert werden, so wird gleichfalls
alles Wasser abgelassen, damit das Transportgewicht nicht in über=
flüssiger Weise erhöht und die Lokomobile von den Stößen des Wassers
verschont werde.

4. Gefahren des Kesselbetriebes und deren Beseitigung.

Die Gefahren des Kesselbetriebes sind die Kesselexplosion und
der Brandschaden.

Die Kesselexplosion wird hauptsächlich durch die allmähliche, oder
allenfalls plötzliche Schwächung der Platten verursacht.

Durch die beständige Berührung mit dem Feuer, sowie auch durch
die Verrostung verliert die Kesselwand von Jahr zu Jahr von ihrer
Widerstandsfähigkeit. Im Interesse der Sicherheit des Betriebes soll
der Kessel zuweilen durch Kaltwasserdruck geprüft und wenn notwendig
der Druck des Kessels verringert werden. In solchen Fällen ist die
Belastung der Ventile entsprechend zu verringern.

· Die Platte schwächt sich plötzlich, so oft sie infolge fahrlässiger
Beaufsichtigung ins Glühen gerät. Dieser Fall tritt am leichtesten
ein, wenn der Wasserstand im Kessel sich unter die Feuerlinie senkt.
Da die Heizfläche solchermaßen nicht gekühlt wird, wird sie glühend,
die glühende Platte aber vermag bei ihrer geringen Festigkeit dem
Dampfdrucke nicht zu widerstehen, es entstehen Sprünge in ihr, welche
eine Kesselexplosion herbeiführen. Beim Erglühen der Platten wäre
es sehr gefährlich, den Kessel weiter zu speisen, da das Wasser, sich
mit der glühenden Platte berührend, rasch verdampfen, und der Dampf
die ohnehin geschwächte Platte nur mit umso größerer Gewalt durch=
brechen würde.

Ist also das Wasser im Kessel so tief gesunken, daß auch der
untere Probierhahn Dampf zeigt, so wird mit der Dampfpfeife die Ein=
stellung der Arbeit signalisiert, die Speisung augenblicklich eingestellt,

die Thür des Aschenkastens geschlossen und das Feuer durch Aufreißen des Rostes in den Aschenkasten geworfen. Nach vollständiger Aus= kühlung des Kessels wird das Wasser ausgeblasen, und werden die Platten eingehend darauf geprüft, ob sie nicht durch Überheizung schad= haft geworden? Vorsichtshalber kann hierbei auch die Kaltwasser= Probe — aber nur für den Arbeitsdruck — angestellt werden. Die er= wähnte Gefahr kann nur eine Folge grober Fahrlässigkeit sein, denn wenn das Wasserstandsglas und die Probierhähne aufmerksam beobachtet werden und die Pumpe entsprechend kontrolliert wird, so kann uns eine ähnliche Gefahr nicht ereilen.

Glühend kann die Platte ferner auch durch Bildung von Kessel= stein werden. Der Kesselstein legt sich nämlich auf die Platten, und da der schlechte Wärmeleiter die Wärme des Kesselblechs nicht weiter= zuleiten, beziehungsweise dasselbe nicht zu kühlen vermag, so kann es leicht rotglühend werden, und da seine Festigkeit in einem solchen Zu= stande eine geringe ist, so wird es infolge des Dampfdruckes sich aus= bauchen, ja auch bersten. Noch größere Gefahr kann aber den Kessel ereilen, wenn an solchen ausgebauchten Stellen der Kesselstein abspringt. In solchen Fällen würde das Wasser bis an die glühende Platte ge= langen, daselbst sich stürmisch Dampf bilden, welcher die schwachen Stellen des Kessels durchstoßen würde. Zur Beseitigung der aus der Ablagerung von Kesselstein sich ergebenden Gefahr wird das Speise= wasser auf die geschilderte Weise verbessert, und der Kessel häufig aus= geblasen und gereinigt.

Eine fernere Ursache der Kesselexplosion kann auch die Über= anstrengung des Kessels d. h. die Übertreibung des Dampfdruckes sein.

Der Dampfdruck darf nur stufenweise gesteigert werden, da der plötzlich in großer Menge erzeugte Dampf nicht rasch genug zum Sicherheitsventil herausströmen und die Platten durch seinen Über= druck zu beschädigen vermag. Die größte Gefahr kann jedoch aus der Überlastung des Sicherheitsventils entstehen, wenn nämlich ge= wissenlose Maschinisten das Sicherheitsventil, welches infolge fahr= lässiger Behandlung Dampf gelassen hat, überlasten oder niederbinden. Ebenso gefährlich kann das Niederkleben des Sicherheitsventils oder das durch irgend einen andern Umstand verursachte unrichtige Funk= tionieren desselben sein.

Das Sicherheitsventil ist daher häufig zu untersuchen. Wenn das Manometer einen höheren Druck als den erlaubten zeigt, die Sicher= heitsventile aber sich nicht mehr heben, so ist die Gefahr bereits an der Schwelle, und da darf das Sicherheitsventil nicht mehr gewaltsam gehoben werden, denn der jäh ausströmende Dampf verursacht eine lebhafte Wasserbewegung und schlägt das Wasser an das Kesselblech,

dies aber kann im Vereine mit dem Dampfdruck einzelne Teile derart
anſtrengen, daß dieſelben berſten könnten. Um der angedeuteten Gefahr
zu begegnen, muß das Feuer in ſolchem Falle gedämpft, allenfalls
auch in der bereits oft geſchilderten Weiſe ganz eingeſtellt werden;
behufs Verringerung des Druckes kann auch eine Speiſung ſtattfinden.
Um zu verhindern, daß der Dampfdruck übergroß werde, ſind alſo
das Manometer und die Sicherheitsventile unausgeſetzt zu beobachten
und fleißig zu unterſuchen.

Unter die Urſachen, welche durch Fahrläſſigkeit eine Keſſelexploſion
zur Folge haben können, iſt auch die Überheizung des Keſſelwaſſers, d. h.
der ſogenannte Siedeverzug zu zählen. Die in der ruhigen Waſſer=
menge ſich bildenden Dampfbläschen ſteigen nämlich nicht auf und das
Waſſer nimmt daher mehr Wärme in ſich auf als dem im Keſſel
herrſchenden Dampfdrucke entſprechen würde, d. h. es wird überheizt.
Infolge äußerer Anläſſe, wie durch rapiden Dampfverbrauch oder
durch Stöße, verdampft das Waſſer ſtürmiſch, was eine Keſſelexploſion
zur Folge haben kann. Es iſt alſo unſer Hauptaugenmerk darauf zu
richten, daß das Waſſer nicht gänzlich ausgekocht wird, d. h. daß es
ſtets in entſprechendem Maße Luft enthalte, ferner daß das Aufſteigen
der Dampfbläschen befördert werde, d. h. daß das Waſſer in fort=
während er Bewegung erhalten bleibe, zu welchem Zwecke vor der
Arbeitspauſe der Keſſel geſpeiſt, ausgeblaſen und allenfalls auch das
Sicherheitsventil vorſichtig geöffnet werden ſoll. Selbſtverſtändlich iſt
der Keſſel, ſo lange darin Dampf enthalten, vor Stößen und Er=
ſchütterungen zu bewahren; während des Betriebes darf daher daran
nicht gehämmert, noch die Feuerthür zugeſchlagen werden, wie denn
auch die Sicherheitsventile ſtets nur vorſichtig gehoben werden dürfen.

*   *   *

Gegen Brandſchäden kann die Lokomobile viel leichter als
gegen die in ihren Wirkungen verheerende Keſſelexploſion geſchützt
werden. Die Hauptſache iſt, bei der Aufſtelluug der Lokomobile, bei
der Heizung und Reinigung die entſprechenden Vorſichtsmaßregeln zu
beobachten, die Schutzmaßnahmen durchzuführen und bei etwaigem
Brande die erforderlichen Rettungsverſuche kaltblütig anzuſtellen.

Die Aufſtellung der Lokomobile erfolgt entweder in einem Ge=
bäude, oder in einer Scheune, oder im Freien. Die Gebäude, in
welchen Lokomobilen aufgeſtellt werden ſollen, müſſen möglichſt feuer=
ſicher konſtruiert und mit Schiefer gedeckt ſein. Der Schornſtein
der Lokomobile ſoll hoch genug über das Hausdach ragen und min=
deſtens $1\frac{1}{2}$ m weit von den Holzbeſtandteilen der Dachkonſtruktion
abſtehen. Die Lokomobile iſt auf harte Dielen zu ſtellen, damit ſie
im Falle eines Brandes ſich leicht herausziehen läßt.

Soll die Lokomobile in einer Scheune stehen, so hat die letztere sich auf mindestens 4 m Entfernung von feuersicheren Gebäuden, auf mindestens 10 m Entfernung von anderen Baulichkeiten und Getreide= diemen und auf mindestens 30 m Entfernung von Vorräten leicht brennbarer Gegenstände (Stroh, Reisig, Holz u. s. w.) zu befinden.

Im Freien arbeitende Lokomobilen sollten mindestens 30 m weit von Gebäuden, 30 m weit von Nadelholz oder anderen leicht brenn= baren Gegenständen, 10 m weit von Getreidediemen und 10 m weit von der Dreschmaschine stehen, und zwar so, daß ihre Feuerthür nicht der Dreschmaschine zugekehrt ist. Die Richtung der Aufstellung aber soll nicht in die Windrichtung, sondern vertikal auf dieselbe fallen. Die Triste ist in solchem Falle an der Windseite anzulegen und das Ge= treide soll zur Dreschmaschine nicht zwischen dieser und der Lokomobile, sondern an der Seite der Dreschmaschine zugeführt werden. Bei starkem Winde ist der Betrieb von im Freien arbeitenden Lokomobilen einzustellen, desgleichen auch der Betrieb von Lokomobilen, welche in Scheunen arbeiten, wenn der Wind die Funken gegen die Gebäude trägt. In solchen Fällen ist die Lokomobile bis zum gänzlichen Er= löschen des Feuers entsprechend zu bewachen.

Zur Vermeidung jeder Feuersgefahr soll der Aschenkasten während des Betriebes mit Wasser gefüllt werden, damit die Asche unmittel= bar ins Wasser fällt.

Zum Ablöschen der Schlacken ist es angezeigt, einen besonderen, mit Wasser gefüllten Kasten zu halten.

Um eventuell das Löschen des Feuers leicht bewerkstelligen zu können, sollte in der Nähe des Betriebsortes, sofern kein natürliches Wasser zu gebote steht, ein mit Wasser gefülltes Gefäß gehalten werden, dessen Inhalt mindestens dem des Kessels gleich ist.

Endlich soll nach den einschlägigen deutschen Polizeiverordnungen jede Lokomobile mit einem zuverlässig wirkenden Apparat zur Unschädlichmachung der Funken versehen sein, dessen häufige Reini= gung, sowie die des Schornsteins wesentliche Bedingungen der Ver= meidung jeglicher Feuersgefahr bilden.

5. Allgemeine Regeln für den Betrieb der Dampfkessel.
(Aufgestellt vom Magdeburger Verein für Dampfkesselüberwachung.)

1. Das Kesselhaus halte man sauber und frei von allem, was nicht dahin gehört. Außer den Heizern und den Aufsichtsbeamten darf niemand dasselbe betreten. Die Heizer sind berechtigt und ver= pflichtet, Unbefugte zu entfernen.

2. Sämtliche Apparate sind rein und gangbar zu erhalten und bei jedem Kaltlegen der Kessel sorgfältig nachzusehen. Namentlich

sind die Wasserstands=, Manometer=, und Speiseröhren gründlich zu reinigen.

3. So lange Feuer auf dem Roste ist, darf der Heizer den Kessel nicht verlassen.

4. Rost und Aschenfall sollen rein und luftig sein. Der Rost ist stets mit Kohlen bedeckt zu halten.

5. Die Feuerthüren öffne man so selten als möglich und beschränke vorher den Zug. Das Heizen soll rasch und bei mehreren Feuerungen stets abwechselnd erfolgen.

6. Der Wasserstand darf niemals unter die Wasserstands= marke des tiefsten zulässigen Standes sinken.

7. Die Wasserstandsapparate sind täglich zu probieren und von Schlamm rein zu halten. Jede Verstopfung ist sofort zu beseitigen, andernfalls ist das Feuer zu löschen und der Kessel kalt zu legen.

8. Die Speisevorrichtungen sind abwechselnd zu betreiben, um ihres brauchbaren Zustandes sicher zu sein. Geraten sie in Un= ordnung, so ist das Feuer sofort zu löschen und der Betrieb einzu= stellen.

9. Der Dampfdruck darf die am Manometer ersichtliche kon= zessionsmäßige Dampfdruckmarke niemals übersteigen.

10. Das Manometer ist täglich zu kontrollieren, ob es rasch auf den Nullpunkt sinkt und auf den früheren Stand zurückgeht.

11. Die Sicherheitsventile müssen täglich durch vorsichtiges Lüften beweglich erhalten werden. Jede Änderung der vorschriftsmäßi= gen Belastung ist streng verboten.

12. Ventile und Hähne sind stets langsam zu öffnen und zu schließen.

13. Das Ausblasen eines Kessels darf nur erfolgen, nachdem das Feuer gelöscht und der Dampfdruck unter eine Atmosphäre ge= sunken ist.

14. Schlammiges Wasser entferne man möglichst oft und zwar nach Stillstandspausen durch teilweises Ablassen bis zur Wasser= standsmarke.

15. Das Füllen der Kessel darf erst dann geschehen, wenn der Kessel gehörig abgekühlt ist.

16. Zum Speisewasser mische man bei Anwendung von kon= densiertem oder gekochtem Wasser täglich frisches, lufthaltiges Brunnen=, Fluß= oder Regen=Wasser.

17. Der Kesselstein muß sorgfältig und an den Nietköpfen und Stemmnähten besonders behutsam abgeklopft werden, Schlamm ist durch Abkratzen und Auswaschen zu entfernen.

18. Züge und Keffel müffen, so oft dies möglich, von Asche und Ruß gereinigt werden.

19. Vor Stillstandspausen und wenn irgend thunlich, während derselben speise man den Keffel über den gewöhnlichen Wasserstand, laffe den Dampfdruck möglichst sinken, dämpfe das Feuer und beschränke den Zug. Vor längerer Ruhe lösche man das Feuer gänzlich.

20. Sinkt das Waffer so tief, daß der Stand nicht mehr mit Sicherheit erkannt werden kann, so darf der Keffel unter keinen Umständen gespeist werden. Man lösche sofort das Feuer, schließe die Dampfventile und benachrichtige den Vorgesetzten.

21. Schäumt das Waffer, so speise man den Keffel mit frischem Waffer, blase das überflüffige Waffer vorsichtig ab, dämpfe das Feuer bis sich das Waffer beruhigt hat.

22. Steigt der Dampf zu hoch, so dämpfe man das Feuer, speise den Keffel und überzeuge sich, ob das Sicherheitsventil in Ordnung ist.

23. Undichtigkeiten und schadhafte Stellen sind sofort dem Vorgesetzten anzuzeigen und durch Sachverständige zu beseitigen, wie im Revisionsbuch zu vermerken.

*   *   *

Aus dem Gesagten geht hervor, daß die Ursache der Gefahren des Keffelbetriebes fast immer Folgen einer fahrläffigen Behandlung sind, und so schließen wir denn dieses Kapitel mit der Ermahnung, daß der Keffel stets nur vernünftigen, ruhigen, in jeder Hinsicht verläßlichen und sachtüchtigen Leuten anvertraut werde und daß derjenige, deffen Obsorge der Keffel übergeben ist, stets bedenken möge, daß auch die geringste Fahrläffigkeit einerseits für ihn, wie auch für das Leben und das Vermögen seiner Mitmenschen die schrecklichsten Folgen nach sich ziehen kann.

II. Die Lokomobil-Dampfmaschine.

Die Bestimmung der Dampfmaschine ist, durch die Kraft des im Keffel erzeugten Dampfes eine Bewegung zu bewirken und diese durch geeignete Übersetzung zum Betriebe der Arbeitsmaschinen zu benutzen.

Die wesentlichen Bestandteile der Lokomobil-Dampfmaschine sind in der in Fig. 61 und 62 dargestellten Weise am Keffel angeordnet. Unmittelbar oberhalb der Feuerbüchse befindet sich der gußeiserne Dampfcylinder A, diesem gegenüber am Vorderteil des Keffels ist in Querrichtung die mit der Kurbel B versehene Hauptwelle C gelagert. Das Innere des Dampfcylinders ist glatt gedreht, und

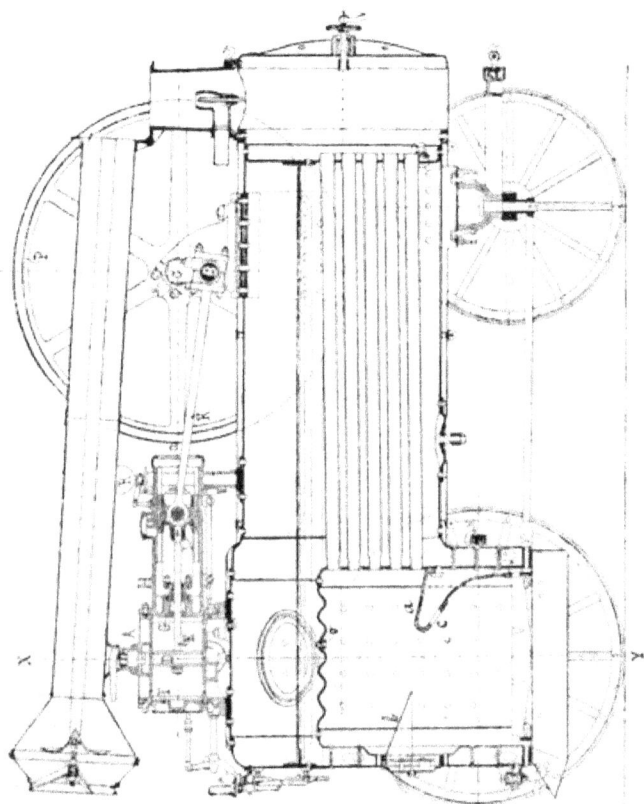

Fig. 62.

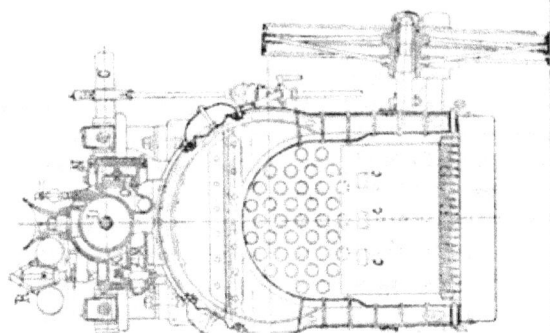

Fig. 61.

darin bewegt sich der mit elastischen Ringen verdichtete Kolben D vor- und rückwärts, welcher an seiner der Hauptwelle zugekehrten Seite die Kolbenstange E trägt. Den Hinterteil des Dampfcylinders schließt ein Deckel F mit abgedrehten Flantschen ab, während der an der vorderen Seite befindliche Deckel G für die erwähnte Kolbenstange durchbrochen ist und die Stopfbüchse H besitzt, welche die Kolben= stange umfaßt und mit Hilfe einer Packung dampfdicht abgeschlossen ist.

Die Kolbenstange besitzt an ihrem Ende einen geradegeführten Kreuzkopf J, welcher scharnierartig an das eine Ende der Pleuel= oder Lenkstange K gebunden ist; das andere Ende der letzteren um= fängt die durch die gekrümmte Hauptwelle gebildete Kurbel. Wie man sieht, wird die in gerader Richtung erfolgende Wechselbewegung des Kolbens eine kreisförmige Bewegung der Hauptwelle verursachen.

Der Dampf gelangt durch die Dampfabsperr=Vorrichtung und durch die Drosselvorrichtung M hindurch in den an der Seite des Dampfcylinders befindlichen Schieberkasten N. Die dem Dampfcylinder zugewendete Seite des Schieberkastens besitzt dampfleitende Kanäle, von welchen die äußeren zu den Seiten des Dampfcylinders führen (Eingangskanäle), während der mittlere (Ausgangskanal) ins Freie führt.

Über diesen Kanälen befindet sich der Muschelschieber O, welcher mittelst eines auf der Hauptwelle sitzenden Excenters und der durch den Schieberkasten reichenden Stange hin und her geschoben wird, wodurch der Dampf abwechselnd bald an der einen, bald an der anderen Seite in den Cylinder tritt, und den Kolben bald vor= bald rückwärts schiebt; der müde Dampf (Abdampf) hingegen gelangt gleich= falls im Wege der Muschel des Schiebers in das Dampfableitungs= rohr und von da teils im Wege des Blaserohrs in den Schorn= stein, teils zum Zwecke der Vorwärmung in das Speisewasser.

Die Hauptwelle ist vertikal zur Längenachse des Dampfcylinders gelagert und wird durch die Kurbel zur drehenden Bewegung veran= laßt. So oft jedoch die Pleuelstange in die Richtung der Kurbel fällt, wird sie unvermögend, dieselbe fortzubewegen, d. h. die Maschine befindet sich in ihrem toten Punkte. Damit die Maschine in ihren toten Punkten nicht stillstehe und die Hauptwelle auch gegenüber der wechselnden Drehkraft sich gleichmäßig drehen könne, wird an die Haupt= welle das schwere Schwungrad P befestigt, von welchem die Kraft durch einen Riemen oder ein Seil auf die Arbeitsmaschine übertragen wird. Noch sei erwähnt, daß von der Hauptwelle her mittelst Excenters auch die Pumpe des Kessels getrieben zu werden pflegt.

Nach richtiger Verbindung der aufgezählten Bestandteile wird die Dampfkraft imstande sein, die verschiedenen Arbeitsmaschinen in Gang zu setzen. Indessen da die landwirtschaftlichen Maschinen unter ver=

schiebenartigen Verhältnissen verschiedenartige Kraftmengen erheischen, die faktisch in Wirksamkeit tretende Kraft aber von dem Dampfverbrauch abhängt, so bedürfen wir noch einer Vorrichtung, welche die nach Maßgabe des jeweiligen Kraftbedarfs in den Dampfcylinder einzulassende Dampfmenge reguliert; diese in Figur 61 mit R bezeichnete Vorrichtung wird Regulator genannt.

Der Regulator erhält seine Bewegung in der Regel durch Vermittlung von konischen Rädern oder Riemenscheiben von der Hauptwelle her und wirkt auf die Absperrvorrichtung oder auf die Schiebersteuerung.

A. Die Maschinenteile der Lokomobile und deren Verbindung.

Die Maschinenteile der Lokomobile sind so fest anzufertigen und derart zu verbinden, daß selbst die während des Betriebes in der Maschine auftretende größte Kraft sie weder zertrümmern, noch deformieren könne.

Ferner sind die einzelnen Teile auf leicht zugängliche Art anzuordnen, auch soll ihre Konstruktion eine möglichst einfache sein und eine leichte Reparatur oder Auswechslung der abgenutzten Teile ermöglichen.

Die Maschinenteile werden in den verschiedenen Fabriken auf verschiedene Art konstruiert. Indessen die Abweichungen sind lange nicht so wesentlich, daß man dieselben alle aufzählen müßte; es wird vielmehr genügen, mit den einzelnen charakteristischeren Konstruktionen sich vertraut zu machen, da die Kenntnis derselben das Verständnis und die Beurteilung aller anderen Konstruktionen leicht ermöglicht.

1. Der Dampfcylinder und dessen Teile.

a) Vorrichtungen zum Ein- und Ausströmen des Dampfes.

Hierher gehören alle jene Vorrichtungen, welche zur Leitung und Regulierung des aus dem Kessel in den Schieberkasten strömenden Dampfes dienen. Solche sind die Dampfleitungsröhren, die Absperr- und Drossel-Vorrichtungen u. s. w.

α) Die Dampfleitungsröhren. Bei zahlreichen Lokomobilen werden besondere Dampfleitungsröhren nicht verwendet, sondern es steht bei denselben die Dampfeinströmungsöffnung des Schieberkastens in unmittelbarer Verbindung mit dem Dampfraume des Kessels. Bei anderen Konstruktionen werden besondere Dampfleitungsröhren aus Gußeisen oder aus Kupfer gefertigt; doch sind diese Röhren mit dem Schieberkasten derart zu verbinden, daß sie sich frei ausdehnen können. Eine sehr einfache und vollkommen entsprechende Konstruktion wird erzielt, wenn das eine Ende der Röhren in Stopfbüchsen gelegt wird. Solche

Röhren sind möglichst kurz anzufertigen, oder, falls die Konstruktion dies nicht zulassen sollte, gegen Abkühlung zu bekleiden.

Wo die Dampfleitungsröhre fest an dem Dampfdom oder an den Schieberkasten des Kessels zu befestigen ist, dort wird sie mit einer Flantsche versehen, welche glatt abzudrehen und mit Packung zusammenzufügen ist. Behufs besserer Befestigung des Dichtungs= materials ist es auch zweckmäßig, in die Flantsche einzelne Furchen zu drehen.

Scholl empfiehlt als Dichtungsmaterial:

Dickgesottenes Leinöl, welches ganz einfach auf die zu verbindenben Flantschen gestrichen wird; dieses Öl breitet sich sodann gleichmäßig auf die ganze Fläche aus und sichert dann bei kleinem Dampfdrucke eine genügend gute Dichtung.

Dichtes und sprödes Minium, auf einen der Ringe messerdick zu schmieren und 2—3 dünne Hanfringe dazwischen zu legen. Bei größerem Dampfdrucke empfiehlt es sich, das Minium statt des Hanfgeflechts auf dünne Ringe aus Kupferdrahtgewebe aufzukneten und 2—3 solcher Ringe zwischen die Flantschen zu legen.

Vulkanisierte Kautschukkissen oder Ringe.

Aus Bleiplatten zusammengedrehte und mit Kitt oder Leinöl abgeriebene Ringe und endlich Kupferringe von 3—4 Millimeter Durchmesser, welche in die ausgedrehten Furchen der Flantschen gelegt werden können.

β) Dampfabsperr= und Drosselvorrichtungen. Im Dampf= leitungsrohre oder in einer besonderen Hülse befindet sich die Dampf= absperrvorrichtung, welche die Bestimmung hat, die Dampfkommunikation zwischen Kessel und Chlinder zu ermöglichen, oder dieselbe im Bedarfs= falle möglichst rasch abzusperren. Die Absperrung des Dampfes kann durch Bentile, Schieber und Hähne bewirkt werden.

Eine Bentilabsperrung sehen wir in der Figur 63; daselbst kann der Dampf aus dem Kessel nach Drehung des Handrades F durch

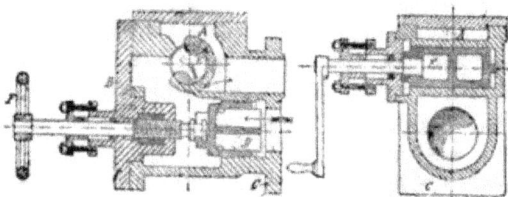

Fig. 63.   Fig. 64.

die Öffnungen des Bentils D einströmen. Indessen, da das Bentil den Dampf nicht rasch genug absperrt, bei Lokomobilen aber in ge= wissen Fällen, so wenn der Riemen abfällt, oder bei sonstigen Be= triebsstörungen die möglichst rasche, thunlichst durch einen Griff bewirk= bare Absperrung der Dampfeinströmung erwünscht sein kann, so ist es

vorteilhafter, zur Abſperrung des Dampfes einen Schieber zu verwenden
(ſ. Fig. 65) oder einen Hahn (ſ. Fig. 66), welche ſich raſch ſperren
und leicht nachſtellen laſſen. Iſt der Dampf durch die Abſperrvorrichtung
durchgeſtrömt, ſo muß er die Droſſelvorrichtung paſſieren, ehe er in
den Schieberkaſten gelangt.

Die Droſſelvorrichtung dient zur weiteren Regulierung der Dampf=
einſtrömung, zu welchem Behufe ein Droſſelventil in dem Dampfleitungs=
rohre (ſ. Fig. 65 u. 66) oder ein Droſſelhahn wie in Fig. 64
in dem Dampfabſperrventil-Gehäuſe angebracht wird. Die Droſſel=
vorrichtung wird immer vom Regulator bewegt; wenn der letztere auf
die Schieberſteuerung wirkt, ſo unterbleibt die Droſſelvorrichtung.

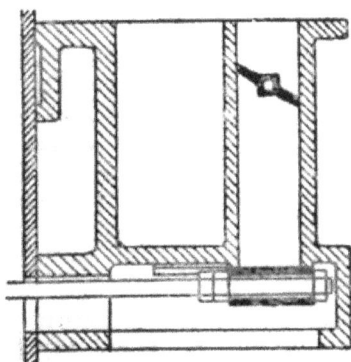

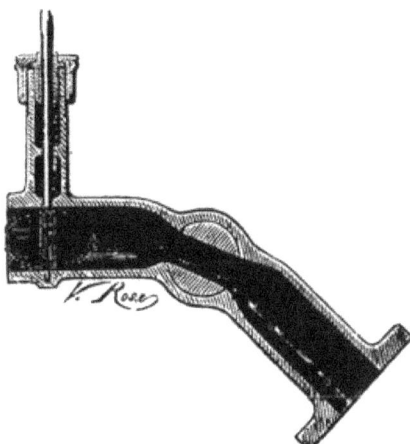

Fig. 65.   Fig. 66.

Die Dampfabſperrvorrichtung wird vom Maſchiniſten gehandhabt
und im Falle des Bedarfs möglichſt raſch abgeſperrt. Geöffnet darf
ſie jedoch nur vorſichtig werden, da ſonſt der ſtürmiſch einſtrömende
Dampf viel Waſſer mit ſich reißen und durch die hervorgebrachten
Stöße den Keſſel gefährden kann.

Die Dampfabſperr= und die Droſſelvorrichtung können ihrer Auf=
gabe nur dann entſprechen, wenn ſie dampfdicht ſchließen, leicht beweg=
bar und behufs Nachſtellung leicht zugänglich ſind. Ob die Droſſel=
vorrichtung dampfdicht ſchließt, davon können wir uns in der Weiſe
überzeugen, daß wir die Droſſelvorrichtung während des Ganges der
Maſchine mit der Hand abſchließen, in welchem Falle die Maſchine
ſtillſtehen muß. Nicht gut ſchließende Ventile und Hähne ſind nach
den bei der Pumpe und den Probierhähnen erteilten Weiſungen aufs

neue einzuschleifen, während die Aufrichtung der Dampfabsperrschieber
in der bei dem Schieber der Steuerung zu schildernden Weise zu er=
folgen hat.

Nachdem der Dampf die Drosselvorrichtung passiert hat, gelangt
er in eine Kammer des Dampfcylinders in den sogenannten Schieber=
kasten, aus welchem ihn in der Regel ein Muschelschieber in den Dampf=
cylinder und von da nach verrichteter Arbeit durch seine Höhlung in
die Dampfableitungsröhre führt. Die üblichen Konstruktionen dieser
Schieber werden wir bei der Behandlung der Steuerungen besprechen.

γ) Die Dampfableitungsröhre. Diese Röhre wird häufig in
den Dampfraum des Kessels gelegt, wodurch der in der Dampf=
ableitungsröhre verdichtete Dampf abermals verdampft und als trockener
Dampf in den Schornstein tritt, daher er weder den letzteren noch
die Umgegend verunreinigen wird.

Indessen die zur Neuerwärmung des Abdampfes erforderliche
Hitze wird in diesem Falle direkt dem Dampfe des Kessels entnommen,
auch ist es schwer die verborgene Röhre zu kontrollieren und überdies
leitet dieselbe im Falle ihres Berstens auch frischen Dampf ins Freie;
solche Konstruktionen sind daher entschieden zu verurteilen und ist bei
der Beschaffung der Lokomobile darauf zu achten, daß die Dampf=
ableitungsröhre sich außen am Kessel befinde. Gleichwohl ist es vorteil=
haft, diese Röhre mit wärmeschützendem Material zu bekleiden.

b) Der Dampfcylinder und seine Deckel.

Der Dampfcylinder wird aus Gußeisen gefertigt und sein Inneres
ist glatt auszubohren. Das Material des Cylinders soll überall dicht
sein und insbesondere im Innern des Cylinders dürfen keinerlei Poren
geduldet werden. Sollten solche gleichwohl vorkommen, so sind sie
mittelst gußeiserner Nieten zu verstopfen. Schmiedeeiserne Nieten eignen
sich nicht zu diesem Zwecke, da sie in der Hitze sich mehr als der guß=
eiserne Cylinder ausdehnen und daher ihre Spitzen zum Vorschein kommen.

Die beiden Enden des Cylinders werden durch Deckel geschlossen,
zu welchem Zwecke die Seitenwände des Cylinders für die Flantschen
der Deckel abgedreht sind. Um den Cylinder, wenn er abgenützt ist,
aufs neue ausbohren zu können, ohne daß man neue Deckel anfertigen
müßte, pflegt man die beiden Enden des Cylinders bis zur Breite
des Dampfeingangskanales etwas tiefer auszubohren, wodurch sich
auch der Kolben leichter in den Cylinder schieben läßt.

Die Deckel werden in der Regel durch Flantschenschrauben
an den Cylinder befestigt. Zwischen die Flantschen ist Packung
zu legen, zu welchem Zwecke in Unschlitt getauchtes Hanfgeflecht,
Gummiplatten oder Ringe, oder Blei — eventuell Kupferdrähte — be=

nutzt werden; damit die Packung fester sitze, werden in die Flantschen einzelne Furchen gedreht.

Behufs Einströmung des Dampfes in den Cylinder und behufs Ableitung desselben nach verrichteter Arbeit führen von den beiden Enden des Cylinders Kanäle in den Schieberkasten, beziehungsweise in die Dampfableitungsröhre.

Der diesseitige Deckel des Dampfcylinders ist mit Rücksicht auf die Kolbenstange durchbrochen; diese Öffnung ist dampfdicht abzuschließen, welchem Zwecke die Stopfbüchse dient.

c) Schmier- und Ausblasevorrichtung des Dampfcylinders.

Im Innern des Cylinders bewegt sich der Kolben rasch hin und her und um seine Reibung herabzumindern, muß für hinreichendes Schmiermaterial gesorgt werden. In der Regel wird in der Mitte des Cylinders eine Schmiervase mit 2 Hähnen (Fig. 67) ange= bracht, welche mit geschmolzenem Talg oder mit Valvolineöl gefüllt wird. Bei der Füllung der Vase muß zunächst der untere Hahn gesperrt werden, da sonst der Dampf das Schmiermaterial ausspritzen würde. Nach der Füllung der Vase wird der obere Hahn ab= gedreht und durch Öffnung des unteren der Cylinder von Zeit zu Zeit geschmiert.

Die Anlage solcher Schmiervasen am Deckel statt in der Mitte des Cylinders ist unzweckmäßig, da hierbei das Schmiermaterial

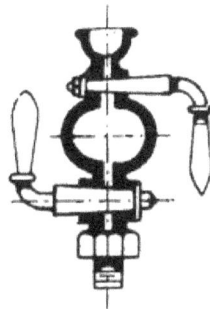

Fig. 67.

sich nicht gleichmäßig im Cylinder verteilt. Eine Ausnahme bilden die stehenden Cylinder, bei welchen die Schmiervase im oberen Deckel an= zubringen ist.

Behufs Ableitung des im Cylinder sich kondensierenden Wassers wird bei horizontalen Cylindern an beiden Enden derselben je ein Wasserableitungshahn in die Deckel befestigt; dieselben sind jedesmal, bevor die Maschine in Gang gesetzt wird, zu öffnen, damit der Dampf das kondensierte Wasser durch dieselben heraustreiben kann. Diese Hähne werden in den tiefsten Teil des Cylinders eingeschraubt und halten in ihrer Mundöffnung ein kleines Wasserableitungsrohr. Die beiden Hähne werden, wie dies in Fig. 68 dargestellt erscheint, durch eine Gelenkstange verbunden, um beide zugleich öffnen und schließen zu können.

d) Die Stopfbüchsen.

Wie bereits erwähnt, wird für die Kolbenstange im Cylinderdeckel, ferner für die Schieberstangen an der Seite des Schieberkastens eine

Öffnung gelassen, welche jedoch dampfdicht verschließbar sein muß,

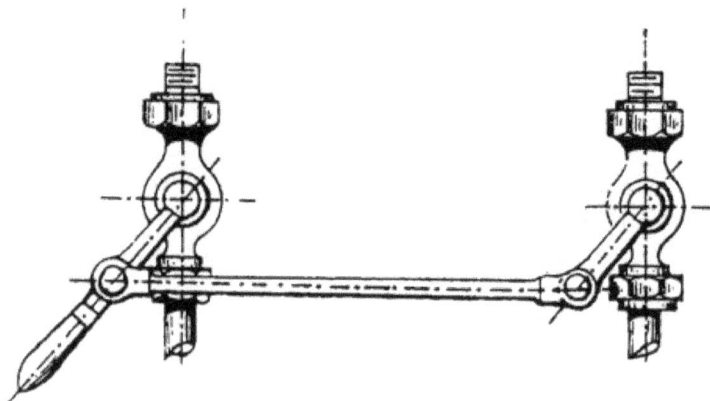

Fig. 68.

damit um die Stangen herum kein Dampf herausströmen könne; hierbei ist aber auch darauf zu achten, daß dadurch die Bewegung der Stangen nicht behindert sei. Der Maschinenteil, welcher diesem Zwecke dient, wird Stopfbüchse genannt.

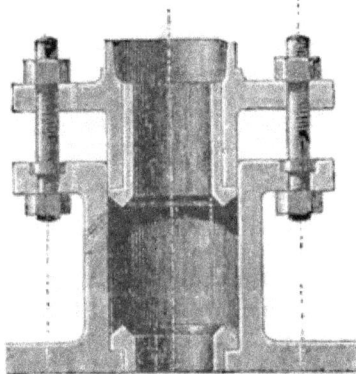

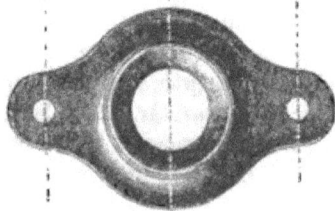

Mit Rücksicht auf ihre Konstruktion besteht die Stopfbüchse (s. Fig. 69 u. 70) in der Regel aus einer aus dem Cylinderdeckel gebildeten, oder auf denselben befestigten Hülse, in welcher mittelst Schrauben eine vorstehende Büchse gedrückt werden kann. In der Stopfbüchse wird die Stange von einem in Talg getauchten Hanfgeflecht oder von einer Baumwollschnur umfangen und durch Einfügung der Büchse kann dieses Geflecht derart zusammengedrückt werden, daß es einen dichten Dampfverschluß bildet.

Die Büchse wird, damit sie die Stangen nicht verletze, mit

Fig. 69 und 70.

zwei kurzen ringförmigen Messingfuttern versehen.

Die Schrauben der Stopfbüchſe werden im Anbeginn nur ſchwach angezogen und dürfen erſt ſpäter, bis die Maſchine im Gang iſt, die Packung ſich gut durchwärmt hat und wir wahrnehmen, daß Dampf durch die Stopfbüchſe bringt, nachgezogen werden, doch iſt darauf zu achten, daß beide Schrauben gleichmäßig angezogen werden, da wir ſonſt das Futter ſchief auf die Stange drücken können, wodurch eine Spannung, eine Erwärmung des Futters und eventuell eine raſche Abnutzung des letzteren verurſacht werden kann. Die Packung iſt durch das vorhandene Schmierloch hindurch zu ſchmieren, damit ſie nicht austrockne; wenn ſie ſich abnutzt, oder verbrennt, ſo iſt ſie gegen eine neue auszuwechſeln.

e) Bekleidung des Dampfcylinders.

Die Kraft des Dampfes kann um ſo ausgiebiger verwertet werden, je beſſer der Cylinder gegen Abkühlung geſchützt wird; ja es iſt ſogar zweckmäßig, den im Cylinder wirkenden Dampf neu zu erwärmen, damit auch das Waſſer, das er mit ſich geriſſen, verdampft und Arbeit verrichten kann. Zu dieſem Zwecke pflegt man den Dampfcylinder nicht allein mit einem ſchlechten Wärmeleiter, einem wärmeſchützenden Mantel, ſondern auch mit einer Dampfbekleidung, einem ſogenannten Dampfmantel, zu umgeben. In ſolchem Falle bildet der innere Dampfcylinder in der Regel einen Teil für ſich; in den äußeren Cylinder eingeſchoben, liegt er darin mit ſeiner Flantſche eng auf, oder es wird die Berührungsfläche eventuell mittelſt Metallringes verdichtet.

Zwiſchen dem Cylinder und der Hülle verbleibt ungefähr 10 mm Zwiſchenraum, welchem der friſche Dampf aus dem Schieberkaſten oder unmittelbar aus dem Keſſel zugeführt werden kann; das kondenſierte Waſſer aber kann vom äußeren Cylinder im Wege eines Hahnes ab-gelaſſen werden.

Die beſte Dampfbekleidung des Cylinders wird bewerkſtelligt, wenn derſelbe, wie bei den Konſtruktionen von R. Wolf in den Dampfdom, oder wie bei Hornsby in den Dampfraum des Keſſels verlegt wird.

f) Anlage des Dampfcylinders auf dem Keſſel.

Der Dampfcylinder wird auf dem Keſſel, bei liegenden Lokomo-bilen faſt durchweg in der Mitte des Keſſels oder aber, damit das Schwungrad tiefer gelagert werden könne, ein wenig ſeitwärts an-gebracht.

Bei einer zweckmäßigen Anlage des Cylinders ſind ſämtliche Teile desſelben leicht zugänglich und leicht zu handhaben.

Zweicylindrige Maschinen sind stets in der Mittellinie des Kessels anzubringen und pflegt man bei solchen statt eines großen Schwung-rades deren zwei kleinere an je einer Seite der Maschine anzuwenden.

2. Kolben mit Kolbenstange.

Der Kolben bewegt sich im Dampfcylinder hin und her, doch darf er hierbei den Cylinderdeckel nicht berühren; es hat daher zwi-schen dem äußersten Stande des Kolbens und dem Deckel des Cylin-ders noch immer ein Zwischenraum von einigen Millimetern zu ver-bleiben. An der einen Seite des Kolbens befindet sich frischer, an der anderen müder Dampf. Der frische Dampf darf natürlich nicht an der Seite des Kolbens in den anderen Teil des Cylinders hin-über entweichen, da er sonst ohne Arbeit ins Freie strömen und da-durch einen Verlust verursachen würde. Der Kolben hat denn auch dampfdicht die Wände des Cylinders zu schließen, ohne dieselben je-doch allzusehr zu drücken, da die hierdurch entstehende Reibung Arbeits-verluste und wesentliche Abnutzung zur Folge haben würde.

Der Kolben besteht in der Regel aus zwei auf einander schlie-ßenden Deckeln, zwischen welche behufs Verdichtung Ringe gelegt werden. Da der Kolben sich an der Cylinderwand reibt, so ist es zweckmäßig, die Kolbenringe aus weicherem Material als den Cylinder anzu-fertigen, damit lieber jene sich abnutzen, da die Ringe leichter und mit geringeren Kosten repariert und ausgewechselt werden können. Ent-sprechende Ringe können aus weichem Gußeisen oder aus Bronze her-gestellt werden.

Nachdem die Verdichtungsringe von allen Seiten abgedreht und geglättet worden sind, werden sie gespalten und ihre Stirnseiten behufs besserer Verdichtung mit Schmirgelpulver poliert. Bei Anwendung zweier Verdichtungsringe, dürfen die Abteilungen nicht hintereinander liegen, damit hier kein Dampf durchströmen könne.

Die Verdichtungsringe werden entweder durch ihre eigene Elasti-zität oder aber durch Spannringe und Federn an die Cylinderwand gedrückt.

Eine sehr verbreitete Konstruktion ist in Fig. 71, 72 u. 73 dar-gestellt, wo die Verdichtungsringe aa durch den Spannring b und die Stahlfeder c auseinandergehalten werden; die kleine Schraube d ver-hindert die Verschiebung der Ringe. Die dampfdichte Verbindung der beiden Deckel des Kolbens wird durch die im Kolbenkörper befindlichen Schraubenmuttern g und durch die Schraubenspindeln h des Deckels be-wirkt. Indessen durch dieses Zusammenpressen darf die Beweglichkeit der Ringe nicht beeinträchtigt werden. Die Zurückdrehung der Ver-

binbungsſchrauben wird durch die eingelegte Platte i verhindert, welche
durch kleine Schrauben an den Deckel befeſtigt iſt.

Hat ſich die Stahlfeder gelockert, ſo kann ſie herausgenommen
und durch Behämmerung gedehnt werden, wodurch ſie die Verdichtungs-

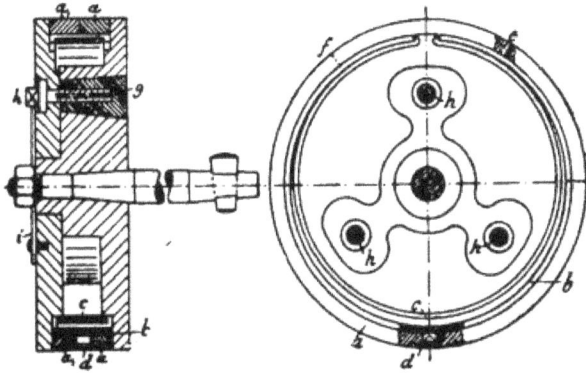

Fig. 71.   Fig. 72.   Fig. 73.

ringe auseinanderſpannen wird. Die Verdichtungsringe ſollen nicht
öfter als unbedingt notwendig, herausgenommen werden, da die auf
ihnen und dem Cylinder entſtandenen Längsfurchen bei der Zurück-
legung ſich nicht wieder ineinander fügen laſſen. In ſolchen Fällen
ſind die Ringe auszuwechſeln und der Cylinder nachzubohren.

Bei dem im Oberteile
der Fig. 74—80 links dar-
geſtellten Kolbenteile kann
die Stahlfeder c durch die
Stellſchraube E aufs neue
geſpannt werden, während
bei der rechts ſkizzierten
Konſtruktion der mittlere
Ring entfällt und der Keil
F unmittelbar die Dich-
tungsringe auseinander
drückt.

Von einfacherer Kon-
ſtruktion iſt der in Fig. 81

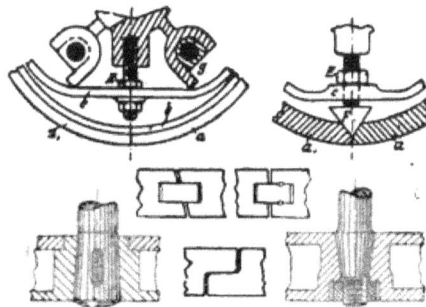

Fig. 74—80.

dargeſtellte Kolben, bei welchem die in einander gefügten Ringe behufs
größerer Elaſtizität, an der Stelle der Abteilung dünner als an der entgegengeſetzten Seite gehalten ſind, demzufolge die Elaſtizität der Ringe

den dampfdichten Verſchluß bewirkt. Bei dieſen Kolben paßt die Schrau=
benmutter der Kolbenſtange zugleich die Deckel des Kolbens zuſammen.
Ein Nachteil dieſer Konſtruktion iſt, daß der äußere Spannring bei
ſeiner großen Breite kaum dampfdicht ſchließen wird, und eine Schrau=
benmutter eine hinreichende gleichmäßige Zuſammenziehung kaum er=
geben kann; daher auch dieſe Konſtruktion nur bei kleinem Durchmeſſer
am Platze iſt.

Ganz ohne Spannringe wird der in Fig. 82 dargeſtellte Kolben
angefertigt, deſſen Deckel B auf der erweiterten Nabe des Kolbens
dampfdicht aufliegt. Die Spannringe
C C₁, aus weichem Gußeiſen von un=
gleicher Dicke gearbeitet und an ihren
dünnſten Stellen ſchief durchſchnitten,
dehnen ſich, auch wenn abgenutzt, aus,
und ſichern lange genug eine gute Ver=

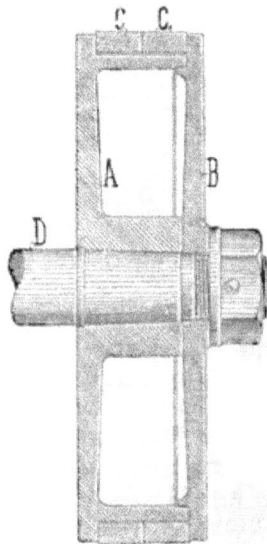

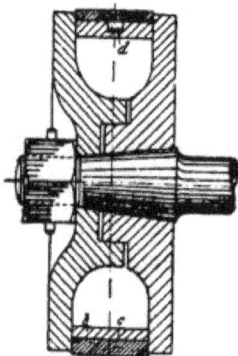

Fig. 81.   Fig. 82.

dichtung. Nach erheblicher Abnutzung ſind ſie jedoch durch neue zu
erſetzen.

Wollen wir die Spalten der verſchiedenartigen, hier dargeſtellten
Kolbenringe verdichten, ſo werden die Ringe nach einer, der in Fig. 74
bis 80 dargeſtellten Konſtruktionen geſchloſſen und ſind hier die Ein=
lagsteile genau einzuſchleifen.

*   *   *

Der Verſchluß der Kolbenringe kann mittelſt Dampfes in der
Weiſe geprüft werden, daß wir die Kurbel an einen ihrer toten Punkte
bringen, in den Schieberkaſten Dampf einſtrömen laſſen und den Waſſer=
ablaßhahn an der dem Kolben entgegengeſetzten Seite öffnen; der
Kolben wird dampfdicht ſchließen, wenn hier kein Dampf herausſtrömt.

Strömt hier jedoch Dampf heraus, so nehmen wir den hinteren Deckel des Dampfcylinders ab und schieben den Kolben auf die entgegengesetzte Seite hinüber. Sodann schmieren wir die innere Fläche des ab= gekühlten Cylinders mit Talg, lassen den Kolben etliche Mal hin= und hergehen und untersuchen, ob er den Talg gleichmäßig ab= gerieben hat. An Stellen, wo der Talg auf dem Cylinder ge= blieben, schließen die Ringe schlecht, oder der Cylinder ist abgenutzt.

* * *

Der Querschnitt der Kolbenstange ist kreisförmig; ihr Material Schmiedeeisen oder Stahl. Zu ihrer Befestigung wird sie zuweilen un= mittelbar in die Nabe des Kolbens geschraubt und gegen Zurückdrehung an ihrem Ende ein wenig übernietet, oder aber es ist an der Peri= pherie der Schraubenstange eine kleine Schraube halb in dem Kolben, halb in den Stangenkörper gedreht. Häufiger ist das Ende der Stange konisch in den Kolben gefügt und mittelst einer Schraubenmutter be= festigt, deren Zurückdrehung durch einen in der Querrichtung durch= greifenden Bolzen verhindert wird (s. Fig. 82.) In diesem Falle wird für die Schraubenmutter in dem Cylinderdeckel eine entsprechende Ver= senkung angelegt, oder es wird dieselbe in die Nabe des Kolbens vertieft (s. Fig. 80). Zuweilen bildet das Ende der Kolbenstange einen verkehrten Kegel und wird alsdann mittelst Keils an den Kolben= körper gedrückt; es ist ferner üblich, das Ende des gewöhnlichen Kegels zu übernieten und gegen Verdrehung durch einen durch die Mitte reichenden Bolzen zu sichern.

Es ist Sache der guten Verbindung, daß die Kolbenstange in der Nabe sich nicht von selbst lockern kann.

3. Kreuzkopf und Geradführung.

Jener Teil der Kolbenstange, welcher mit der Pleuelstange ver= bunden wird, ist der Kreuzkopf. Dieser bildet, wie Fig. 83 und 84 zeigen, eine Hülse B behufs Aufnahme der Kolbenstange A, während die Pleuelstange den in der Höhlung des Kreuzkopfes angebrachten Zapfen D umfängt; zuweilen wird die Kolbenstange gabelförmig mit den aus dem Kreuzkopfe zu beiden Seiten hervorstehenden Zapfenenden verbunden.

Das Ende der Kolbenstange wird konisch hergestellt und nachdem es in die entsprechende Hülse des Kreuzkopfes genau eingefügt worden, mittelst Keiles an dieselbe gebunden.

Der zur Aufnahme der Pleuelstange dienende Zapfen wird bei dem in Fig. 85 und 86 dargestellten Kreuzkopfe derart angefertigt, daß sein im Kreuzkopfe aufliegendes Ende konisch ist und mit Hilfe einer Schraubenmutter stark in den Kreuzkopf geklemmt werden kann;

in diesem Falle wird die Schraubenmutter durch einen kleinen Bolzen
oder durch Aufbiegung eines Teiles der Unterlagsscheibe gegen Zurückdrehung geschützt. Bei der in Fig. 83 dargestellten Konstruktion wird
der cylindrische Zapfen einfach durch die Bohrung des Kreuzkopfes

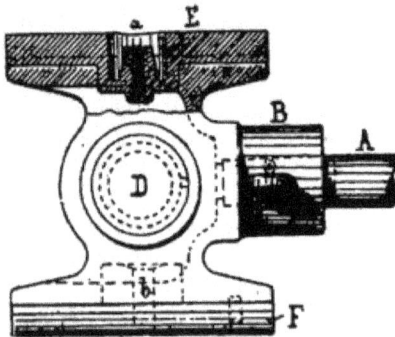

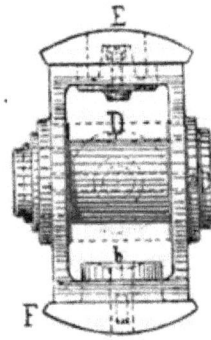

Fig. 83.   Fig. 84.

hindurchgesteckt und durch einen an der betreffenden Stelle befindlichen
Bolzen befestigt.
                    *   *   *

    Der Kreuzkopf wird teils durch den Kolben, teils durch die Stopf-
büchse des Dampfchlinders gerad geführt; indessen, da je nach den verschiedenen Richtungen, in welchen sich die Bewegung der Pleuelstange
vollzieht, verschiedenartige biegende Kräfte auf den Kreuzkopf einwirken,
so muß derselbe in seinem Gange auch durch eine entsprechende Ge-

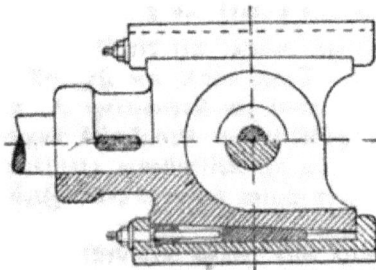

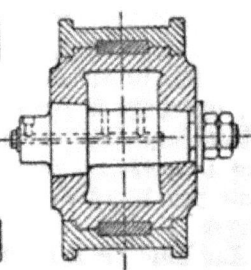

Fig. 85.   Fig. 86.

radführung gestützt werden. Die Geradführung des Kreuzkopfes
kann durch glatte, runde oder konkave Führungsschienen bewirkt
werden, welche parallel zur Kolbenstange gelegt werden und auf welchen
der Kreuzkopf sich mittelst besonderer Gleitbacken bewegt. Diese

letzteren werden entweder aus einem Stück mit dem Kreuzkopfe, oder richtiger aus besonderen Teilen hergestellt, welche je nach dem Grade der Abnutzung mittelst Keils oder Schraube nachgestellt werden können (s. Fig. 85).

In Bezug auf das Material dieser Bestandteile der Geradführung sei bemerkt, daß wenn Schmiedeeisen auf Schmiedeeisen gleitet, die beiden Flächen einander ritzen, daher eine solche Kombination zu ver= meiden sein wird; zweckmäßiger ist es, Metall auf Gußeisen, oder Guß= eisen auf Gußeisen gleiten zu lassen, es ist übrigens auch gebräuchlich, die Backen mit Komposition auszufüttern.

Zu bemerken ist ferner, daß große Gleitflächen stets vorteilhafter als kleine sind, da die Abnutzung bei jenen eine geringere ist; so nutzt sich eine Konstruktion, bei welcher der Kreuzkopf nur durch eine Führungsschiene geradgeführt wird, infolge seiner kleinen Reibungs= fläche rasch ab, läßt demnach einen großen Druck auf die Stopfbüchse des Dampfcylinders zu, welche denn auch alsbald gleichfalls abgenutzt wird.

Zum Schmieren der Gleitflächen wird die Schmiervorrichtung an der Führungsschiene angebracht und zwar ist dieselbe stets in halben Hube des Kreuzkopfes zu plazieren; zur Aufnahme des abtropfenden Öles sind an den Enden der unteren Führungsschienen Vertiefungen anzubringen. Zum Schmieren darf nur reines Maschinenöl verwendet werden; die gleichmäßige Ölung ist in der bei den Wellenlagern zu erörternden Weise vorzunehmen und zu kontrollieren.

4. Die Hauptwelle und ihre Lager.

Die Hauptwelle der Lokomobile wird in der Regel gekröpft her= gestellt, in welchem Falle sie gekröpfte Welle genannt wird. Die Bewegung der Hauptwelle wird mittelst Excenters auf die Pumpe und auf den Schieber, mittelst des Schwungrades aber auf die Arbeits= maschine übertragen. Da nun diese Kräfte die Hauptwelle abzu= biegen und zu verdrehen trachten, so muß dieselbe aus vorzüglichem Stahl, oder aus bestem Schmiedeeisen hergestellt und für deren ent= sprechende Stützung durch Lager gesorgt werden.

Bei kleineren Lokomobilen genügen in der Regel zwei Lager, während die Hauptwelle von Lokomobilen mit zwei Cylindern zumeist von drei Lagern getragen wird; allerdings ist dies keine glückliche Anordnung, da in diesem Falle die Welle selten gleichmäßig in allen Lagern aufliegt, was die Erhitzung des einen oder des anderen Lagers verursacht; diesem Übel wird abgeholfen, indem man die Deckelschrauben des mittleren Lagers nicht so fest, wie diejenigen der Seitenlager anzieht.

Die Lager haben derart konstruiert zu sein, daß sie die freie Umdrehung der Welle gestatten, allein die Bewegung der Welle in ihrer Axenrichtung verhindern. Dieſes Verrücken der Welle wird am zweckmäßigſten nur bei einem Lager verhindert, da ſonſt die Welle, wenn ſie ſich erhitzt, ſich nicht auszudehnen vermag, infolge deſſen ſich an die Lager drückt und dieſelben beſchädigt. Die beſagte Verrückung der Hauptwelle wird am beſten dadurch verhindert, daß man auf dieſelbe an beiden Enden des einen Wellenlagers Ringe ſetzt.

An dem vollkommen ausgebildeten Lager, wie ein ſolches in Fig. 87 dargeſtellt iſt, unterſcheiden wir die in der Regel aus Meſſing verfertigte Lagerſchale oder Büchſe, dann den gußeiſernen Lagerkörper, welcher ſich aus Lagerſohle und Lagerdeckel zuſammenſetzt, und endlich die verbindenden Teile.

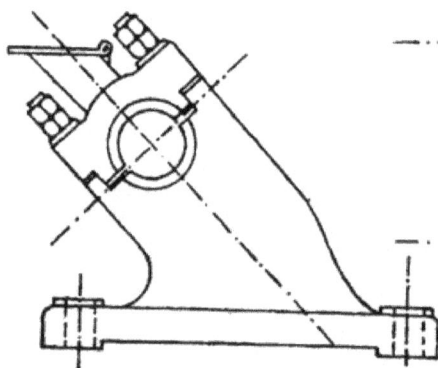

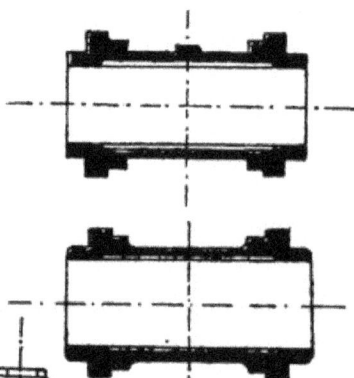

Fig. 87.   Fig. 88.

Abweichend von dieſer Konſtruktion iſt diejenige des in Fig. 89 abgebildeten Lagers, deſſen Büchſe aus drei Teilen beſteht, deren jedes ſich nach Bedarf nachſtellen läßt. Der mit D bezeichnete Bodenteil kann nämlich durch den Keil A gehoben werden, zu welchem Zwecke bloß die Schraube C gelöſt, die Schraube B aber angezogen zu werden braucht, worauf der Keil A in der Richtung des gezeichneten Pfeiles vorwärts bringt, und den unteren Lagerteil hebt. Die beiden Seitenlagerſchalen können durch Einlagen nachgeſtellt werden.

Die Lagerſchale iſt deshalb aus Metall herzuſtellen, weil die ſtählerne oder ſchmiedeeiſerne Welle auf Metall leichter als auf Eiſen geht, da in dieſem Falle die Reibung eine geringere iſt. Die Lagerſchalen werden zumeiſt aus Kupferlegierung hergeſtellt, ſeltener mit Kompoſition ausgefüttert. Die Lagerſchale liegt im Lagerkörper entweder mit eckiger oder mit cylindriſcher Fläche auf, im letzteren Falle wird die Verdrehung der Schale durch einen im Boden befindlichen

Dorn verhindert. Die Verrückung der Schale nach ihrer Längenrichtung
wird durch Flantschen hintangehalten. Die Schalen sind derart in den
Lagerkörper zu fügen, daß sie bei ihrer Erwärmung sich frei ausdehnen
können, ohne sich an die Welle zu stauen. Aus diesem Grunde wird
nur die in dem Unterteil des Lagers kommende halbe Schale fest ein=
gefügt, während von der Seitenwand der oberen Schale so viel abge=
feilt wird, als sie braucht, um sich im Deckel ein wenig bewegen zu
können. Damit die Schalen bei ihrer Zusammenpreſſung nicht auf die
Welle drücken, wird zwiſchen die beiden Schalen häufig auch Einſatz
gelegt, oder es werden die zuſammenreichenden Ecken der Schalen ab=
gefeilt, wie dies eben auch in Fig. 88 erſichtlich gemacht iſt.

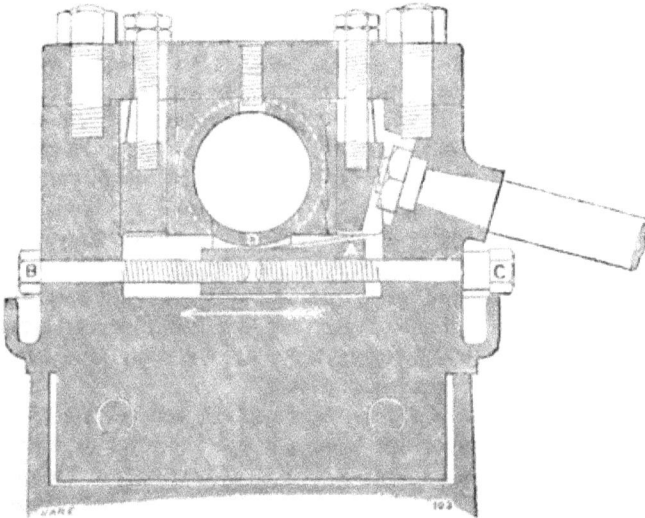

Fig. 89.

Zum Schmieren der Lagers kommt auf deſſen Deckel eine Schmier=
vorrichtung, aus welcher eine Schmierröhre oder bei breiten Lagern
deren zwei zur Welle führen. Zum Schmieren wird nur reines
Maſchinenöl verwendet, welches durch den in den Schmierröhren be=
findlichen Docht unmittelbar zwiſchen die Welle und die Schale ge=
leitet wird.

Von verſchiedenen Arten Maſchinenöl wird das beſte durch eine einfache
Probe auserwählt, indem man von allen Sorten ein wenig auf eine ſchiefe
Eiſenplatte tropfen läßt; das beſte Öl wird das flüſſigſte ſein, d. h. dasjenige,
welches in ſeinem Abfluſſe den längſten Streifen nach ſich zieht.

Der Abfluß des Öles, oder das Schmieren wird reguliert, indem
wir den Docht mehr oder minder feſt flechten und mehr oder weniger
Fäden in das Öl hängen laſſen.

Zuweilen werden auch dochtlose Schmierbüchsen verwendet, bei welchen, wie Fig. 90 zeigt, das gestürzte Glas a mit Öl gefüllt, und mit dem Holzpfropf b verschlossen wird. Der Pfropf ist mit einem kleinen Messingrohre gefüttert, worin der Draht c sich auf= und nieder bewegen kann. Dieser Draht liegt auf der Welle auf und bewegt sich während dessen Drehung beständig, läßt daher hauptsächlich während des Ganges der Maschine Öl auf dieselbe fließen.

Ferner kann auch Maschinenfett in gänzlich verschließbare Büchsen gelegt und durch eine schwere Platte an das Wellenlager gedrückt werden.

Damit das Schmiermaterial die ganze Breite des Zapfens gleichmäßig berühren kann, werden in der inneren Fläche der Büchse quer vom Schmierloche einzelne Furchen angelegt.

Während des Betriebes der Maschine ist auf ordentliche Ölung stets große Sorgfalt zu legen; in dem Ölhälter soll stets hinreichendes

Fig. 90.

und reines Öl vorrätig sein, die Schmierröhren sind von Ölschlacke und sonstigen Unreinlichkeiten zu bewahren und der Docht soll stets gut saugen.

Es versteht sich von selbst, daß ein alter, sulziger oder allzufest in das Schmierloch gestopfter, oder auf den Leitungsdraht gedrückter Docht nicht genügendes Öl saugen wird, und die Lager infolge mangelhaften Schmierens sich erwärmen werden.

Von dem Zustande der Lager kann man sich während des Betriebes durch Betasten überzeugen und wenn wir die Lager erhitzt finden, so forschen wir nach den Ursachen der Erwärmung; liegen dieselben in der unzureichenden Ölung, so wird dem Mangel abgeholfen und das vielleicht stark erhitzte Lager mit Wasser gekühlt. Ist aber das Lager in dem Maße erhitzt, daß die Hand die Hitze nicht mehr erträgt, so kann nicht mehr mit Öl gekühlt werden, da der aus dem Öl sich bildende Dampf dessen Abfluß verhindert; auch mit Wasser darf jedoch in solchem Falle nicht mehr gekühlt werden, da hierdurch das Lager bersten kann. In diesem Falle ist eben der Betrieb einzustellen, das Lager gründlich zu untersuchen und aufs neue zu glätten.

Nebst der unzulänglichen Ölung kann die Erwärmung des Wellenlagers auch durch den Umstand verursacht werden, daß die Welle sich in ihren Lagern spießt; dies kann eintreffen, wenn die Schalen allzusehr zusammengepreßt, wenn sie aus ihrer Richtung verrückt werden, wenn die Hauptwelle ein wenig verbogen ist, oder wenn der allzusehr gespannte Treibriemen sie einseitig an die Schalen drückt, die Welle auf zu kleiner Fläche aufliegt und endlich wenn die Reibungsflächen nicht vollkommen glatt sind.

Die durch unrichtiges Aufliegen verursachten Ritzungen sind daran zu erkennen, daß in dem niedertropfenden Öl feine Metallteilchen enthalten sind.

Bei der Neupolierung der Schalen wird die Achse mit feiner Miniumschicht beschmiert, und die Schale auf der letzteren mit gleichmäßigem Drucke hin- und hergedreht. Diejenigen Teile der Schale, auf welchen sich Minium zeigt, werden abgefeilt, poliert und das Minium mittelst scharfen Kräzers entfernt, bis nach wiederholten Proben die Schale auf ihrer ganzen Fläche gleichmäßig aufliegt.

Wenn die Schalen abgenutzt sind, so können sie mittelst der Deckelschrauben wieder auf die Welle gedrückt werden, doch ist darauf zu achten, daß die Schrauben gleichmäßig und nicht allzufest angezogen werden. Bei größeren Abnutzungen sind die aufeinander aufliegenden Seiten der Schalen, beziehungsweise auch die Einlagen entsprechend abzufeilen, damit die Schalen sich wieder an die Welle schmiegen. Selbstverständlich sind die einander reibenden Teile vor Staub und Schmutz zu bewahren, zu welchem Zwecke es anzuraten ist, an die Seiten der Lagerschalen Filzlappen zu legen, welche von dem Lagerkörper und von dem Deckel umschlossen werden.

5. Die Pleuelstange (Lenkstange).

Die Pleuelstange fungiert als Vermittlerin zwischen der Kolbenstange und der Kurbel der Hauptwelle, indem sie die gerade Wechselbewegung des Kolbens aufnimmt, und dermaßen auf die Hauptwelle überträgt, daß die letztere in drehende Bewegung gerät. Zu diesem Zwecke ist das eine Ende der Pleuelstange gelenkartig mit dem Kreuzkopfe verbunden und bewegt sich mit dem letzteren in gerader Richtung hin und her, während das andere Ende den Zapfen der Kurbel lagerförmig umfaßt und mit demselben sich im Kreise dreht. Während dieser schwingenden Bewegung der Pleuelstange wirken Kräfte von verschiedener Richtung auf dieselbe ein; die Pleuelstange wird denn auch aus entsprechend starkem Schmiedeeisen oder Stahl, seltener aus schmiedbarem Gußeisen verfertigt, in der Mitte aber etwas stärker hergestellt.

Diejenigen Teile der Pleuelstange, mit welchen dieselbe den Kreuzkopf und die Kurbel faßt, werden Pleuelstangenköpfe genannt und werden aus einem Stücke mit der Stange verfertigt, oder aber sie bilden besondere Teile und werden mittelst Schraube oder Keiles mit der Stange verbunden. Der Pleuelstangenkopf kann von offener oder geschlossener Konstruktion sein. Da ein geschlossener Pleuelstangenkopf nicht auf den Kurbelzapfen der gekrümmten Welle geschoben werden kann, so ist dieser

Kopf der Pleuelstange stets ein offener, während der den Zapfen des Kreuzkopfes umfassende Kopf offen, oder geschlossen sein kann.

Da die Stangenköpfe sich um Zapfen bewegen, so sind die letzteren behufs Herabminderung der Reibung in der Regel mit Metallschalen zu umfangen und ist für deren entsprechende Ölung zu sorgen. Diese Schalen sind derart in den Stangenkopf zu fügen, und erheischen überhaupt genau dasselbe Gebahren, wie die Lagerschalen. Wenn diese Schalen abgenutzt sind, so sind sie gleichfalls nachzustellen, zu welchem Zwecke die Stangenköpfe mit entsprechender Stellvorrichtung zu versehen sind, so mit Schrauben, Keilen, eingelegten Platten, Einlagen u. s. w.

Selbstverständlich darf aber die Gesamtlänge der Pleuelstange, d. i. die gegenseitige Entfernung der Mittelpunkte der beiden Stangenköpfe nicht verändert werden, da sonst der Kolben entweder der Haupt-

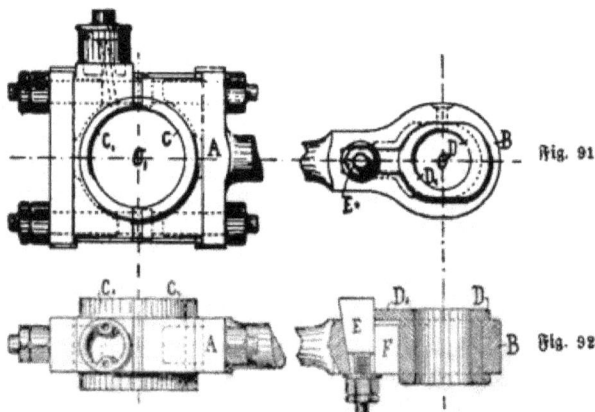

Fig. 91

Fig. 92

welle näher gezogen, oder von derselben abgedrängt wird, daher er dem einen Cylinderdeckel allzunahe kommen könnte. Bei der Nachstellung der Schalen ist denn auch darauf zu achten, daß die ursprüngliche Länge der Pleuelstange unverändert bleibe, d. h. daß der eine Stangenkopf um so viel verlängert werde, als der andere durch Zusammenziehung der Schalen gekürzt wurde.

Diesen Anforderungen entspricht vollkommen die in Fig. 91 und 92 abgebildete Pleuelstange, deren Ende A flach geschmiedet ist, und mittelst zweier Schrauben den lagerförmigen Stangenkopf trägt, in welchem die Lagerschalen C und C_1 liegen. Die Schmiervorrichtung ist mit zwei Schmierröhrchen versehen und mittelst Deckel schließbar. Das Ende B der Pleuelstange bildet eine geschlossene Höhlung, in welcher sich die Lagerschalen D und D_1 befinden, die im Bedarfsfalle sich durch den Keil E nachstellen lassen, zur Sicherung des Keiles dienen zwei Schraubenmuttern. Wie aus der Beobachtung der Figur leicht ersichtlich, wird durch die Abnutzung und Nachstellung der Schalen das Ende A der Pleuelstange gekürzt, doch kann sie um so viel bei B verlängert werden.

Einigermaßen abweichend von dieser Konstruktion ist die in Fig. 93 und 94 skizzierte Pleuelstange, deren Ende A zugleich das untere Ende des offenen Kopfes bildet und bei welcher die Schrauben lediglich die Metallschalen und den Deckel zusammendrücken. Die Metallschalen C und C_1 sind gegen Verdrehung mit Leisten versehen, welche in die in den Kopf gehobelten Nuten passen. Das Ende B der Pleuelstange ist gleichfalls offen, und die Metallschalen werden mit der Stange durch den mit G bezeichneten U-förmigen Bügel verbunden. Der Bügel

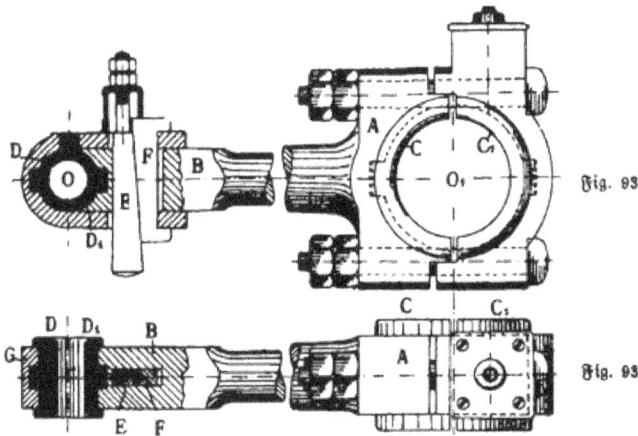

Fig. 93

Fig. 93

wird durch den Keil F gefaßt, und kann durch den Keil E angezogen werden, welch letzterer gegen Lockerung gleichfalls durch zwei Schraubenmuttern gesichert ist.

Da bei der dargestellten Konstruktion durch Nachstellung der Schalen der Mittelpunkt O auf der Stange abgedrängt wird, wir aber O_1 gegen die Stange zu ziehen, so kann die ursprüngliche Länge stets leicht eingehalten werden.

6. Die Kurbel.

Die Kurbel dient in der Regel dazu, durch Vermittlung der Pleuelstange die in gerader Richtung wechselnde Bewegung in drehende Bewegung, oder umgekehrt: die drehende Bewegung in hin= und her=

gehende gerade Bewegung umzusetzen. Die Länge der durch das gerab=
geführte Ende der Pleuelstange einmal beschriebenen Bahn wird der
Hub genannt; wollen wir diese Bewegung in Kreisbewegung umsetzen,
so muß der Kurbel=Radius, d. i. die Entfernung des Mittelpunktes
des Kurbelzapfens vom Mittelpunkte der Hauptwelle just auf die halbe
Länge dieses Hubes angelegt werden. Und umgekehrt vermag die
Kurbel durch ihre Umdrehung das geradgeführte Ende der Pleuelstange
auf die zweifache Länge ihres Radius hin= und herzubewegen.

Die Kurbel empfängt ihre Bewegung vom Schube und vom
Zuge der Pleuelstange. Indessen diese Triebkraft ist nie eine gleich=
mäßige, sie wird vielmehr immer eine größere oder geringere sein.
So ist die Triebkraft am größten, wenn die Kurbel etwa vertikal zur
Richtung der geraden Bewegung steht; völlig erliegt dagegen die Triebkraft,
wenn die Kurbel eine Fortsetzung der geraden Bewegung bildet, denn
in diesem Falle kann die Pleuelstange sie weder weiterschieben, noch
an sich ziehen, sondern durch ihre Kraft nur Stöße bewirken, welche
durch die Lager der Hauptwelle aufgenommen werden.

Jene Stellung der Kurbel, in welcher sie mittelst der ihr von
der Pleuelstange übertragenen Kraft sich nicht weiter zu bewegen ver=
mag, wird toter Punkt genannt; und es ist selbstverständlich, daß
auf anderer Seite eine Kurbel in dieser ihrer toten Lage nicht im stande
sein wird, Kraft auf die Pleuelstange zu übertragen.

Da die mit der Pleuelstange verbundene Kurbel sich nur so
drehen kann, wenn sie an einem Ende frei ist, so kann eine eigentliche
Kurbel nur am Ende der Welle angebracht werden, während an den
inneren Teilen der Welle nur die gekröpfte Welle oder ein Excenter
als Kurbel funktionieren kann. Wir unterscheiden demnach:

    a) Stirn= und Gegenkurbel.
    b) Gekröpfte Wellen.
    c) Excenter.

a) Stirn= und Gegenkurbel.

Die Stirnkurbel bilden eine Scheibe oder nur einen Arm, welche
an das Ende der Welle verkeilt sind, oder zumal bei kleineren
Maschinen, wenn sie armförmig gefertigt sind, auch aus einem Stück
mit der Welle geschmiedet werden können (s. Fig. 95). Die scheiben=
förmige Kurbel wird schlechtweg auch Scheibenkurbel genannt. Der
Zapfen wird aus einem Stück mit der Kurbel hergestellt, oder in die
konische Bohrung der Scheibe oder des Arms einpoliert und mittelst
Schraube oder Keil verbunden.

Wird auf den Zapfen der Stirnkurbel eine zweite, zumeist kleinere
Kurbel angebracht, so wird die letztere Gegenkurbel genannt. In

solchen Fällen wird, wie Fig. 96 zeigt, die Gegenkurbel zumeist aus einem Stück mit dem Zapfen der Stirnkurbel gefertigt und in den Stirnkurbelarm befestigt.

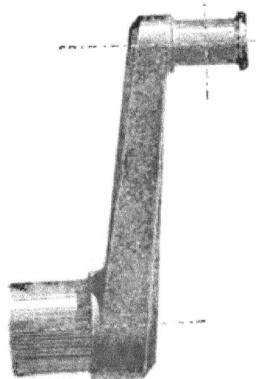

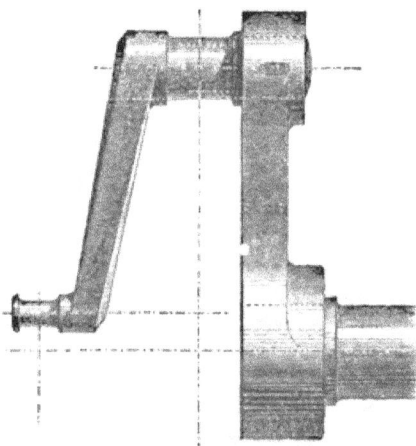

Fig. 95.   Fig. 96.

Die Stirn- und die Gegenkurbeln werden bei Lokomobilen selten angewendet; dieselben dienen höchstens zum Treiben des Schiebers und der Pumpe, wozu sie sich jedenfalls besser als die Excenter eignen, weil ihre Reibung eine geringere ist.

b) Gekröpfte Wellen.

Die gekröpfte Welle ist gleichbedeutend mit der Hauptwelle, denn jede Hauptwelle wird zugleich gekröpfte Welle genannt, wenn sie zur

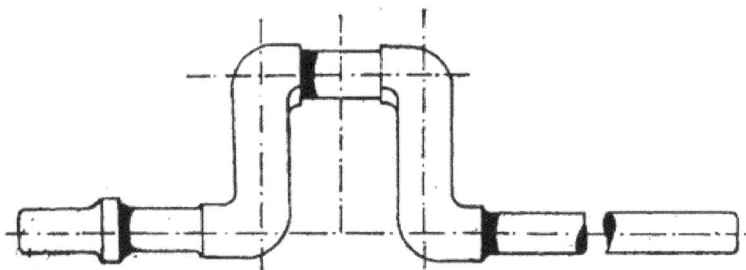

Fig. 97.

Aufnahme der Pleuelstange gekröpft verfertigt wird. Je nachdem auf der Lokomobile sich ein oder zwei Dampfcylinder befinden, ist auch die

Hauptwelle einmal oder zweimal gekröpft. Die Kröpfung der schmiede=
eisernen Hauptwelle (s. Fig. 97) darf nicht scharfkantig sein, da sonst
die Fasern des Eisens reißen und die Welle geschwächt wird.

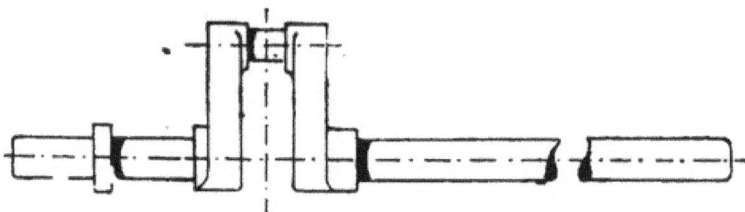

Fig. 98.

Stahlwellen dürfen jedoch, wie in Fig. 98 dargestellt wurde, scharf
gekröpft sein, wodurch sie einen geringeren Raum einnehmen.

c) Excenter.

Die Excenter sind Kurbeln, bei welchen der Zapfen so dick ist,
daß er auch die Hauptwelle umfängt. Der Excenter kann daher an
jeglichem Teile der Welle angewendet werden, ohne daß die Welle
durch Kröpfung geschwächt zu werden brauchte; nur wird durch den
verdickten Zapfen die Reibung eine größere, als bei den gewöhnlichen
Kurbeln sein.

Da in diesem Falle der Mittelpunkt der Excenterscheibe auch den
Mittelpunkt des Kurbelzapfens bildet, so ist der Radius der Kurbel
gleich der Entfernung des Mittelpunktes der Scheibe von dem Mittel=
punkte der Hauptwelle, welche Distanz auch Excentrizität genannt
wird. Die zweifache Excentrizität ergiebt den Hub des Excenters.

Nach Maßgabe des verstärkten Zapfens muß auch das Lager der
Lenkstange vergrößert werden, welcher Teil die Excenter=Ringe
bildet und gleichwie der Pleuelstangenkopf aus einem Stück damit,
oder als besonderer Bestandteil verfertigt werden kann, doch hat der
Stangenkopf stets ein offener zu sein; die beiden Hälften der Ringe
werden durch Schrauben an einander gehalten. Die mit dem Excenter
verbundene Lenkstange wird Excenterstange genannt, welche, sofern
sie nicht aus einem Stücke mit der untern Hälfte des Ringes gefertigt
ist, in die konische Hülse des letztern einpoliert und mittelst Schraube
oder Keiles mit derselben verbunden wird; bei Excentern, welche zum
Betriebe des Schiebers dienen, ist es zweckmäßig die Verbindung stell=
bar anzulegen.

Da die Lagerreibung, wie bereits erwähnt, hier eine sehr bedeutende
ist, so haben wir ganz besonders auf die Zusammenstellung der Reibungs=

flächen, wie auch auf das regelmäßige Schmieren derselben zu achten.
Man pflegt die Excenterscheiben aus Gußeisen herzustellen und es können
dann im Notfalle auch die Ringe aus
Gußeisen gearbeitet werden, da Gußeisen
auf Gußeisen eine geringe Reibung ergiebt; doch ist es angezeigter, die gußeisernen Ringe mit Komposition zu füttern.

Wenn um der schwächeren Dimen-
sionen willen schmiedeeiserne Excenter-
ringe hergestellt werden, so werden die
Ringe aus Metall verfertigt oder mit
Metallmischung (6 Teile Kupfer, 10 Teile
Antimon und 84 Teile Zinn) gefüttert.

Eine sehr gebräuchliche Excenter-
Konstruktion stellt die Fig. 99 dar, bei
welcher zwischen die schmiedeeiserne Scheibe
und den Ring eine Metallmischung gegossen wird; die Excenterscheibe wird um des
Gleichgewichts willen durchbrochen hergestellt, wodurch freilich die Reinhaltung erschwert wird. Einer der Excenter-
Ringe besitzt eine Hülse, in welche das
eine Ende der Excenterstange verkeilt
wird, während man das andere Ende
gelenkartig mit der Schieberstange des
Schiebers oder der Pumpe verbindet.
Der andere Excenter-Ring hält die
Schmiervorrichtung; die beiden Ring-
teile sind durch Schrauben verbunden
und damit der Ring auf der Scheibe
sich nicht verrücken könne, so ist in ihm
eine breite Nut eingedreht, in welche der
entsprechende Teil der Scheibe hineinpaßt.

Es sind noch Excenter gebräuchlich,
deren Excentrizität sich verändern läßt;
von diesen soll bei dem Kapitel der
Steuerungen eingehender die Rede sein.

* *
*

Zu den Maschinenteilen sind noch
zu zählen die Regulier-Vorrichtungen,

Fig. 99.

so das Schwungrad und die Regulatoren; allein da deren Funktionieren
nur dem verständlich sein kann, der mit der Wirkung des Dampfes

im Cylinder bereits vertraut geworden, so werden wir dieselben erst nach Behandlung der Steuerungen besprechen.

7. Verbindung der Maschinenteile.

Der Dampfcylinder und die einzelnen Maschinenteile werden entweder unmittelbar an den Kessel befestigt, oder vorerst auf eine besondere Grundplatte montiert und dann samt und sonders an den Kessel befestigt. Die Grundplatte besitzt daher den Vorteil, zu ermöglichen, daß auf dem Kessel weniger Verbindungsstellen notwendig sind, als wenn jeder Bestandteil für sich gesondert befestigt würde; überdies kann die Ausdehnung des Kessels die wechselseitige Lage der Maschinenteile nicht verändern und umgekehrt empfindet der Kessel nicht so sehr die Stöße der Maschine, schließlich ist die Montierung jedenfalls leichter auf der Grundplatte als auf dem Kessel selbst zu bewerkstelligen.

Ein großer Nachteil der Grundplatte ist jedoch, daß er das Gewicht wesentlich erhöht.

Bei Befestigung der Grundplatte haben wir vor Augen zu halten, daß der Kessel in der großen Hitze sich um ungefähr 2—3 mm per Meter ausdehnt, während die Grundplatte fast unverändert bleibt. Es darf demnach nur ein Ende der Grundplatte (am besten dasjenige, welches den Cylinder hält) mit dem Kessel fest verbunden werden, während am andern Ende die Ausdehnung durch Längenöffnungen zu gestatten ist.

Indessen die Grundplatte kann beseitigt werden, wenn wir zwischen Cylinder und Lagerträgern eine feste, unverrückbare Längenverbindung bewirken. Bei den meisten Lokomobilen werden zu diesem Behufe der Cylinder und die Lagerträger durch zwei starke Verbindungsstangen zusammengehalten, welche an dem Cylinder unverrückbar befestigt, am andern Ende aber mit einer Längenöffnung versehen werden, welche nach Ausdehnung des Kessels fest aufliegt.

Indessen solche Konstruktionen sind nicht zweckentsprechend, zunächst weil die Längenöffnung nur bei einer gewissen Ausdehnung aufliegen wird, dann weil sie die Maschine nur gegen Ausdehnung schützt, ohne auch ihrem Zusammendrücken Widerstand zu leisten.

Es entsprechen denn auch solche Stangen besser ihrer Bestimmung, wenn sie, wie bei der in Fig. 100 abgebildeten Konstruktion von Ruston Proktor, sowohl an den Cylinder, wie an die Lagerträger fest gebunden sind, ferner wenn sie, um sich mit der Wärme auszudehnen, gehöhlt verfertigt werden und bei dem Dampfcylinder mit dem Dampfmantel, an der den Lagerträgern zugekehrten Seite aber mit dem Kessel kommunizieren. Gegen Abkühlung des durch das Rohr gehenden Dampfes wird dasselbe durch einen Blechmantel geschützt.

Eine Verbindung, bei welcher die Lagerträger in unveränderter Entfernung vom Cylinder verbleiben, weist die in Fig. 101 u. 102 skizzierte Marschall'sche Konstruktion auf, bei welcher die starken

schmiedeeisernen Stangen d an den Cylinder und an das Wellenlager a befestigt sind, die letzteren aber in dem Lagerträger b, wie in einem Support mit ihrem schwalbenschwanzförmigen Boden sich in der Längenrichtung frei verrücken können, sodaß der Kessel sich unter ihnen in beliebigem Maße ausdehnen kann, ohne daß der Abstand zwischen dem Cylinder und den Lagerträgern hiedurch verändert würde.

Demselben Zwecke dient die Konstruktion von Turner, bei welcher das Wellenlager gleichfalls durch starke Stangen mit dem Cylinder verbunden wird, dasselbe ist jedoch nicht aufs Gleiten angelegt; bei Ausdehnung des Kessels wird sich vielmehr bloß die Blechplatte des Lagerträgers verbiegen.

Schließlich müssen wir noch bemerken, daß die Befestigung der Maschinenteile an den Kessel wo nur thunlich mittelst Nieten und nicht mittelst Schrauben geschehe, da die letzteren durch die unvermeidlichen Erschütterungen alsbald gelockert werden und alsdann zum Durchsickern von Wasser und Dampf Anlaß bieten. Es ist zweckmäßig, den auf den Kessel zu befestigenden Maschinenteilen ein 3—4 mm starkes,

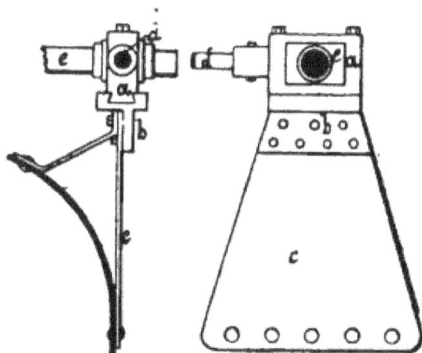

<table>
<tr><td>Fig. 100.</td><td>Fig. 101.</td><td>Fig. 102.</td></tr>
</table>

genau ausgeschnittenes Blech unterzulegen, welches verdichtet werden kann; die Verbindungsstellen können übrigens auch mittelst Miniums und Hanfgeflechts verdichtet werden.

B. Die Wirkung des Dampfes im Cylinder.

Der Dampf verrichtet seine Arbeit entweder nur in einem Cylinder, oder in einem zusammengehörigen Cylinderpaare von ungleichem Durchmesser, oder endlich in zwei gleich großen und von einander unabhängigen Cylindern. Wir müssen jede dieser Konstruktionen für sich betrachten.

1. Wirkung des Dampfes beim Einmaschinensystem.

Der Dampf strömt aus dem Schieberkasten an einem Ende des Cylinders herein und schiebt durch seine Spannkraft den Kolben vorwärts, während an der andern Seite des Cylinders der vom frühern Hube darin verbliebene Dampf ins Freie entweicht. Könnte der frische Dampf während der ganzen Vorwärtsbewegung des Kolbens in den Cylinder strömen, so müßte bei der Rückwärtsbewegung des Kolbens dieser Dampf, wiewohl fast noch im Vollbesitze seines Druckes befindlich, ins Freie entlassen werden; der Dampf würde sonach nur ein geringes Bruchteil seiner Arbeitsfähigkeit verwerten, d. h. wir vermöchten die Spannkraft des Dampfes nur in höchst unzulänglichem Maße auszunutzen. Behufs besserer Ausnutzung der Arbeitsfähigkeit des Dampfes wird nun die Dampfeinströmung bereits gesperrt, noch bevor der Kolben seine ganze Bahn beschrieben hat; der solchermaßen in den Cylinder gesperrte Dampf wird alsdann vermöge seiner Ausdehnung den Kolben bis an das Ende des Cylinders weiterdrücken. Damit der ausströmende Dampf gegen den Druck der äußeren Luft ins Freie strömen könne, muß er einen um ungefähr 0,1 Atmosphäre stärkern Druck als die äußere Luft besitzen. Der Druck des in den Cylinder strömenden Dampfes aber ist um ungefähr 0,5 Atmosphären geringer als der im Kessel befindliche Druck, denn der Dampf, während er die Dampfleitungsröhren, die Drosselvorrichtung und die einzelnen Kanäle passiert, verliert einen Teil seines Druckes dadurch, daß er die ihm entgegentretenden Hindernisse bewältigt.

Da wir den Gegendruck des müden Dampfes und den Anfangsdruck des frischen Dampfes kennen, so können wir leicht bestimmen, bis zu welcher Länge des Kolbenhubes frischer Dampf geleitet werden muß, damit der Druck des frischen Dampfes am Ende des Kolbens noch immer um einiges größer sei als der Gegendruck des müden Dampfes.

Der Dampf, welcher mit gewissem Drucke in den Cylinder tretend, sich daselbst ausdehnt, verliert so viel von seinem Drucke, als er in seinem Volumen zugenommen hat. Haben wir beispielsweise im Anfang den Dampf mit 3 Atmo-

sphären in den Cylinder gelassen und diesen, sowie der Kolben seine
halbe Bahn zurückgelegt, abgesperrt, so nimmt der ursprüngliche Dampf=
druck am Ende der Kolbenbahn um die Hälfte ab, da das Volumen
des Dampfes doppelt so groß wurde, als es bei Sperrung des Dampf=
zustromes gewesen; d. h. der Druck wurde $3/2 = 1\,1/2$ Atmosphäre und
kann sonach den Gegendruck von 1,1 Atmosphäre noch immer leicht
bewältigen.

Es ist nunmehr leicht begreiflich, daß durch Ausnutzung dieser
Eigenschaft des Dampfes die nämliche Arbeit mit weniger Dampf,
d. h. mit weniger Brennmaterial erzielt werden kann. Füllen wir
nämlich beispielsweise während eines Kolbenhubes nur den halben
Cylinder mit Dampf, so wird nur halb soviel Brennstoff aufgebracht,
als wenn wir den ganzen Cylinder mit Dampf gefüllt hätten. Aller=
dings ist in diesem Falle auch die Arbeit der Maschine in der ersten
Hälfte der Kolbenbahn nur halb so groß, als sie wäre, wenn der
Kolben in der ganzen Länge seines Hubes frischen Dampf erhalten
hätte. Indessen auch nach erfolgter Absperrung des Dampfzustromes
verrichtet noch der in den Cylinder gesperrte Dampf durch seine Aus=
dehnung eine Arbeit, zu welcher es keines frischen Dampfes aus
dem Kessel mehr bedurfte. So wird die Dampfmenge, welche den
ganzen Cylinder ausfüllt, während zweier Kolbenhube verbraucht und
gleichwohl nicht allein so viel Arbeit wie sonst während eines Hubes
verrichtet, sondern in der während der zwei Hube verrichteten Aus=
dehnungsarbeit auch noch ein Überschuß erzielt.

Es ist sonach klar, daß es vorteilhaft sein wird, den vollen
Dampfdruck nur auf einen gewissen Bruchteil der Kolbenbahn einwirken
zu lassen, dann den Dampf abzusperren und den Rest der Arbeit seiner
Ausdehnung zu überantworten.

Jene Dampfmenge, welche während eines Kolbenhubes in den
Cylinder gelassen wird, heißt Füllung, die mit dieser verrichtete
Arbeit des Dampfes Volldruckarbeit. Hingegen wird die Arbeit
des Dampfes nach der Absperrung die Ausdehnungs= oder die Ex=
pansions=Arbeit desselben genannt.

Die meisten der gegenwärtig gebräuchlichen Lokomobilen arbeiten
mit $1/2$ bis $3/4$ Füllung; die Dampfspannung im Kessel aber beträgt
$3 - 5$ Atmosphären. Es ist jedoch angezeigter, die Heizkraft des
Brennmaterials durch Steigerung des Kesseldruckes auf $6 - 8$ Atmo=
sphären besser auszunutzen; denn wir wissen ja, daß, je höher die
Spannkraft im Dampfkessel, um so weniger Brennmaterial zu deren
weiterer Steigerung um 1 Atmosphäre erfordert wird; auch kann die
Arbeitsfähigkeit des Dampfes durch größere Expansion besser verwertet
werden, denn wie bereits erwähnt, ist behufs vollständiger Ausnutzung

des Dampfes nur eine kleine Füllung ratsam.   Mit kleiner Füllung
können wir jedoch nur arbeiten, wenn der Anfangsdruck ein großer ist,
da sonst der Druck nach erfolgter Ausdehnung kleiner als der Gegendruck sein wird.

Arbeiten wir mit größerm Dampfdrucke, so mit einem solchen
von 8—10 Atmosphären, so wird der Unterschied zwischen Anfangs-
und Enddruck ein sehr bedeutender sein, wodurch ein ungleichmäßiger
Gang der Maschine, beziehungsweise Stöße, die sich auch der Arbeitsmaschine mitteilen, hervorgerufen werden.

Bei der wesentlichen Verschiedenheit des an den beiden Enden
des Kolbens herrschenden Druckes schlüpft überdies der Dampf leicht
durch die Ringe des Kolbens hindurch, es sei denn daß die letzteren
allzufest angezogen werden, was jedoch rasche Abnutzung und infolge
der bedeutenden Reibung auch großen Arbeitsverlust verursacht.

Wenn schließlich der Dampfdruck an einer Seite des Cylinders
abnimmt, so nimmt auch dessen Temperatur in hohem Maße ab und
kühlt diesen Teil des Cylinders; wenn nun bei dem nächsten Hube
der frische, daher heiße Dampf in diesen abgekühlten Teil des Cylinders
gerät, so wird er zum Teil kondensiert, wodurch Wärmeverlust, beziehungsweise Druckverminderung und somit Arbeitsverlust verursacht wird.

Die oben aufgezählten Nachteile des Einmaschinensystems haben
die Fabrikanten dazu bewogen, die größeren Lokomobilen mit zwei
Cylindern zu verfertigen, welche entweder nach dem Compoundsystem
vereinigt, oder selbständig hergestellt werden.

2. Wirkung des Dampfes beim Compoundsystem.

Bei der in Fig. 103 dargestellten Konstruktion verrichtet der Dampf
seine Arbeit nicht in einem Cylinder, sondern in zwei neben einander
liegenden Cylindern von gleicher Länge, jedoch von verschiedenem Durchmesser. In den Cylinder mit kleinerm Durchmesser strömt der Dampf
mit vollem Drucke unmittelbar aus dem Kessel ein, bis der Kolben
einen gewissen Teil seines Hubes erreicht hat; während dieser Zeit
wirkt also der Dampf im kleinen Cylinder mit vollem Drucke. Nach
Sperrung des Dampfzustromes wirkt der Dampf im kleinen Cylinder
bereits durch seine Expansion; indessen selbst nach verrichteter Expansions-
Arbeit ist der Druck dieses Abdampfes noch erheblich größer als der
Druck der äußern Luft; und so wird derselbe auch nicht in den Schornstein, beziehungsweise ins Freie gelassen, sondern er verrichtet zuvor
noch im großen Cylinder Arbeit.

Die Kurbeln der beiden Cylinder stehen auf 90° zu einander;
so zwar, daß, wenn der Kolben des kleinen Cylinders im Anfange
seines Hubes ist, derjenige des großen Cylinders bereits die Hälfte

seiner Bahn zurückgelegt hat. Der dem kleinen Cylinder entſtrömende
Dampf kann ſonach nicht unmittelbar in den großen Cylinder, ſondern
muß zuvor in den zwiſchen den beiden Cylindern befindlichen Raum,
den ſogenannten Receiver, geleitet werden, von wo er durch einen
beſondern Schieber in den großen Cylinder
gebracht wird, ſowie deſſen Kolben am
Ende ſeines Hubes angelangt iſt.

    Da der kleine Cylinder Dampf mit
hohem Druck, der große Cylinder aber
ſolchen mit niedrigem Druck bekommt, ſo
wird jener Hochdruck=Cylinder, dieſer
aber Niederdruck=Cylinder genannt.

    Wenn bei den Compound=Lokomobilen
die in den beiden Cylindern verrichtete
Arbeit eine annähernd gleiche iſt, ſo ent=
fallen die aus dem hohen Dampfdrucke
erwachſenden, im vorigen Abſchnitt erwähn=
ten Nachteile gänzlich; die Lokomobile
wird ſchön gleichmäßig gehen und dabei
auch noch den Vorteil beſitzen, daß ſie ſich
aus jeglicher Stellung leicht wird in Gang

Fig. 103.

bringen laſſen, denn wenn die eine Kurbel in ihrem toten Punkte iſt, ſo
überträgt die andere gerade die größte Drehkraft.

    Das Compoundſyſtem wird ſich aber nur dann als zweckmäßig
bewähren, wenn die zu verrichtende Arbeit keine ſehr wechſelnde iſt,
denn nach Verſtellung der Steuerung wird die Arbeit der beiden
Cylinder weſentlich von einander abweichen. Dem läßt ſich praktiſch
abhelfen, daß wir den Hochdruck=Cylinder ſtets mit unveränderter Ex=
panſion arbeiten laſſen, und je nach Maßgabe der Arbeit das Droſſel=
ventil mehr oder minder öffnen.

    Alle jene Vorteile, welche das Compoundſyſtem in Beziehung
der Ausnutzung des Dampfes mit hoher Spannung bietet, können
auch mit einer einfacheren Konſtruktion erreicht werden, bei welcher die
beiden zuſammengehörigen Cylinder in einer Linie, mit einer Kolben=
ſtange angeordnet werden, nur einen gemeinſchaftlichen Schieber und
nur einen Bewegungsmechanismus — wie bei dem Eincylinderſyſteme
üblich — beſitzen; dieſe Konſtruktion entbehrt jedoch jene Vorteile des
Compoundſyſtems, welche auf dem doppelten Bewegungsmechanismus
beruhen.

    Dieſes unter dem Namen Tandem=Compound=Lokomobile
von Garrett in Buckau gebaute Syſtem iſt im Längsſchnitt in Fig. 104
dargeſtellt.

Die Wirkungsweise des Dampfes ist aus der Zeichnung leicht
verständlich; derselbe strömt aus dem Schieberkasten durch den Kanal a
vor den Kolben HK des Hochdruck=Cylinders HDC und drückt den=
selben vorwärts. Gleichzeitig tritt aber der vom früheren Hub im

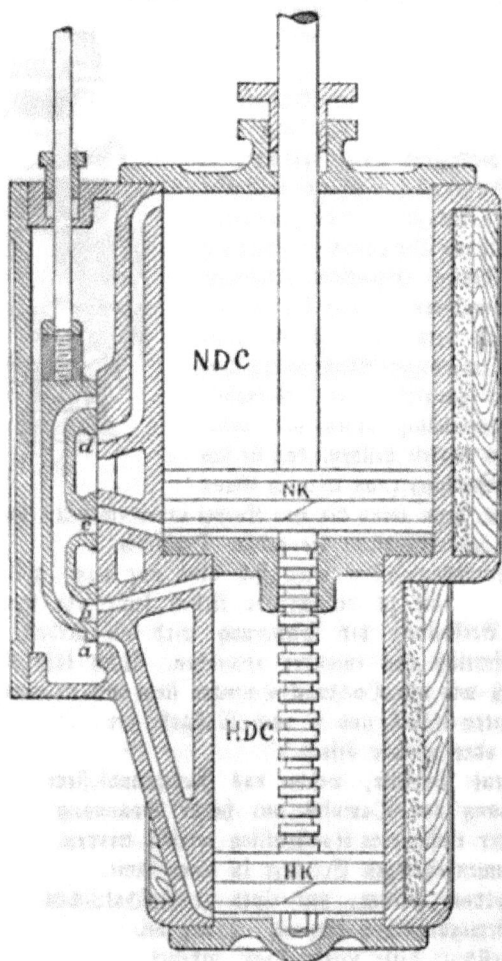

Fig. 104.

Hochdruckcylinder verbliebene Abdampf durch den Kanal b in den
Muschelschieber und von hier durch den Kanal c vor den großen
Kolben NK des Niederdruck=Cylinders NDC, expandiert hier und
drückt infolgedessen, den Kolben NK auch nach vorwärts. Der hinter

dem großen Kolben befindliche müde Dampf strömt durch den Kanal d
nach dem Vorwärmer resp. Schornstein.

Beim Rückgang des Kolbens findet ein ähnlicher Vorgang statt.

Um zu verhindern, daß durch die Mittelwand Dampf vom Hochdruck-Cylinder in den Niederdruck-Cylinder entweiche, wird die Kolbenstange mit Nuten versehen. Beim Vorwärtsgang der Kolben ist an
beiden Seiten der Mittelwand ein gleicher Dampfdruck, es hat also
hier der Dampf keinen Überdruck, um durch die Führung der Mittelwand zu bringen.

Beim Rückgang der Kolben hingegen befindet sich an der einen
Seite der Mittelwand im kleinen Cylinder Dampf von hoher Spannung,
im großen Cylinder aber Abdampf. Es wird daher der Hochdruck-
dampf das Bestreben haben, um die Kolbenstange herum in den
großen Cylinder zu bringen. Doch sobald der Dampf in eine Nut
der Kolbenstange eindringt, dehnt er sich aus, verliert daher seine hohe
Spannung und das Bestreben zum Hindurchgehen und wird somit
wieder in den Hochdruck-Cylinder zurückgeführt.

Bei einer Abnutzung der Dichtungsstelle wird jedoch auch frischer
Dampf in den Niederdruckcylinder überströmen und ohne Arbeit entweichen, daher die Dichtungsstelle der Mittelwand stets unter Kontrolle
zu halten ist und wenn notwendig ausgebüchst werden muß.

Zu erwähnen wäre noch, daß es sich jedenfalls als vorteilhaft
erweisen dürfte, diese Dampfcylinder mit einem Dampfmantel zu umgeben.

3. Wirkung des Dampfes bei den Zwillingsmaschinen.

In der Praxis pflegt man zuweilen auch zwei Cylinder von
gleichem Durchmesser neben einander zu legen und beide mit frischem
Dampf zu speisen. Bei solchen Zwillingsmaschinen werden behufs
Verringerung der Stöße die Kurbeln gleichfalls auf 90° zu einander
gestellt, bei welcher Anordnung die Maschine viel gleichmäßiger geht,
sodaß auch ein kleineres Schwungrad genommen werden kann. Die
Zwillingsmaschine besitzt gegenüber dem Einmaschinensystem den Vorteil
des ruhigeren Ganges, doch zeigen sich bei größerem Dampfdrucke auch
hier alle Nachteile, welche bei dem Einmaschinensystem vorkommen, sodaß die Zwillingsmaschine lange nicht denselben Wert wie das aus
mit 2 nebeneinander liegenden Cylindern bestehende Compoundsystem
besitzt. Indessen, wo wechselnde Arbeit zu verrichten ist, und man auch
sonst nicht Kessel mit großem Druck halten will, da entspricht die
Zwillingsmaschine vorzüglich ihrer Aufgabe.

*　　*　　*

Bei Lokomobilen werden in der Regel bis zu 15 nominellen Pferdekräften, d. h. bis der Cylinderdurchmesser nicht größer als etwa 200 mm

ist, Dampfmaschinen des Einmaschinensystems verwendet. Bei englischen
Maschinen werden bei 10—20 Pferdekräften bereits zwei Cylinder,
und zwar bei kleinem Drucke Zwillingsmaschinen, bei großem Dampf=
drucke Compound = Cylinder verwendet. Als Nachteil der Systeme mit
zwei Kolbenstangen wäre zu erwähnen, daß sie kostspieliger sind, ihre
Aufsicht eine schwierigere ist, ferner daß sie sehr viel Schmiermaterial und
häufigere Reparatur als die Maschinen mit einer Kolbenstange erheischen.
Aus diesen Gründen ist es geraten, bei kleineren Kräften mit dem
Einmaschinen = System vorlieb zu nehmen; über 10 Pferdekräfte hinaus
aber treten die Vorzüge der doppelcylindrigen Systeme dermaßen in
den Vordergrund, daß ihre allgemeinere Verwendung nur empfohlen
werden kann.

C. Die Steuerungen.

Jene Maschinenteile, welche in bestimmter Zeit das Ein= und
Ausströmen des Dampfes an einer oder der anderen Seite des Dampf=
cylinders befördern und also die Dauer der Dampfeinströmung
regulieren, werden Steuerungen genannt. Die Steuerung besteht in
der Regel aus einem über den Öffnungen der in den Dampfcylinder
führenden Kanäle befindlichen Schieberverschluß, dem sogenannten
Schieber, sowie der Schieberstange und dem Excenter, mittelst
welcher der Schieber bewegt wird.

Die bei den Lokomobilen vorkommenden Steuerungen besitzen
entweder einen Schieber zur Regulierung des Beginns der Ein= und
Ausströmung des Dampfes und zur Regulierung des Expansionsgrades,
oder es wird zu dem letzteren Behufe ein besonderer Schieber verwendet.

1. Einschiebersysteme.

a) Einrichtung des Muschel= und Kanalschiebers und der Schieberstange.

Der Schieber, wie er in den Fig. 105, 106, 107 und 108 dar=
gestellt erscheint, ist eine muschelförmige Platte, welche die Dampf=

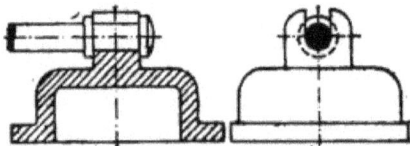

Fig. 105.   Fig. 106.

eingangskanäle des Cylinders verschließt, sodaß der frische Dampf
aus dem Schieberkasten nur dann an einer oder der anderen Seite
des Cylinders in den letzteren treten kann, wenn der Schieber von

dem entsprechenden Kanale abgeschoben wird; der Abdampf strömt
durch die Muschel des Schiebers in das Dampfableitungsrohr.

Da bei dem gewöhnlichsten Muschelschieber die Dampfeinströmung
infolge der verhältnismäßig geringen Öffnung sich nicht rasch genug
vollzieht, so ist es zweckmäßig, denselben in der in Fig. 109 dargestellten Weise umzugestalten. Dieser Schieber unterscheidet sich vom
Muschelschieber dadurch, daß sich in ihm noch ein besonderer Kanal

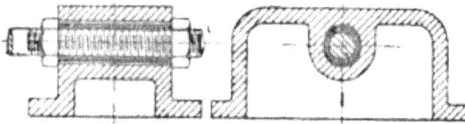

Fig. 107.   Fig. 108.

befindet, und der Dampf durch ihn, sonach auf zwei Wegen Eingang
in den Dampfcylinder findet. Wenn nämlich dieser Schieber aus
seiner Mittelstellung beispielsweise nach links bewegt wird, so tritt der
Dampf aus dem Schieberkasten direkt in den rechtsseitigen Einströmungskanal, außerdem tritt aber auch noch in denselben Dampf durch Vermittlung des Schieberkanales von der linken Seite des Schieberkastens.

Wir ersehen daraus, daß wir mit diesem Schieber derselben Bahn
entsprechend, eine zweimal größere Öffnung, als mit dem gewöhnlichen
Muschelschieber, erhalten; oder wenn wir eine Eingangs-Öffnung von

Fig. 109.

gewisser Breite gewinnen wollen, so hat dieser Schieber nur den halben
Weg zu machen, den der gewöhnliche Muschelschieber zurückzulegen hat.

Damit der Schieber die in den Cylinder führenden Kanäle dampfdicht schließen könne, muß das eine Ende der Schieberstange derart
mit dem Schieber verbunden werden, daß der letztere, in vertikaler
Richtung auf die Schieberstange, sich frei bewegen und der Dampf
ihn dampfdicht auf seine Unterlage drücken kann; in der Längsrichtung
hat jedoch der Schieber dem Gange der Stange genau zu folgen.
Die gebräuchlichste Art der Verbindung zeigen die Fig. 107 und 108

bei · welchen das Ende der Stange mit einer Schraubenwindung versehen ist und durch die Bohrung des Schieberdeckels hindurchgesteckt,
in dieser Lage durch zwei Schraubenmuttern erhalten wird. Die Schraube
wird zumeist von einer Messinghülle umfangen, damit ihre Windungen
sich nicht abstoßen; die Bohrung des Schiebers ist eine elliptische und
der Schieber besitzt daher vertikal auf die Stange den erforderlichen
Spielraum.

Eine einfachere Verbindung ist die in den Fig. 105 und 106
dargestellte, bei welcher das mit Ringen versehene Stangenende in der
Mulde des Schiebers aufliegt. Das andere Ende der Schieberstange
ist mit dem Gelenkkopfe zu verbinden, zu welchem Zwecke es entweder,
wie in Fig. 110, in die Hülse des Gelenkkopfes eingeschraubt, und
mittelst Gegenschraube verbunden, oder wie Fig. 111 u. 112 zeigen,
in die konische Hülse einpoliert und verkeilt wird.

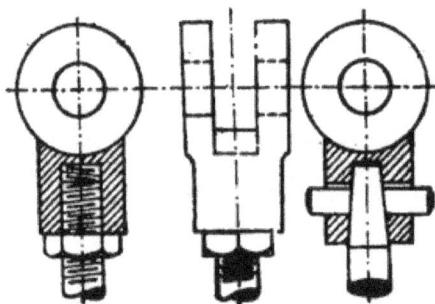

Fig. 110.　　　　Fig. 111.　　　　Fig. 112.

Die Verbindung der Stange hat derart zu erfolgen, daß die
Länge der Schieberstange sich an einer oder der anderen Verbindungs-
stelle verändern läßt, denn der Schieber muß, wie wir weiterhin sehen
werden, in einer oder der anderen Richtung verschoben werden können.

b) Art der Dampfverteilung beim Einschiebersystem.

In Fig. 113 ist eine Steuerung mit Muschelschieber abgebildet,
bei welcher die in gerader Richtung wechselnde Bewegung des Kolbens
D durch den mit geradführenden Schienen gestützten Kreuzkopf K und
die mit letzterem gelenkartig verbundene Plenelstange auf die Kurbel
F beziehungsweise auf die Hauptwelle O übertragen wird. Auf die
Hauptwelle ist der Excenter E verkeilt, welcher den mit dem Gelenkkopfe C und sonach mit der Schieberstange verbundenen Schieber T
gleichfalls in gerader Richtung hin- und herbewegt.

Wie erinnerlich, ist der Hub des
Excenters gleich der doppelten Länge
des Excenterradius o E, sonach gleich
der doppelten Länge der Excentrizität;
der Schieber wird daher über den Kanälen des Dampfcylinders einen ebenso
langen Weg hin und zurück beschreiben,
und dadurch die Kanäle abwechselnd
öffnen und schließen. Von diesen Kanälen
dienen a und a_1 zum Einströmen des
Dampfes, a_0 aber zum Ausströmen
desselben und sie werden auch dem
entsprechend benannt; die Öffnungen der
Kanäle münden auf eine genau einpolierte
glatte Fläche, welche Schieberspiegel
genannt wird. Die mit länglicher Öffnung versehenen Dampfeingangskanäle a
und a_1 führen zu den beiden Enden
des Cylinders, während der breitere
Dampfausgangskanal a_0 ins Freie führt.

Auf dem Schieberspiegel bewegt sich
der Schieber, welcher in der Stellung,
in welcher seine Mittellinie mit der
Mittellinie des Schieberspiegels zusam-
menfällt, alle Dampfeingangsöffnungen
vollkommen verschließt und von innen
sowie von außen noch um ein Stück
überdeckt, welche Teile Innere= und
Äußere=Deckungen genannt werden.
Die obengedachte Lage des Schiebers
ist die Mittelstellung des Schiebers
und der letztere nimmt dieselbe jedesmal ein, so oft der Excenterradius seine
halbe Bahn zurückgelegt hat, d. i. so
oft er vertikal auf die Richtung
der Schieberbewegung steht.

Diese Mittelstellung des Schiebers
ist im Bilde I der Fig. 114 dargestellt,
allwo e die Größe der äußeren Deckung,
i aber jene der inneren Deckung bezeichnet.

Der Schieber empfängt, wie bereits öfter erwähnt, seine Bewegung

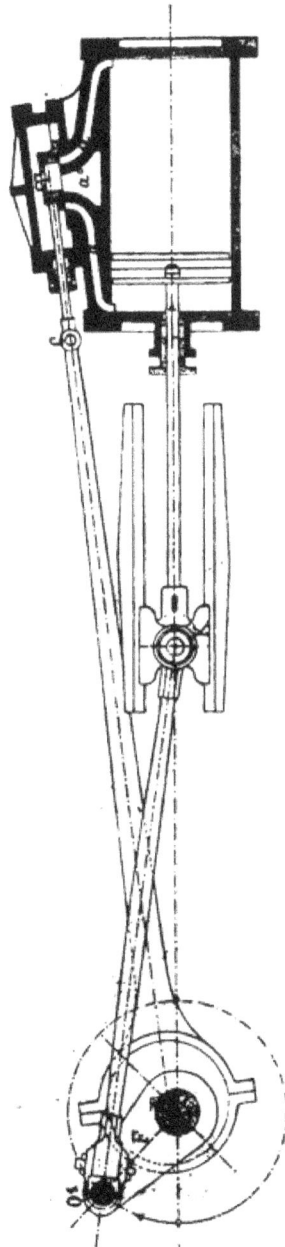

Fig. 113.

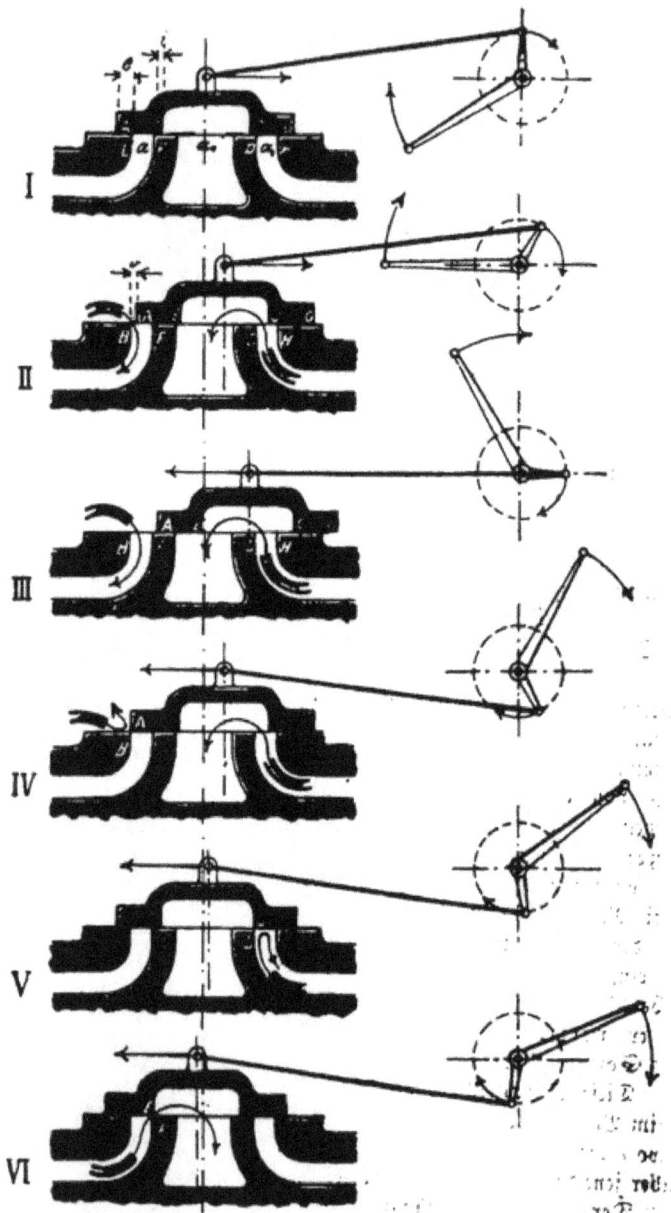

Fig. 114.

vom Excenter; seine Bewegung ist demnach ebenso eine wechselnde, wie jene des Excenters. Auch der Schieber besitzt eine gewisse Maximalgeschwindigkeit, welche er in der Mittelstellung erlangt, sowie eine Minimalgeschwindigkeit am Ende seines Hubes in seiner Endstellung, welche der Wechselpunkt des Schiebers genannt wird. (S. Bild III der Fig. 114.)

Da der Excenter auf dieselbe Achse verkeilt ist, auf welcher die den Kolben führende Kurbel sitzt, so ist die Bewegung des Kolbens mit jener des Schiebers in innigem Zusammenhange, sodaß einer gewissen Stellung des Schiebers stets eine gewisse Stellung des Kolbens entspricht. Wenn wir beispielsweise annehmen, daß der Kolben sich am Ende seines Hubes befindet, so muß der Schieber den an der Seite des Kolbens befindlichen Kanal schon auf 2—3 mm öffnen, damit der Dampf, in den Raum hinter den Kolben tretend, den letzteren abermals vorwärts drücken kann. Die Größe dieser Öffnung wird Voröffnung genannt und ist im Bilde II der Fig. 114 mit v bezeichnet. Aus dem Raume vor dem Kolben strömt, wie der Pfeil in der Figur zeigt, der Dampf inzwischen durch die Muschel des Schiebers hindurch in den Dampfausgangskanal. Wir wissen, daß der Kolben sich dann am Ende seines Hubes befindet, wenn seine Kurbel im toten Punkte steht; damit in diesem Falle eine Voröffnung möglich sei, muß der Schieber bereits um die Größe der äußeren Deckung plus die Größe der Voröffnung sich aus seiner Mittelstellung fortbewegt haben, d. h. es muß der Excenterradius seine Mittelstellung bereits um einen gewissen Winkel überschritten haben. Jener Winkel, welcher die Größe der Voröffnung begrenzt, und um welchen daher der Excenter über seine vertikale Stellung hinaus auf die Hauptwelle zu verkeilen ist, wird Voreilungswinkel*) genannt.

Während der Kolben sich weiter nach rechts bewegt, bewegt sich auch der Schieber nach rechts und öffnet vollkommen den Dampfeingangskanal; bald nachher erreicht er seine im Bilde III bezeichnete äußerste rechte Stellung, d. h. seinen rechtsseitigen Wechselpunkt, um sich dann zurück nach links zu bewegen, während der Kolben seinen Weg weiter nach rechts fortsetzt.

Inzwischen strömt der Dampf aus dem Raume vor dem Kolben beständig ins Freie, hinter dem Kolben aber bringt immerfort frischer Dampf in den Cylinder, bis der Schieber seine im Bilde IV dargestellte Stellung erreicht. Da reicht dessen Kante A über die Kante B des linksseitigen Dampfeingangskanals, und es kann hinter dem Kolben

---

*) Dieser Winkel wechselt in der Praxis von 15°—30°, so daß die Kurbel mit dem Excenterradius einen Winkel von 105°—120° einschließt.

kein Dampf mehr in den Cylinder treten; es beginnt daher in diesem Augenblick an der linken Seite des Cylinders die Expansion des Dampfes.

Der Kolben bewegt sich noch immer nach rechts und drückt den Abdampf vor sich her in den Dampfausgangskanal a_0. Sowie aber der Schieber seine im Bilde V bezeichnete Stellung erlangt, in welcher seine Kante C bis zur Kante D des Kanales a_1 reicht, kann hier weiter kein Dampf austreten; der noch im Cylinder verbliebene Dampf preßt sich demnach durch das Vorwärtsbringen des Kolbens an der rechten Seite des Cylinders zusammen, er wird komprimiert.

Indem der Schieber sich noch weiter nach links bewegt, gelangt er in die im Bilde VI skizzierte Stellung, wo seine Kante E über die Kante F des Kanales a hinausgeht; hier beginnt nun an der linken Seite des Kolbens, obgleich derselbe sich noch immer vorwärts bewegt, Dampf auszuströmen.

Schließlich, wenn die Kante G bereits über die Kante H des Kanales a_1 hinausgeht, beginnt der Dampf bereits an der linken Seite des Cylinders einzutreten und wirkt dem, seiner Endstellung zustrebenden Kolben entgegen, sodaß bis derselbe in den toten Punkt gelangt, die Öffnung der Einströmung am Kanale a_1 bereits auf das Ausmaß der Voröffnung v geöffnet sein wird, d. h. der Dampf auf der rechten Seite in den Cylinder strömen kann, während zugleich an der entgegengesetzten Seite eine Ausströmung stattfindet, daher der Kolben die Richtung seiner Bewegung zu verändern vermag.

c) Bestimmung der Füllung und der Expansion.

Da wir unter Füllung jene Dampfmenge verstehen, welche während eines Kolbenhubes in den Cylinder strömt, so wird es unschwer sein, den Füllungsgrad zu bestimmen, wenn wir zu beobachten vermögen, wo der Kolben in dem Augenblick steht, da der Schieber die Dampfeinströmung eben verschließt. Zu diesem Behufe wird zunächst die Bahn des Kolbens, oder da diese nicht sichtbar ist, diejenige des Kreuzkopfes in gleiche Teile eingeteilt. Diese Einteilung kann sehr leicht bewirkt werden, indem wir die Kurbel auf den einen und auf den anderen toten Punkt stellen und beidemal die Stelle einer auf dem Kreuzkopfe gezogenen Linie auf der geradführenden Schiene bezeichnen. Den Raum zwischen diesen beiden Zeichen teilen wir in 10 gleiche Teile ein und bezeichnen die Teilungspunkte mit den entsprechenden Ziffern.

Wenn wir nun den Deckel des Schieberkastens abnehmen und, von dem einen toten Punkte ausgehend, das Schwungrad in der

Richtung seiner regelmäßigen Kreisbewegung so lange drehen, bis der Schieber eben den der Kolbenseite zugekehrten Dampfeinströmungs= kanal verschließt, so erscheint der Grad der Füllung in jener Zahl gegeben, bis zu welcher das Zeichen am Kreuzkopfe vorgedrungen ist. So wenn dieses Zeichen beispielsweise vom 0 Punkte der Geradführung angefangen den vierten Teilungspunkt erreicht, so arbeitet die Maschine mit vier Zehntel Füllung und mit sechs Zehntel Expansion.

*   *   *

Wenn wir den Deckel des Schieberkastens nicht abnehmen wollen, so können wir den Grad der Füllung und der Expansion auch mit Dampf bestimmen.

Wenn man bedenkt, daß der Schieber nur so lange Dampf in den Cylinder läßt, als bis der Kolben die dem Ende der Füllung entsprechende Bahn beschrieben hat, wird man leicht einsehen, daß, in= dem die Kurbel aus der einen toten Lage — in der, der regelmäßigen Drehung entgegengesetzten Richtung — langsam gedreht wird, der Schieber nun so lange nicht öffnen wird, als der Kolben nicht jene Lage erreicht, in welcher der regelmäßigen Drehung entsprechend die Dampfeinströmung aufhört. In solcher Stellung strömt sonach jetzt an der, der Richtung der Kolbenbewegung entgegengesetzten Seite Dampf in den Cylinder und infolge dieses Contredampfes werden wir auf dem Schwungrade einen starken Gegendruck verspüren. Wenn wir nun prüfen, den wievielten Teilungspunkt das Zeichen auf dem Kreuzkopfe, von seiner Ausgangsstellung gerechnet, auf der Geradführung erreicht hat, so ergibt diese Zahl den Grad der Expansion der Maschine, während die restlichen Teilungszahlen die Füllung bezeichnen. Ist z. B. der Kreuzkopf bis zum sechsten Teilungspunkte gelangt, so arbeitet die Maschine mit 0,6 Expansion und mit 0,4 Füllung.

d) Veränderung der Füllung und der Expansion.

Bei Lokomobilen ist es ein sehr häufiger Fall, daß die Maschine sich einem kleinern Krafterfordernis, als der normale ist, anzupassen hat. Zu diesem Zwecke kann man im Kessel weniger Dampf halten, oder die Geschwindigkeit der Maschine verringern, oder endlich durch die Steuerung weniger Dampf in den Cylinder gelangen lassen, d. i. den Dampf zu größerer Expansion nötigen. Im Kessel den Dampf in geringerer Spannung zu erhalten, ist kaum geraten, da solches mit Brennstoffverlust verbunden wäre; auch die übermäßige Dampfdrosselung zum Behufe der Herabminderung des Druckes verursacht Verlust, die Geschwindigkeit der Dampfmaschine aber kann aus Rücksichten auf die Arbeitsmaschine nicht in allen Fällen verändert werden; und so

muß denn die Steuerung sich dem wechselnden Kraftbedarf allezeit anpassen und den Füllungsgrad je nach Bedarf verändern lassen.

Die Füllung und die Expansion werden am einfachsten dadurch
verändert, daß wir den Excenter in die der neuen Füllung entsprechende
Stellung verteilen. Je weiter nach vorwärts der Excenter verteilt
wird, d. i. je größer der Voreilungswinkel, um so kleiner ist
die Füllung und um so größer der Expansionsgrad. Die
Richtung der neuen Verteilung finden wir auf die einfachste Weise,
indem wir zunächst den Kolben, oder den Kreuzkopf auf den Teilungs=
punkt der gewünschten Expansion einstellen und dann bei geöffnetem
Schieberdeckel den losgekeilten Excenter so lange in der Richtung
seiner regelmäßigen Bewegung drehen, bis der Schieber den Eingangskanal gerade verschließt; in dieser Lage wird alsdann der Excenter
wieder fest gekeilt.

Durch die Verlegung des Excenters wird jedoch nicht allein
der Füllungsgrad, sondern auch andere wichtige Faktoren der Dampfverteilung, so namentlich die Größe der Voröffnung und der
Kompression verändert und da deren Veränderung nur innerhalb
enggezogener Grenzen statthaft ist, so dürfen wir auch den Füllungsgrad
nur innerhalb einer gewissen Grenze durch Verdrehung des Excenters
modifizieren.

Ein bei der Voröffnung begangener Fehler kann auch in der
Weise wettgemacht werden, daß auf die den Dampfverschluß bewirkenden
beiden Stirnplatten des Schiebers glattpolierte Metall= oder Eisen=
plattenzusätze befestigt werden, deren Dicke gleich der Hälfte jener Breite
sein muß, um welche die neue Voröffnung breiter als die alte ist.

Das Anbringen solcher Ansatzplatten ist sehr umständlich und eben
darum nicht sehr ratsam, weil der gewünschte Zweck durch Verringerung
des Excenterradius vorteilhafter erreicht wird. Zu diesem Behufe ist
eine Excenterscheibe notwendig, mittelst welcher der Voreilungswinkel
und die Excentrizität sich zugleich verändern lassen.

Den obigen Anforderungen entspricht ganz gut der in Fig. 115
und 116 dargestellte Expansions=Excenter, bei welchem der
Excenter A in der Richtung seines Radius eine längliche Öffnung
besitzt und mittelst zweier Schrauben mit der fest auf die Hauptwelle
verteilten Scheibe B verbunden ist. Nach Lockerung der Schrauben
wird der Excenter in den Führungen der Scheibe leicht gleiten und
so wird jeder Punkt des Excenters sich parallel zur Längsöffnung ver=
rücken, welche Ortsveränderung eine Veränderung der Größe des
Excenterradius sowohl, wie des Voreilungswinkels zur Folge haben
wird; und zwar wird, wenn wir die Expansion vergrößern wollen,
der Voreilungswinkel zu= und zugleich der Excenterradius abnehmen,

während umgekehrt, wenn wir die Expansion verringern wollen, der Voreilungs-Winkel verkleinert und zur selben Zeit der Excenterradius vergrößert wird. Der Zeiger am Excenter weist stets den erzielten Expansionsgrad aus.

Dem gleichen Zwecke dient auch der Expansions-Excenter von Ruston, Proctor und Comp. (Fig. 117 und 118.) Bei diesen ist die Scheibe gleichfalls fest auf die Hauptwelle gekeilt und mit einer im Bogen gehenden Nut versehen; der Excenter ist herzförmig durchbrochen, kann sonach um die Hauptwelle gedreht und in seinen verschiedenen Stellungen mittelst einer durch den Excenter und der Nut hindurchreichenden Schraube gebunden werden. Infolge der Orts-

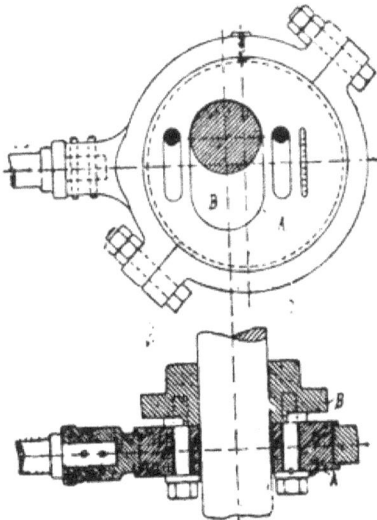

Fig. 115 und 116.   Fig. 117 und 118.

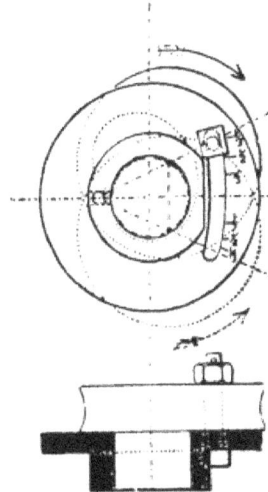

veränderungen des Excenters wechselt auch dessen Radius und Voreilungswinkel, daher auch der Füllungsgrad sich entsprechend modifiziert. Mittelst der dargestellten Konstruktion läßt sich der Füllungsgrad von $1/3 - 2/3$ modifizieren, die entsprechenden Zahlen sind auf der Scheibe bezeichnet und es ist denselben stets die Schraube des Excenters gegenüberzustellen. Dieser Excenter, sowie der vorige, sind auch zur Umänderung der Umdrehungsrichtung geeignet.

Der Füllungsgrad läßt sich mit solchen Excentern nur bei ruhender Maschine umändern. Es giebt indessen auch Konstruktionen, bei welchen die Regulierung der Füllung sich auch während des Ganges der Maschine mit der Hand oder unmittelbar durch den Regulator bewirken läßt. Die Regulierung mit der Hand besitzt bei Lokomobilen keinen praktischen Wert; die entsprechende Funktion des Regulators werden wir bei Besprechung der Vorrichtungen zur Dampfregulierung erörtern.

2. Zweischiebersysteme.

Bei Steuerungen mit zwei Schiebern kann auch mit großer Expansion gearbeitet werden, ohne daß der Gegendruck des Abdampfes in dem Maße wie bei dem Einschiebersystem zunehmen würde; es werden daher bei Lokomobilen mit zwei Cylindern hauptsächlich Steuerungen mit zwei Schiebern verwendet, während man bei Maschinen mit einem Cylinder mit dem wohlfeileren und einfacheren Einschiebersystem vorlieb nimmt.

Von den mannigfachen Konstruktionen sind bei Lokomobilen lediglich diejenigen gebräuchlich, bei welchen die beiden Schieber in einem Kasten auf einander gleiten. Von diesen Schiebern reguliert der untere lediglich die Ein- und Ausströmung des Dampfes und wird Grund- oder Verteilungsschieber genannt, während der obere, der sogenannte Expansionsschieber, die Füllung reguliert. Die gebräuchlichsten Konstruktionen sind die nachstehenden:

a) Zweischiebersystem mit Expansionsexcenter.

Bei dieser Konstruktion wird der Verteilungsschieber durch einen gewöhnlichen Excenter, der Expansionsschieber aber durch einen Expansionsexcenter bewegt.

Die Verbindung zweier solcher Excenter in der Ausführung von Clayton & Shuttleworth stellen wir in Fig. 119 und 120 dar. Zwischen den beiden Excentern ist die Scheibe A an die Hauptwelle gekeilt, und wird der Verteilungsexcenter C an dieselbe mit der Schraube B befestigt, während der Kopf der Schraube D des Expansionsexcenters E in der ⊣förmigen Nut der Scheibe sich bewegen kann, sodaß der Excenter E auf der Scheibe A verschoben, durch die Schraube D in beliebiger Stellung fixiert und hierdurch der Schieber auf die gewünschte Expansion eingestellt werden kann.

Die den verschiedenen Expansionsgraden entsprechenden Stellungen des Expansionsexcenters sind auf der Hauptwelle bezeichnet.

b) Die Mayer'sche Steuerung.

Bei der in Fig. 121 dargestellten Steuerung unterscheidet sich der Verteilungsschieber nur dadurch von dem gewöhnlichen Muschelschieber, daß er zu beiden Seiten noch mit den Kanälen o und o_1 versehen ist. Über dem Verteilungsschieber bildet die Platte b und b_1 den Expansionsschieber. Beide Schieber werden durch besondere Excenter,

die an die Hauptwelle geteilt sind, bewegt, doch gehen sie gleichwohl nicht
beisammen, da der obere Schieber unter einem größeren Winkel, als

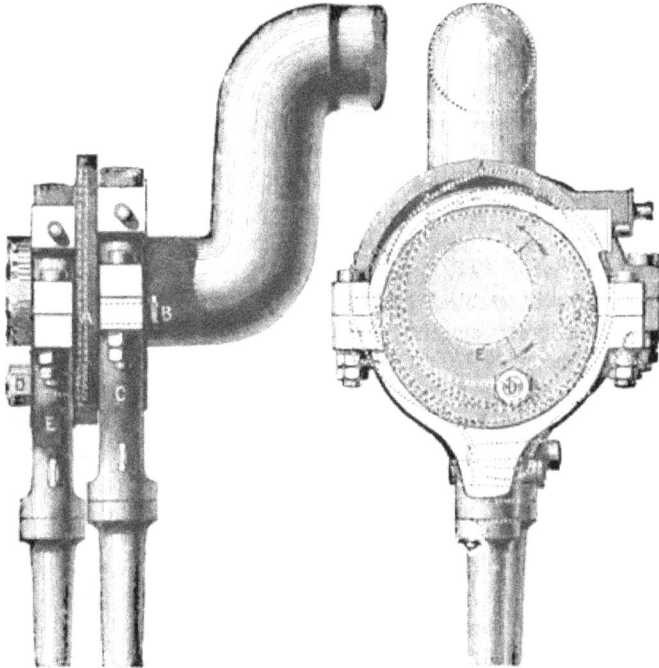

Fig. 119.   Fig. 120.

der untere aufgeteilt ist. So erreicht der obere früher seine äußerste
Stellung als der untere und kommt bereits zurück, während der untere
noch immer nach vorwärts geht. Im Verlaufe dieser Bewegung öffnet
und schließt der obere Schieber die Öffnungen o und o_1.

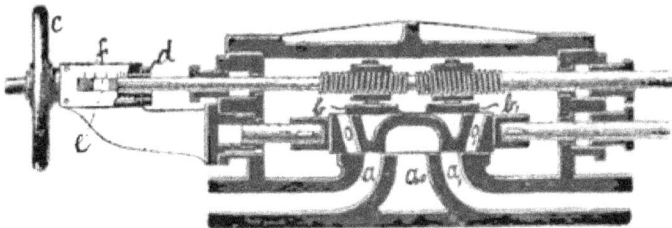

Fig. 121.

Es ist daher ersichtlich, daß der Dampf, in welcher Stellung sich
auch der untere Schieber befindet, durch dessen Öffnungen nur so

lange in den Cylinder ſtrömen kann, als der Kanal o beziehungsweiſe
o_1 nicht durch die Platten b und b_1 verſchloſſen iſt.

Wollen wir alſo den Füllungsgrad verringern, ſo brauchen wir
bloß die Platten b und b_1 zum raſchen Verſchluß zu bringen. Mayer
gibt zu dieſem Zwecke dem Expanſionsſchieber ſtellbare Platten
und zwar in der Weiſe, daß beide Platten ſich in gleichem Maße,
jedoch in entgegengeſetzter Richtung bewegen. Zu dieſem Behufe werden
ungefähr in der Mitte der Schieberſtange eine rechts= und eine links=
gehende Schraube angebracht; die entſprechenden Schraubenmuttern
paſſen in die Hülſen der oberen Schieberplatten und führen, durch das
Handrad c bewegt, auch die Schieberplatten mit ſich fort. Werden
nun durch Drehung des Handrades die beiden Platten von einander
entfernt, ſo arbeitet die Maſchine mit kleinerer Füllung und größerer
Expanſion, während umgekehrt bei Drehung des Handrades in entgegen=
geſetzter Richtung, d. h. infolge Zuſammenſchiebung der beiden Platten
die Maſchine mit größerer Füllung und kleinerer Expanſion arbeitet.

Damit die in der Dampfverteilung erfolgte Veränderung auch bei
geſchloſſenem Schieberkaſten ſichtbar iſt, beziehungsweiſe damit der be=
liebige Füllungsgrad auch von außen eingeſtellt werden kann, wird
die Verlängerung des Expanſionsſchiebers durch die Hülſe d des kleinen
Handrades umfangen, in deren langer Mulde der Führungsteil der
Stange liegt. So dreht das Handrad wohl die Schieberſtange, jedoch
ohne deren Längenbewegung zu behindern. In die Hülſe iſt ein
Schraubengewinde von derſelben Neigung eingeſchnitten, wie auf die
Schieberſtange; die kurze Schraubenmutter beſitzt einen Zeiger, welcher
auf der in die Lagerung f gravierten Skala den der Verrückung
der Platten b und b_1 entſprechenden Füllungsgrad ausweiſt.

Die Nachteile der Mayer'ſchen Steuerung ſind die, daß die
Schraubengewinde der Schieberſtange ſich raſch abnutzen und daß die
Regulierung des Dampfverbrauchs, da ſie mit der Hand geſchieht,
nicht immer dem thatſächlichen Kraftbedarf entſpricht. Dem letzten
Mangel hilft ab

c) Die Rider'ſche Steuerung.

Der Oberteil des Verteilungsſchiebers dieſer Konſtruktion iſt, wie
Fig. 122 u. 123 in Quer- und Längsſchnitt zeigt, halbcylindriſch aus=
gehöhlt und ſitzt darin die gleichfalls halbcylindriſche, dreieckig geſchnittene
Expanſionsſchieberplatte. Die Dampfeinſtrömungskanäle des Verteilungs=
ſchiebers ſtehen auf dem Schieberſpiegel ſenkrecht, doch drehen ſie ſich
derart in dem Schieberkörper, daß ihre, ſich auf der Cylinderfläche
reibenden Kanten ſchief, und zu den Kanten des dreieckigen Expanſions=
ſchiebers parallel ſind.

Wenn der Expansionsschieber um seine Stange gedreht wird, so verschließen seine Kanten mehr oder minder die Dampfeinströmungs= kanäle des Verteilungsschiebers. So kann der Füllungsgrad bei der Rider'schen Steuerung ganz einfach durch Drehung des Expansions= schiebers umgeändert werden. Dieselbe erheischt nur eine geringe Kraft und kann sonach auch durch den Regulator besorgt werden, zu welchem Zwecke seine Stange drehbar mit der Excenterstange verbunden und mittelst Hebels an die auf= und niedergehende Hülse des Centrifugal= regulators befestigt wird, wodurch der Regulator den Füllungsgrad je nach Maßgabe des thatsächlichen Kraftbedarfes reguliert.

* * *

Die dargestellten Konstruktionen erheischen zwei Excenter, sind daher mit starker Reibung und hohen Kosten verbunden, davon ganz abgesehen, daß sie die Maschine komplizieren. Die Konstruktion, bei welcher bloß der Verteilungsschieber sich mittelst Excenters bewegt und den Expansionsschieber auf seinem Rücken trägt, bis denselben ein Anschlag zurückhält, zeigt:

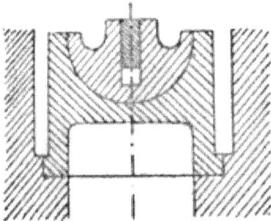 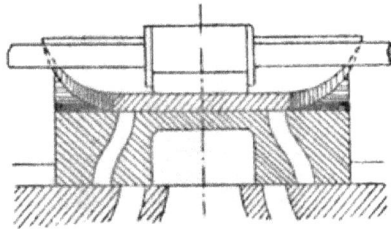

Fig. 122.   Fig. 123.

d) Das Schleppschieberfystem.

Bei diesen Konstruktionen strömt so lange Dampf in den Cylinder, bis nach Zurückhaltung der oberen Schieberplatte der untere Schieber darunter so weit geglitten ist, daß dessen Dampfeinströmungskanal durch die obere Platte vollkommen verschlossen wird. So kann bei dieser Steuerung der Füllungsgrad dadurch reguliert werden, daß wir den Anschlag stellbar verfertigen; wird die obere Platte durch den letzteren früher zurückgehalten, so arbeitet die Maschine mit geringerer Füllung und umgekehrt.

Zur Stellung des Anschlages werden verschiedenartige Konstruk= tionen verwendet. Sehr gut entspricht die Lachapelle'sche Anordnung, welche wir in Fig. 124 darstellen. Die Platten J, J des Expansions= schiebers stoßen sich hier in die herausragenden Dorne von zwei ge= führten kleinen Stangen. Je eine Seite der beiden Stangen ist gezahnt und kann mittelst des in der Mitte angebrachten kleinen Zahnrades

einander näher gebracht, oder von einander entfernt werden, wodurch
die Platten des Expansionsschiebers früher oder später in ihrer Bewegung gehemmt werden und dadurch eine größere oder kleinere Expansion hervorrufen.

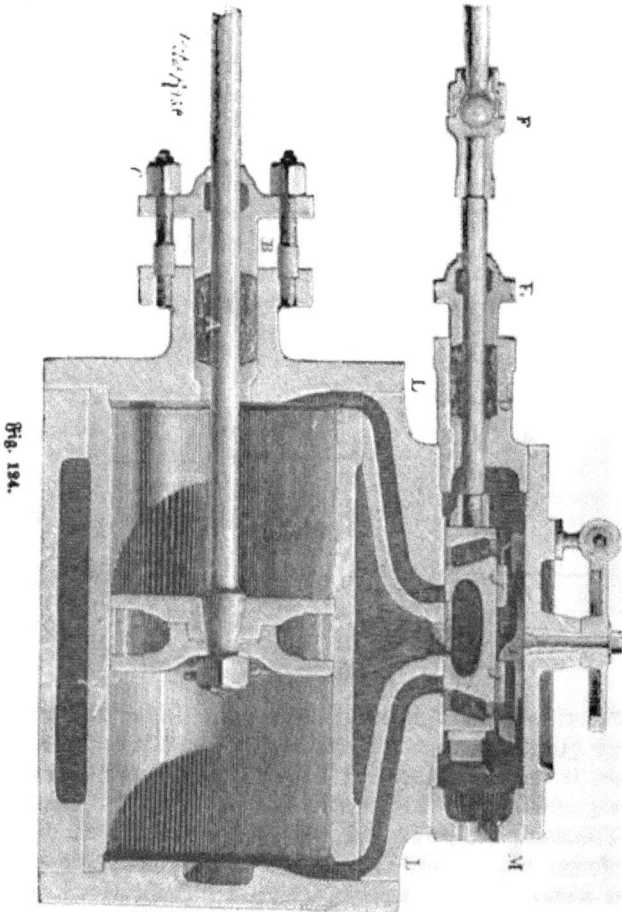

Fig. 124.

Die Umdrehung des kleinen Zahnrades erfolgt mit der Hand,
oder selbstwirkend mittelst des Regulators. Die Regulierung mit der
Hand erfolgt mittelst eines auf die Achse des Zahnrades verteilten
kleinen Hebels oder mittelst Handrades, während, wenn der Regulator
die Expansion reguliert, die hängende Stange desselben eine Schrauben-
verzahnung besitzt und ihre auf- und niedergehende Bewegung mit Hilfe

eines Zahnrades auf das im Schieberkasten befindliche kleine Zahnrad, beziehungsweise auf die gezahnten Stangen überträgt.

Der Vorteil dieser Konstruktion gegenüber der Rider'schen besteht darin, daß sie einen geringeren Reibungsverlust verursacht und wohl= feiler ist. Ihr Nachteil ist das mit den Stößen einhergehende Ge= räusch, sowie der Umstand, daß sie die Umänderung des Füllungs= grades nur innerhalb enger Grenzen gestattet, und die Dampfeinströmung nur langsam verschließt. Diesen Nachteilen begegnet zum Teil:

e) Das kombinierte Schiebersystem (System Gerhauer).

Dasselbe ist in Fig. 124 dargestellt und wird von der Buckauer Firma Garrett an ihren Lokomobilen angewendet. Bei dieser Kon= struktion sind auf den Grund= oder Verteilungsschieber G ebenfalls Expansionsschieberplatten e und f angebracht, doch mit dem Unterschiede, daß die Anschlagsringe l und k jetzt nicht fix sind, sondern ebenfalls

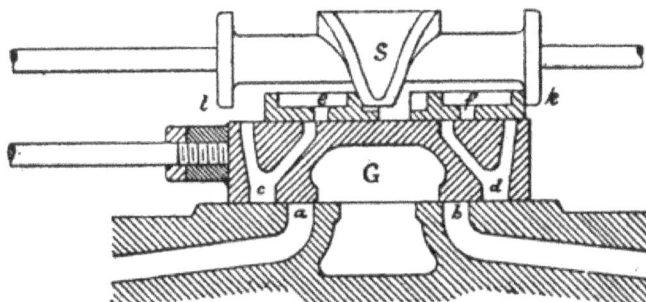

Fig. 125.

durch eine mittelst Excenters bewegte Schieberstange hin= und herbewegt werden und somit die Expansionsplatten auch durch dieselben bewegt werden. Zur Regulierung des Expansionsgrades dient das auf der Anschlaghülse befindliche Keilstück s, welches ebenso wie bei der Rider'schen Steuerung durch den Regulator umgedreht wird, und wird dadurch die Entfernung der beiden Platten, resp. die Dauer der Einströmung bestimmt.

3. Behandlung der Steuerungen.

Die richtige Behandlung der Steuerungen bildet eine der wesent= lichsten Aufgaben des Maschinisten. Behufs Herabminderung der Reibung zwischen Schieber und Schieberspiegel, sowie auch zwischen den beiden Schiebern muß auch für das Schmieren der Reibungsflächen gesorgt werden, zu welchem Zwecke man geschmolzenes reines Talg, oder noch besser Valvolineöl verwenden kann. Die Reibungsflächen sind selbst=

verständlich genau zusammenzufügen und auf einander aufzuschleifen; ferner muß der Maschinist sich vollkommen verstehen auf die richtige Einstellung der Schieber und die Kontrolle derselben, sowie auf eine etwaige Umänderung der Umdrehungsrichtung.

a) Aufrichten des Schiebers.

Da der Schieber und dessen Spiegel sich ungleichmäßig abnutzen, so müssen sie mit der Zeit neu aufgerichtet werden, weil sonst der frische Dampf durch die entstandenen Lücken hindurch ins Freie entweichen kann. Der Schieber wird in der Regel auf seinem eigenen Spiegel aufgerichtet, und zwar in der Weise, daß wir auf dem Schieberspiegel Öl mit Schmirgelpulver vermengen, und den Schieber mit gleich= mäßigem Drucke darauf reiben.

Da aber der Schieber und der Schieberspiegel nicht gleich= mäßig hart sind, und auch das Schmirgelpulver sich nicht gleichmäßig verteilt, so entstehen auf beiden Flächen geringe Beulen, welche mittelst eines scharfen Schabers zu entfernen sind. Die Beulen sind am leich= testen in der Weise zu erkennen, daß wir die gereinigten Flächen mit feinem Minium bestreichen und leicht aneinander reiben, wodurch die herausragenden Flächen glänzend werden.

Das Abschaben und die Miniumprobe sind so lange fortzusetzen, bis das Minium sich von beiden Flächen gleichmäßig abstreift.

Der gut aufgerichtete Schieber schließt dampfdicht. Um uns hier= von zu überzeugen, bringen wir den Schieber in seine Mittelstellung, in welcher er bekanntlich alle Dampfeinströmungsöffnungen verschließt. Hier sei wiederholt bemerkt, daß der Schieber in der Weise in seine Mittelstellung zu bringen ist, daß wir die Kurbel so lange drehen, bis der Excenterradius vertikal auf die Richtung der Schieberstange zu stehen kommt. Nun wird Dampf in den Schieberkasten gelassen, und werden die Wasserablaßhähne des Dampfchylinders geöffnet. Strömt zu den letzteren Dampf heraus, so kann solcher nur durch die schlecht schließenden Schieberplatten hindurch in den Chlinder geraten sein, während, wenn zu den Hähnen gar kein Dampf herausströmt, dies ein Zeichen dafür ist, daß der Schieber einen vollkommen dampfdichten Verschluß bietet.

Von dem richtigen Schließen des Schiebers soll man sich jedesmal Überzeugung verschaffen, so oft man wahrnimmt, daß bei normalem Betriebe mehr Dampf als gewöhnlich zum Schornstein herausströmt. Wie erinnerlich, kann die Ursache dieser Erscheinung auch die sein, daß zwischen Kolben und Chlinder Dampf entweicht.

· b) Bestimmung und Umänderung der Umdrehungsrichtung.

Die Maschine kann weder aus dem toten Punkte, noch wenn der Schieber die Öffnung der Einströmung verschließt, in Gang gebracht werden. Die Maschine muß behufs Ingangsetzung in die sogenannte Anfangsstellung gebracht, d. h. aus dem toten Punkte in der Richtung der Bewegung um einen kleinen Winkel verschoben werden. Vorerst muß man jedoch im Klaren darüber sein, welche die richtige Um-drehungsrichtung der Maschine ist, was sehr leicht festgestellt werden kann, wenn man bedenkt, daß die Maschine aus ihrer toten Lage sich nur dann in Gang bringen läßt, wenn der Schieber, welcher ursprüng-lich nur mit einer Voröffnung von 2—3 mm öffnet, den Dampfein-strömungskanal immer besser erschließt. Wird also die Maschine aus ihrer toten Stellung in Gang gesetzt, so muß der Excenter in einer Richtung mit der Kurbel in Gang geraten und vor der Kurbel gehen.

Die Umdrehungsrichtung wird verändert, indem man den Ex-center derart umkeilt, daß sein Radius, mit der Hauptkurbel in der entgegengesetzten Richtung denselben Winkel bildend (90° plus den Voreilungswinkel), noch immer vor derselben geht.

Um die mühevolle Umkeilung zu ersparen, wird in der Praxis die Excenterscheibe nicht auf die Hauptwelle verkeilt, sondern, wie dies in den Fig. 115 u. 116 dargestellt ist, bloß mittelst Klemmschraube mit der an die Hauptwelle der Maschine gut befestigten Scheibe verbunden. Selbstverständlich ist in diesem Falle die Excenterscheibe, den zwei Um-drehungsrichtungen entsprechend, mit zwei Öffnungen zu versehen.

Auch mit den in den Fig. 117, 118, 119 und 120 dargestellten Expansionsexcentern läßt sich die Umdrehungsrichtung umändern, wenn wir die Scheibe in der entsprechenden Längenöffnung hoch genug heben, beziehungsweise tief genug unter die Horizontale senken, sodaß sie in eine proportionale Stellung zur früheren Lage des Excenters gerät.

c) Regulieren der Steuerungen.

Die Steuerungen sind derart einzustellen, daß die Dampfverteilung an beiden Seiten des Cylinders eine vollkommen gleichmäßige ist, denn nur so wird die Maschine ohne Stöße gehen.

Bei der Einstellung der Steuerung werden, um die Maschine leichter drehen zu können, die Ausblasehähne des Cylinders geöffnet. Die Bahn des Kreuzkopfes wird wie zuvor auf der Gerabführung bezeichnet, und in zehn gleiche Teile geteilt.

α) Regulieren der Steuerungen mit fixer Expansion.

Welcher Art auch die Steuerung ist, die wir montieren, so muß der Grund oder Verteilungsschieber stets auf die nämliche Weise eingeſtellt werden und zwar ſo, daß der Schieber an beiden Seiten eine gleiche Voröffnung gibt. Bei der Regulierung der Steuerung iſt zu berückſichtigen, daß zur Einſtellung der gleichen Voröffnung die Länge der Schieberſtange, während zur Regulierung der Dauer der Einſtrömung der Excenter dient.

Der Schieber wird auf gleiche Voröffnung in der Weiſe eingeſtellt, daß die Kurbel auf den einen toten Punkt geſtellt, und die Schieber⸗ ſtange durch Stellſchrauben dermaßen verlängert oder gekürzt wird, daß der Schieber den Dampfeingangskanal an der Seite des Kolbens mit etwa 2—3 mm öffnet; die Größe dieſer Öffnung wird am ein⸗ fachſten an einem eingeſchobenen Holzteile bezeichnet. Sodann wird die Kurbel in den anderen toten Punkt gebracht, und die Voröffnung dort auf die nämliche Weiſe bemeſſen. Nun wird die Mitte zwiſchen den auf den Holzteil erhaltenen zwei Zeichen beſtimmt und die Länge der Schieberſtange in der Weiſe eingeſtellt, daß der Keil, bei welcher toten Stellung der Kurbel auch immer, ſich bis zu dieſem Mittelzeichen in den Dampfeinſtrömungskanal ſchieben läßt.

Bei Steuerungen mit fixer Expanſion wird der Füllungsgrad durch den Aufteilungswinkel des Excenters und durch die Größe der äußeren Deckung beſtimmt und ſeine Umänderung erfolgt in der bereits beſchriebenen Weiſe durch Umänderung des Voreilungswinkels und durch Anbringung von Zuſatzplatten auf dem Schieber. Die Aufteilung des Excenters iſt auch dann umzuſtellen, wenn aus ſtarken Stößen der Maſchine darauf gefolgert werden kann, daß der Dampfcylinder an ſeinen beiden Seiten ungleiche Füllungen erhält, was zumeiſt durch die Kürze der Pleuelſtange verurſacht wird. Dieſem Übelſtand zu be⸗ gegnen, wird, wie folgt, verfahren:

Iſt die Steuerung beiſpielsweiſe auf 0,4 Füllungsgrad angelegt, ſo wird die Kurbel von ihrem toten Punkte ausgehend in der Richtung ihrer normalen Umdrehung ſo lange gedreht, bis das Zeichen auf dem Kreuzkopfe zu dem Teilungspunkte 4 der in bereits geſchilderten Weiſe eingeteilten Geradführung kommt. In dieſer Stellung verſchließt der Schieber die Dampfeinſtrömung; ſonſt wird der Excenter ab⸗ geteilt und ſo lange auf der Hauptwelle gedreht, bis der Verſchluß durch den Schieber ein vollkommener iſt. Nun wird der Excenter in ſolcher Stellung proviſoriſch aufgeteilt und jener Punkt bezeichnet, wo der Excenterradius die Hauptwelle erreicht; ſodann wird die Kurbel weitergedreht, bis der Kreuzkopf, den toten Punkt paſſierend, auf dem Rückwege zum Teilungspunkte 6 kommt, in welcher Stellung der Schieber den an der Seite des Kolbens befindlichen Eingangskanal gleich⸗ falls ſchließen ſollte. Indeſſen hat infolge der Kürze der Pleuelſtange der Schieber den Eingangskanal bereits früher geſchloſſen, daher

denn auch der Excenter aufs neue abgekeilt und bis zu jener Stellung
zurückgedreht wird, wo der Schieber den Einströmungskanal schließt;
hier wird die Stellung des Excenterradius abermals auf der Welle
verzeichnet, der Excenterradius in die Mittellinie der beiden
bezeichneten Punkte gestellt und der Excenter in dieser Stellung
endgiltig auf die Welle gekeilt. Der Schieber gibt infolge dieser
Regulierung wohl nicht genau eine 0,4 Füllung, doch wird er jeden=
falls an beiden Seiten des Kolbens eine gleichmäßige Dampfverteilung
bewirken und den Stößen ein Ziel setzen.

   β) Regulieren der Steuerungen mit variabler Expansion.

   Die gleichmäßige Voröffnung ist genau so zu regulieren, wie zu=
vor; sodann wird die Kurbel der Reihe nach auf die Teilungspunkte
1, 2, 3, 4 ..... der Gerabführung gestellt und die Excenterscheibe auf
der auf die Hauptwelle befestigten Scheibe jedesmal so weit verschoben,
daß der Schieber in den entsprechenden Stellungen die Dampfein=
strömung verschließt, was bekanntlich den Beginn der Expansion be=
zeichnet.

   Diese Punkte werden auf dem Zifferblatte der Excenterscheibe
ober, wie in den Fig. 119 und 120, auf der Welle provisorisch
bezeichnet und wird sodann, damit die Dampfverteilung an den
beiden Seiten des Kolbens eine gleichmäßige ist, die Kurbel über den
toten Punkt hinaus gebreht, der Schieber bei den Punkten 9, 8, 7, 6 .....
des Rückweges abermals mittelst der Excenterscheibe zum Schließen ge=
stellt, und die betreffenden Punkte wieder verzeichnet. Die einem und
demselben Füllungsgrade entsprechenden Zeichen fallen auf dem Ziffer=
blatte nicht in eine Linie, der entsprechende Füllungsgrad wird
daher in der Mittellinie je zweier Punkte bezeichnet. Soll
die Maschine auch in umgekehrter Richtung laufen, so wird der Excenter
dem entsprechend verschoben und das obige Verfahren wiederholt sich
nun auch für diese Seite.

   γ) Regulieren der Zweischiebersteuerungen.

   Der Grundschieber ist, wie wir dies bereits wiederholt erwähnt,
einfach auf gleiche Voröffnung zu stellen und zwar genau so, wie wir
dies bei dem einfachen Schieber erörtert haben.

   Der Expansionsschieber hingegen ist je nach den verschiedenen
Konstruktionen auf verschiedene Art zu regulieren, doch ist das zu be=
folgende Prinzip sehr einfach und identisch für alle Konstruktionen.

   Da die verschiedenen Füllungen des Expansionsschiebers, wie in
den Fig. 119 und 120, sich mittelst des Expansionsexcenters regulieren
lassen, so wird dieser Excenter genau so reguliert, wie wir dies bereits

besprochen haben, nur ist auf die Voröffnung des Expansionsschiebers nunmehr keinerlei Rücksicht zu nehmen und ist bei den verschiedenen Füllungsgraden nur darauf zu achten, wann der obere Schieber die Dampfeinströmungskanäle des unteren verschließt.

Soll der Füllungsgrad mittelst Mayer'scher Expansionsplatten reguliert werden, so wird die Kurbel gleichfalls auf die verschiedenen Expansionspunkte gedreht und werden die beiden Platten des Expansions= schiebers in jeder, den einzelnen Füllungsgraden entsprechenden Stellung mittelst des kleinen Handrades (s. Fig. 121) so lange auseinander ge= schoben, bis die Dampfeinströmung eben geschlossen ist; die entsprechenden Punkte werden auf dem Zifferblatte f provisorisch verzeichnet. Hierauf wird dieses Verfahren auch auf die Punkte 9, 8, 7, 6 ..... des Rück= ganges wiederholt und ergibt die Halbierungslinie je zweier Punkte die auf dem Zifferblatte zu bezeichnenden engiltigen Stellungen.

Bei der Regulierung des Expansionsschiebers der Rider'schen Steuerung wird in derselben Weise verfahren, nur soll hier der Expan= sionsschieber bei den verschiedenen Füllungspunkten nicht hinweggezogen, sondern um seine Achse gedreht werden, bis die Dampfeinströmung bei den entsprechenden Füllungsgraden verschlossen ist; diese Stellungen sind auf dem Zifferblatte der den Expansionsschieber umfassenden Hülse zu verzeichnen.

Bei Steuerungen des Schleppschiebersystems wird der Füllungs= grad durch Stellung des Anschlages reguliert. Das Verfahren ist das nämliche wie in den vorhergehenden Fällen, der Kreuzkopf wird auf die den verschiedenen Füllungsgraden entsprechenden Teilungspunkte ge= stellt, sodann werden die Anschläge so weit auseinandergestellt, daß die Schlepplatten die Dampfeinströmung in der entsprechenden Stellung verschließen und werden diese Stellungen auf der Scheibe, welche sich auf der Achse des Anschlages befindet, verzeichnet.

Die Regulierung der Gerhauer'schen Steuerung ist identisch mit derjenigen der Rider'schen Steuerung.

d) Nachrichten und Prüfen der Steuerung mittelst Dampfes.

Bei dem bisher befolgten Verfahren war vorausgesetzt, daß die Lager der Hauptwelle und der Cylinder fest mit einander verbunden sind; ist jedoch die Hauptwelle ohne besondere Grundplatte auf den Dampfcylinder befestigt, so wechselt durch die Ausdehnung des Kessels die Entfernung zwischen Hauptwelle und Dampfcylinder. Bei solchen Maschinen ist der Schieber nach seiner richtigen Einstellung noch um 2—3 mm zurückzustellen, damit er nach seiner Ausdehnung sich in richtiger Stellung befindet. Da die Größe dieser nachträglichen Berich= tigung sich nicht genau berechnen läßt, so ist die Länge der Schieber=

stange von außen veränderbar herzustellen und die richtige Stellung des Schiebers mit Dampf zu erproben.

Um zu erfahren, auf welcher Seite des Dampfcylinders die Vor= öffnung eine größere ist, wird die Kurbel in einem der toten Punkte gestellt, der Wasserablaßhahn des Cylinders geöffnet und die Stärke des daraus hervorschießenden Dampfstrahles beobachtet. Sodann wird die Kurbel in den anderen toten Punkt hinübergedreht, und unser Ver= fahren wiederholt. An der Seite, wo mehr Dampf hervorströmt, ist die Voröffnung eine größere, und darum ist durch Veränderung der Länge der Schieberstange auch der Schieber nach jener Seite hin ein wenig zu verschieben, bis die hervorströmenden Dampfstrahlen gleich groß erscheinen.

Sind wir auf solche Weise nicht im stande, den Unterschied wahr= zunehmen, so bestimmen wir an beiden Seiten des Kolbens die Größe des Füllungsgrades in der auf Seite 162 geschilderten Weise, und verschieben den Schieber wieder nach jener Seite, wo wir eine größere Füllung finden.

D. Vorrichtungen zur Regulierung der Gleichmäßigkeit.

Unter Vorrichtungen zur Regulierung der Gleichmäßigkeit verstehen wir diejenigen Maschinenbestandteile, welche die Bestimmung haben, die in der Bewegung der Maschine aus dem wechselnden Widerstande und der Ungleichmäßigkeit der Dampfkraft sich ergebenden Unregelmäßigkeiten auszugleichen.

Der auf den Kolben geübte wechselnde Dampfdruck wird durch Vermittlung der Kolbenstange und der Pleuelstange auf die Kurbel übertragen und bewirkt daselbst eine Triebkraft, welche in dem toten Punkte gleich Null ist und von da mit dem Verdrehungswinkel zu= nimmt, bis sie, deren Gipfelpunkt ersteigend, abermals abnimmt und nach einer halben Drehung der Kurbel wieder gleich Null wird. Diese Ungleichmäßigkeiten werden durch Benutzung des in der Masse des Schwungrades geborgenen Beharrungsvermögens ausgeglichen.

Die sich hin und her bewegenden Teile der Dampfmaschine, wie der Kolben mit der Kolbenstange, die Pleuelstange und die Kurbel rufen durch Übertragung ihrer Massen auf der ganzen Lokomobile Schwerpunktveränderungen und somit vibrierende Bewegungen hervor, durch welche die Lokomobile erschüttert wird. Diese schädlichen Be= wegungen werden durch Ausbalanzierung der Massen und durch Fixie= rung der Lokomobile bei ihrer Aufstellung thunlichst herabgemindert.

Indessen kann während des Betriebes auch das Hindernis sich verändern, und modifiziert sich infolge des veränderten Widerstandes

auch die Umdrehungszahl der Maschine; zur Abwendung solcher Un=
gleichmäßigkeiten können wir die im Verhältnis der Umdrehungs=
geschwindigkeit wechselnde centrifugale Kraft benutzen, welche, auf dem
Regulator angewendet, die Kraft mit dem Widerstande in unausgesetztem
Einklang erhält.

1. Das Schwungrad.

Da das Beharrungsvermögen der sich drehenden Masse um so
größer ist, je weiter dieselbe von der sich drehenden Welle zu liegen
kommt, so ist der Durchmesser des Schwungrades möglichst groß anzulegen
und die Masse desselben je nach Thunlichkeit im Kranze des Rades
unterzubringen.   Der kompakte gußeiserne Kranz ist durch gerade oder
gebogene Speichen mit der an die Hauptwelle verkeilten Nabe ver=
bunden.   Speichen werden darum gebogen angefertigt, weil in solchen die
Spannung eine geringere, als in geraden ist.

Die Lokomobile wird häufig transportiert, sie ist darum möglichst
leicht herzustellen; aus diesem Grunde kann für das Schwungrad
nicht das eigentlich erwünschte Gewicht gewählt werden und sind wir
auch in Hinsicht des Durchmessers an gewisse Grenzen gebunden, so
daß wir die aus der Umdrehungskraft entspringenden Ungleichmäßig=
keiten kaum vollständig werden vermeiden können.

In den meisten Fällen trägt der Kranz des Schwungrades zugleich
die Kraft auf die Arbeitsmaschine über, und muß also, dem Riemen
entsprechend, genügend breit hergestellt werden.   Damit der Riemen
leichter in der Mittellinie des Schwungrades verharrt, wird der Kranz
des letztern leicht gesattelt hergestellt.   In manchen Fällen wird die
Arbeitsmaschine nicht mit Riemen, sondern mit Seil getrieben; in solchen
Fällen bekommt der Kranz des Schwungrades zur Aufnahme des Seiles
eine Nute.

2. Die Regulatoren.

Aufgabe des Regulators ist, die Geschwindigkeit der Dampfmaschine
dadurch zu stabilisieren, daß er durch seine im Verhältnis zur Geschwin=
digkeit wechselnde Bewegung nach Maßgabe des Widerstandes auch die
Dampfkraft verändert.   Der Regulator ist entweder mit der Drossel=
vorrichtung verbunden, und reguliert durch Veränderung der Dampf=
einströmungsöffnung den Dampfdruck, oder er ist mit der Steuerung
verbunden und verändert die Dauer der Dampfeinströmung; in beiden
Fällen wird also durch ihn die Dampfkraft je nach der faktisch zu ver=
richtenden Arbeit gesteigert oder verringert.

Mit Bezug darauf, ob der Regulator auf die Drosselvorrichtung
oder auf die Steuerung wirken soll, sei bemerkt, daß, obgleich im ersten

Falle infolge der Drosselung des Dampfes der Dampfdruck abnimmt, die Verbindung des Regulators mit der Drosselvorrichtung gleichwohl im allgemeinen als vorteilhafter angesehen werden muß; denn die Lokomobile hat in kurzen Zeitintervallen zu oft wechselnden Widerstand zu besiegen, und da zur Ausgleichung des letzteren das leichte Schwungrad nicht genügend ist, so könnte es, wenn der Regulator auf die Steuerung wirkte, geschehen, daß er in der Hälfte des Hubes den Dampfkanal wieder öffnen würde, was natürlich starke Stöße ergeben müßte. Allein, auch wenn wir von diesen Extremen absehen, so wird bei einem auf die Steuerung wirkenden Regulator die Dampfverteilung, z. B. beim Drusche, eine sehr unregelmäßige sein. Bei Lokomobilen hingegen, welche zur Verrichtung einer dauernden Arbeit, so zum Mühlbetriebe u. s. w. berufen sind, entsprechen jene Konstruktionen vorzüglich, bei welchen der Regulator den Grad der Füllung reguliert; doch zeigt sich ein eigentlicher Vorteil auch da lediglich bei Maschinen mit Steuerungen des Zweischiebersystems.

*   *
*

Bei dem gewöhnlichen Watt'schen Regulator (f. Fig. 126) wird die vertikal gelagerte Achse a durch das Zahnrad b oder durch eine Riemenscheibe von der Hauptwelle her bewegt; ihre Geschwindigkeit wird sonach beständig mit derjenigen der Maschine in proportionalem Zusammenhange stehen. Auf das Gelenk c dieser Achse sind mittelst der Stangen e e^1 die Kugeln d und d^1 eingehängt, welche, von der centrifugalen Kraft getrieben, sich nach außen hin bewegen, d. h. sie heben sich, wenn die Geschwindigkeit der Achse zunimmt und umgekehrt. Diese Bewegung der Kugeln wird durch die sich in die Gelenke f und f^1 klammernden kleinen Arme auf die Hülse g übertragen, welche locker auf der Achse sitzt und frei dem Heben oder Senken der Kugeln folgt. In die Nute h der Hülse reicht der gabelförmige Arm eines Winkelhebels, welcher um den Gelenkpunkt i mittelst Hebelarmes die Bewegung des Regulators auf die Drosselvorrichtung oder auf die Steuerung überträgt. Der Hub der Hülse wird durch den Ring k begrenzt.

Die in den Kugeln des Regulators entstehende centrifugale Kraft hat daher das Gewicht der zu treibenden Masse, die Reibung der sich bewegenden Teile, sowie den in der Drosselvorrichtung oder an der Steuerung auftretenden Widerstand zu bewältigen.

Ist diese Centrifugalkraft groß genug, d. h. besitzt der Regulator die hinreichende Kraft, so wird der letztere den Widerstand besiegen und mit einer gewissen Anzahl von Umdrehungen in Gleichgewicht verharren; und so werden, sobald z. B. die Hauptwelle durch Zunahme der Betriebshindernisse oder durch Abnahme der Triebkraft sich langsamer umdreht, die Kugeln des Regulators sich sofort senken und auf das

Drosselventil oder auf die Steuerung einwirkend, die Dampfkraft ver=
größern und dadurch die Umdrehung der Hauptwelle wieder auf die

normale Geschwindigkeit
zu bringen trachten.

Der Betrieb der
Maschine wird indes ge=
nau nur dann reguliert,
wenn der Regulator ge=
nügend empfindlich ist,
d. h. wenn er schon bei
einer geringen Verände=
rung der Umdrehungszahl
zu wirken beginnt, und
wenn ein nur geringes
Heben oder Senken der
Kugeln wahrnehmbare
Veränderungen in der
Dampfeinströmung ergibt.

Um nicht allzu hohe
Regulatoren anwenden zu
müssen, wird auf die die
Achse des Regulators
umfassende Hülse ein
Gewicht angebracht, das
in der Regel ausgehöhlt
ist und auch noch durch
besondere Belastungen ver=
größert werden kann, wo=

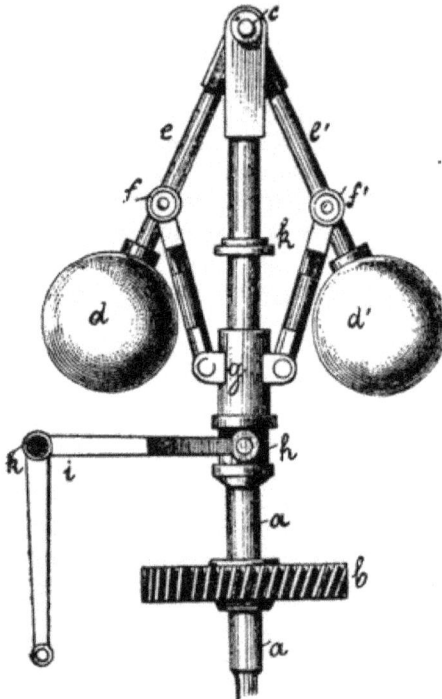

Fig. 126.

durch sich die Empfindlichkeit des Regulators nach Maßgabe des Be=
darfes verändern läßt. Bei so belasteten
Regulatoren sind die Kugeln kleiner als
bei jenen der Watt'schen Konstruktion.

Indessen können auch kurze Regu=
latoren ohne Gegengewicht ausreichend
sein, wenn ihre Arme, wie bei dem in
Fig. 127 dargestellten Andrabe'schen
Regulator, durch Stäbchen, die ein Pa=
rallelogramm bilden, mit der Hülse ver=
bunden sind.

Der in Fig. 128 abgebildete Re=
gulator von Kley, dessen Arme quer hängen, ist fast astatisch,
d. h. er kommt beinahe mit einer und derselben Geschwindigkeit ins

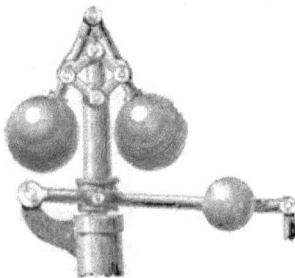

Fig. 127.

Gleichgewicht und kann sonach sehr vorteilhaft verwendet werden. In unserer Zeichnung ist zugleich ersichtlich gemacht, wie der Regulator die Bewegung seiner Hülse auf die Steuerung überträgt.

In Fig. 129 ist der Buß'sche Regulator anschaulich gemacht, bei welchem beide Kugeln mit Gegengewicht versehen sind und sich um das in gewisser Entfernung von der Regulatorachse befindliche Gelenk schwingen können. Auch dieser Regulator ist in jeglicher Stellung fast astatisch, nimmt überdies einen kleinen Raum ein und verschiebt

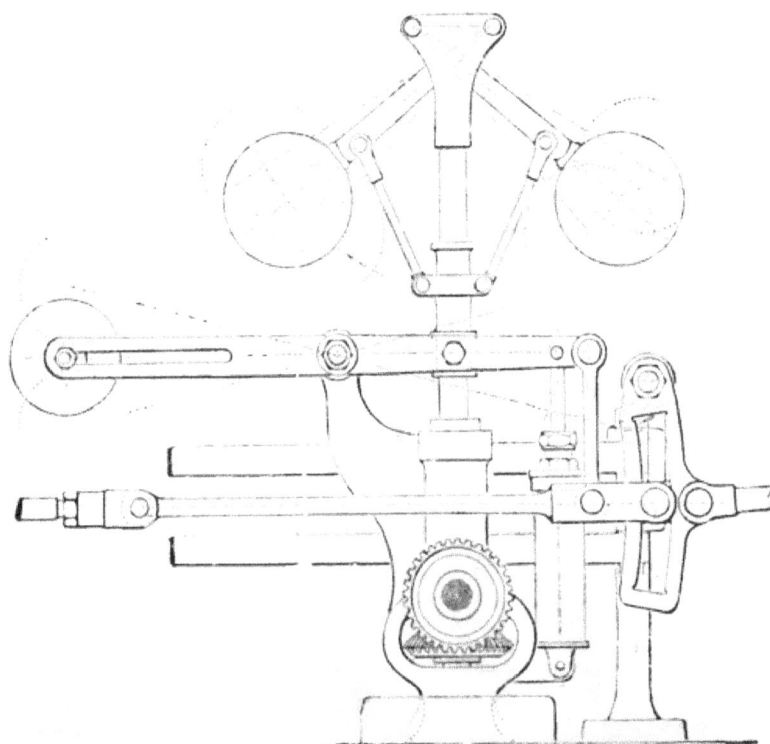

Fig. 129.

die Hülse zwischen weiten Grenzen mit großer Energie, welche Eigenschaften seine Verwendung wohl empfehlen.

In den Fig. 130 und 131 endlich stellen wir den von den bisherigen wesentlich abweichenden Regulator von Turner-Hartnell dar, welcher bei einer Veränderung der Geschwindigkeit der Hauptwelle unmittelbar den Expansionsexcenter verstellt. Zwischen die fest auf die Hauptwelle befestigten Scheiben sind Zapfen gefaßt, um welche die

I.

II.

III.

Fig. 120.

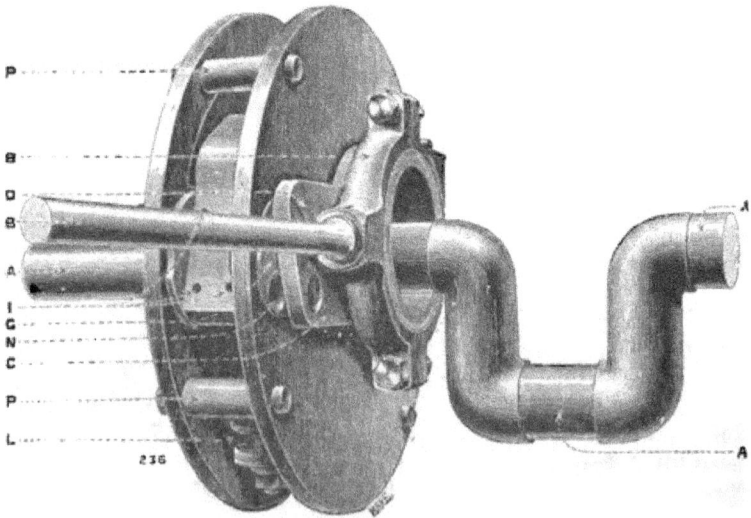

gegen die Hauptwelle gezogenen Regulatorgewichte H H ſich mittelſt der Spiralfedern L L verſchieben können, wodurch die Excenterſcheibe verdreht und der Füllungsgrad modifiziert wird.

Durch Anziehung der Schrauben M können die Federn beſſer geſpannt, und kann dadurch die Geſchwindigkeit der Maſchine geſteigert werden. Doch iſt darauf zu achten, daß die Schrau= ben beider Federn gleich= mäßig angezogen werden.

Soll die Umdrehungs= richtung der Maſchine ge= ändert werden, ſo werden die Schrauben E gelöſt und die Zapfen D heraus= gezogen; ſodann wird die Hauptwelle ſo lange gedreht, bis die in den Zapfen des Regulatorgewichts befind= lichen Bohrungen N gegen= über der entſprechenden Bohrung der Excenter= ſcheibe C zu liegen kommen, alsdann werden die Zapfen D in die Bohrung N ge= ſteckt und die Schrauben E wieder angezogen.

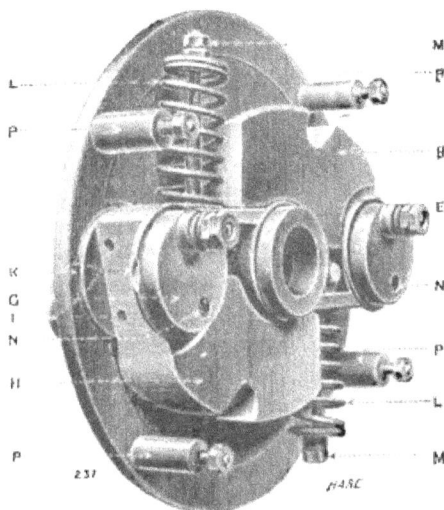

Fig. 131

Die Fig. 130 ſtellt die Verbindung des Expanſionsexcenters mit der Schieberſtange dar; auch können wir ſehen, daß die ganze Kon= ſtruktion bekleidet und folglich vor Staub und Schmutz vollkommen geſchützt iſt.

* * *

Hinſichtlich der Behandlung des Regulators bemerken wir, daß, da der Regulator nur dann empfindlich ſein wird, wenn er einen nur geringen Reibungswiderſtand zu bewältigen hat, die ſich reibenden Teile reinzuhalten und fleißig zu ſchmieren ſind. Wenn die Gelenke infolge von Staub oder Roſt ſchwer gehen, ſo ſind ſie genügend zu ſchmieren und einigemal mit der Hand zu bewegen, worauf ſie bald in Ordnung kommen; während der Arbeitspauſe ſind ſie jedoch gänzlich zu reinigen. Wenn der Regulator durch die Hauptwelle mittelſt Riemens oder Seiles getrieben wird, ſo iſt der Riemen ſtets ſtraff zu halten; denn der Riemen dehnt ſich mit der Zeit und beſorgt dann die Übertragung der Umdrehung der Hauptwelle nicht mehr korrekt. Da der Riemen den Unbillen der Witterung ausgesetzt, auch sonst leicht verdirbt, so ist es zweckmäßig, den Regulator durch Zahnradübersetzung zu treiben.

Der Regulator ist derart einzustellen, daß durch das Drosselventil hindurch so viel Dampf in den Cylinder strömen kann, als zur Verrichtung der Arbeit erforderlich ist. Bei den gewöhnlichen Regulatoren schließen alsdann die Arme der Kugeln mit der Regulatorachse einen Winkel von ungefähr 45° ein. Wenn die Arme sich über diesen Mittelstand hinaus um ungefähr 12° heben, so sperren sie die Dampfeinströmung vollständig; wenn sie dagegen sich um ebenso viel unter den Mittelstand senken, so ist das Drosselventil ganz geöffnet, d. h. der Schieber ergibt die größte Füllung.

Bei Einstellung des Regulators werden also die Kugeln um etwa 12° über ihren Mittelstand gehoben und das Drosselventil in dem Maße niedergedrückt, daß es die Dampfeinströmung vollkommen sperrt; sodann wird das Verbindungsgestänge zwischen dem Regulator und dem Drosselventil dementsprechend verlängert oder gekürzt.

Wollen wir die Dampfeinströmung ändern, so kann die Geschwindigkeit des Regulators modifiziert werden, zu welchem Zwecke das Verhältnis zwischen den Riemenscheiben geändert wird; so wird die Geschwindigkeit des Regulators abnehmen, wenn die größere Riemenscheibe gewählt wird, während umgekehrt die kleinere Riemenscheibe die Anzahl der Drehungen erhöhen wird.

Bei Regulatoren mit Zahnradbetrieb wird zur Änderung der Dampfeinströmung an dem auf die Hülse befestigten Hebelarm ein verschiebbares Gewicht angebracht, welches nach innen geschoben die Hindernisse des Regulators verringert, wodurch die Kugeln des Regulators sich rascher bewegen, während die Entfernung des Gewichtes den Widerstand erhöht und dadurch den Regulator in seiner Empfindlichkeit beeinträchtigt.

III. Der Lokomobilwagen.

Die Bedingungen, die an die Konstruktion des Lokomobilwagens geknüpft werden, sind, daß sie stark und dauerhaft ist, selbst auf schlechten Straßen einen leichten Transport ermöglicht, sich leicht lenken läßt und selbst die am tiefsten gelegenen Teile der Lokomobile noch ungefähr 300 mm hoch über der Erdfläche hält, damit auf weichen und steinigen Straßen keine Beschädigungen vorkommen kann.

Die Anordnung der Räder stimmt mit derjenigen der gewöhnlichen Wagenkonstruktionen überein. Die untere Räderachse ist fest mit dem hinteren Teil des Kessels verbunden, während die Achse der vorderen Räder verdrehbar mit der Lokomobile zusammenhängt.

Beim Transport auf steilen Wegen ist die Lokomobile mit einer Bremsevorrichtung zu verſehen, zu welchem Zwecke am einfachſten eine an einer Kette hängende Radſperre benutzt wird.

1. Das Geſtell der Lokomobile.

Das Geſtell der Lokomobile beſteht in der Regel aus der hinteren Achſe und dem Vorderwagen. Der Oberteil des Vorderwagens der Lokomobile wird feſt mit der hinteren Achſe verbunden. Damit bei einer Umwendung die Fahrräder ſich nicht an den Seitenwänden der Lokomobile reiben, führen zwei Ketten von der vordern zur hintern Achſe; bei jeder Umwendung ſpannt ſich nun eine dieſer beiden Ketten, und verhindert dadurch die weiteren Umdrehungen der Räder, während bei der Fahrt in gerader Richtung beide Ketten ſchlaff herabhängen. An= ſtatt dieſer Ketten kann man auch die Begrenzung der Verdrehung durch Naſen an dem Drehſchemel bewirken.

Der Vorderwagen der Lokomobile wird durch einen Drehſchemel gebildet, welcher derart konſtruiert ſein ſoll, daß er nicht allein die Schwenkung der vorderen Achſe, ſondern innerhalb gewiſſer Grenzen auch das Heben und Senken derſelben in vertikaler Ebene geſtattet, da es nur ſo möglich iſt, auf ſchlechter Straße alle vier Räder den Boden erreichen zu laſſen.

Ein Drehſchemel ſolcher Konſtruktion iſt bei der in Fig. 5 dar= geſtellten Lokomobile verwendet; bei derſelben wird an das an den Keſſel genietete und darunter im rechten Winkel abgekrämpte Blech ein flacher Eiſenring befeſtigt, welcher auf dem gleichgroßen Ringe des an die vordere Achſe befeſtigten Deichſelträgers aufliegt; durch die abgekrämpte Blechplatte und die vordere Achſe wird ein Zapfen hin= durchgeſteckt, um welchen ſich der Unterteil des Vorderwagens beliebig umwenden und ſich auch, da die Platte ein wenig elliptiſch durchbrochen iſt, in vertikaler Richtung bewegen kann.

Eine abweichende Konſtruktion beſitzen die in den Fig. 9, 61 und 62 dargeſtellten Kugelſchemel, bei welchen die an die Vorderachſe befeſtigte Hohlkugel in der an den Vorderteil des Keſſels befeſtigten Kugelhülſe ſich nach allen Richtungen drehen kann, wodurch dem Wagen eine erhöhte Beweglichkeit geſichert wird.

2. Die Achſen der Lokomobilwagen.

Die Achſe wird in der Regel aus einer ſchmiedeeiſernen oder Stahlſtange von Quadratquerſchnitt hergeſtellt, welche an ihren Enden mit Achſenzapfen verſehen iſt. Die hintere Achſe wird entweder gerade quer unter der Feuerbüchſe angelegt und durch an die Seiten der Feuerbüchſe genietete Platten getragen oder ſie iſt, wie in den Fig. 61

und 62, gebogen und an die auf die Seite der Feuerbüchse genieteten Winkeleisen befestigt. In diesem Falle können jedoch die Erschütterungen bei dem Transport die Lockerung der Nieten leichter als bei der vorigen Anordnung herbeiführen. Man pflegt auch statt durchlaufende Achsen nur einzelne Achsenzapfen zu verwenden und dieselben mittelst gußeiserner Hülsen an die Seiten der Feuerbüchse zu befestigen.

Die Achsenzapfen werden aus einem Stück mit der Achse geschmiedet, zuweilen werden aber Stahlzapfen an die Enden der schmiedeeisernen Achsen geschweißt. Der Zapfen wird fast durchgehend kegelförmig angefertigt; die konische Form ist deshalb vorteilhafter als die cylindrische, da sich das Rad bei ihr leichter aufschieben läßt und auch der mittlere Zapfendurchmesser schwächer sein kann, ohne daß dessen Widerstandsfähigkeit dadurch geschwächt würde, da die Verbiegung ohnehin bei dem innern Zapfen einen stärkeren Durchmesser als an dem äußeren Teile erheischt; überdies hält der konische Zapfen das Schmiermaterial besser und gewährt auf schlechtem Fahrwege dem Rade einen größeren Spielraum, als der cylindrische Zapfen.

Damit der Druck der Räder sich gegen das dickere Ende des Zapfens lenke, verleihen wir dem letztern eine kleine Biegung, wodurch sich zugleich die Räder den gewölbten Straßen besser anbequemen; da ferner die Radnabe durch den Druck der Räder fortwährend gegen den Zapfenring der Achse gedrückt wird, so wird sie nicht vom Zapfen abgleiten, wie dies bei geraden Zapfen ja vorzukommen pflegt, wogegen freilich auch der am Ende des Zapfens befestigte Ring schützt. (S. Fig. 61.)

In der Mitte des Zapfens ist ein Ring ausgedreht, damit der Zapfen das Schmiermaterial besser halte, welchem Zwecke jedoch eine an der Zapfenoberfläche abgefeilte glatte Fläche ebenso gut entspricht.

3. Die Räder des Lokomobilwagens.

Da der Achsenzapfen, wie erwähnt, ein wenig gebogen ist, so stehen die Räder selbstverständlich nicht parallel, sondern sind oben weiter als unten von einander entfernt. Damit die Radsohle nicht auf ihrer Kante läuft, wird das ganze Rad konisch verfertigt und der Reifen gesattelt angelegt, doch ist letzteres wegen der schwierigen Herstellung seltener zu finden.

Die Speichen werden bei guten Rädern derart in die Nabe eingerichtet, daß die unterhalb der Nabe befindliche Speiche immer vertikal zum Erdniveau steht; so liegen die gesamten Speichen auf einer konischen Fläche, was nicht allein für die Inanspruchnahme der Speichen sehr vorteilhaft ist, sondern auch die Festigkeit des Rades erhöht, da etwaige Stöße bei solcher Radform die Nabe nur dann aus der Radfläche

hinauszudrücken vermögen, nachdem sie zuerst die Speichen zerdrückt
haben.

Der Durchmesser des Rades und die Breite der Radsohle sollen
so groß sein, daß der Transport selbst auf weichen Straßen keine
Schwierigkeiten bereitet. In dieser Hinsicht bemerken wir, daß je
schwerer die Lokomobile ist, sie um so größere und breitere Räder besitzen muß.

In der Radnabe wird ein Schmierloch angebracht, damit man
die Zapfen schmieren kann, ohne vorher die Räder zu entfernen.
Dieses Schmierloch wird zumeist mit einem Spunde, welcher ein
Schraubengewinde besitzt, verschlossen. Überdies ist der Zapfen des
Rades gegen Staub und Schmutz zu schützen, zu welchem Zwecke das
Ende der Nabe von einer Kappe verschlossen wird. (S. Fig. 132.)

Die Räder werden aus verschiedenartigen Kombinationen von
Holz, Gußeisen und Schmiedeeisen verfertigt.

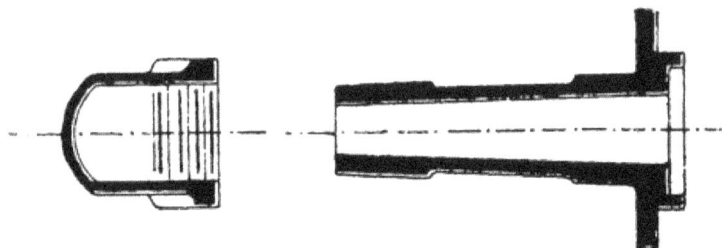

Fig. 132.   Fig. 133.

Wenn die Räder ganz aus Holz sind, so soll die Radbüchse
(s. Fig. 133) unbedingt aus Gußeisen sein; Nabe und Sohle aber sind
durch schmiedeeiserne Ringe zu verstärken. Wenn wir die Holzräder
aus gutem, trockenen, möglichst gebeiztem Holze — am besten die
Speichen aus Erlenholz, die Nabe und Sohle aus Eichen-, Buchen-
oder Ulmenholz — und genügend stark verfertigen, so entsprechen
dieselben den landwirtschaftlichen Anforderungen, da sie die Lokomobile
beim Transporte nicht in dem Maße wie die Eisenräder rütteln und
den großen Vorteil besitzen, in jeder Wirtschaft leicht reparierbar zu sein.

Üblicher ist es, die Speichen und die Sohle aus Holz, die Nabe
aber aus Gußeisen herzustellen. Diese Räder sind, was ihre äußere
Form betrifft, gefälliger als die vorigen, aber bei großer Hitze trocknen
im Sommer ihre Speichen zusammen. Wir können durch öfteres Be-
gießen diesem Übel abhelfen, es ist aber zweckmäßig zweiteilige Naben
zu verwenden, welche durch Schrauben zusammengedrückt, die Speichen

umfassen, so daß man, falls dieselben locker werden, bloß die Schrauben nachzuziehen braucht.

Bei eisernen Rädern verfertigt man die Speichen aus Schmiede= eisen, die Nabe und die Radsohle aus Gußeisen. Die Herstellung solcher Räder ist sehr wohlfeil, da die runden oder glatten Eisen= speichen in die Nabe und in die Radsohle einfach hineingegossen wer= den. Dagegen verdirbt die Sohle dieser Räder, wie es die Erfahrung lehrt, auf steinigen Wegen sehr leicht, weshalb deren Herstellung auch nicht besonders empfohlen werden kann.

Im allgemeinen wird eine Kombination von der Nabe aus Guß= eisen, den Speichen und der Sohle aus Schmiedeeisen benutzt. In diese Naben werden Arme von flachem Schmiedeeisen eingefügt, an deren Ende Winkeleisenringe aufgenietet sind; um diese wird dann der schmiede= eiserne Reif warm aufgezogen und vernietet. Die Speichen sind in zwei Ebenen verteilt, wodurch die Festigkeit der Räder bedeutend er= höht wird. Bei einfacheren, und dann auch schwächeren Rädern sind die flachen Eisenspeichen aneinander und an den Radreif genietet.

IV. Betrieb der Lokomobile.

Bei der Behandlung der Maschinenteile haben wir bereits er= wähnt, wie man dieselben in Ordnung halten muß, so daß wir jetzt nur noch die Verhaltungsmaßregeln für die Aufstellung, die Ingang= setzung, die Aufsicht bei dem Betriebe und die Arbeitseinstellung be= sonders hervorheben müssen.

1. Aufstellen der Lokomobile.

In landwirtschaftlichen Gebäuden muß man die Lokomobile — wie bereits erwähnt — auf möglichst harte Dielen stellen, damit dieselbe bei einer eventuellen Feuersgefahr leicht fortgezogen werden kann. Bei den im Freien arbeitenden Lokomobilen sind bei weicher Boden= beschaffenheit Bretter unterzuschieben, und muß man hierbei darauf achten, daß die Hauptwelle der Lokomobile horizontal liegt, und daß die Feuer= büchsenseite nicht höher zu liegen kommt, als jene der Rauchkammer. Davon, ob die Lokomobile horizontal aufgestellt ist, kann man sich durch das an dem Schwungrad von der Hauptwelle herabgelassene Senkblei, oder mittelst der Libelle überzeugen.

Es ist erwünscht, daß das Schwungrad der Lokomobile mit dem Schwungrade der Arbeitsmaschine in einer und derselben Ebene zu liegen kommt; in diesem Falle liegt die Hauptwelle der Lokomobile parallel zu jener der Arbeitsmaschine.

Zuweilen werden behufs Einstellung und zugleich Fixierung der Lokomobile keilförmige Schuhe unter die Räder derselben geschoben, welche paarweise mittelst Stangen verbunden sind. Ebenso kann man die vorderen und hinteren Räderpaare mittelst eingelegter Spreizen befestigen.

Die Arbeitsmaschine wird mittelst eines Riemens oder eines Seiles durch die Lokomobile in Bewegung gesetzt, und ist die Richtung ihrer Bewegung gleich derjenigen der Lokomobile, ausgenommen den Fall, daß man den Riemen oder das Seil kreuzt, in welchem Falle die Welle der Arbeitsmaschine sich zu derjenigen der Lokomobile in entgegengesetzter Richtung bewegt. Die Geschwindigkeit der Arbeitsmaschine hängt von dem Verhältnisse ab, in dem die Durchmesser des Triebrades und des getriebenen Rades zu einander stehen. Und zwar ist z. B. das getriebene Rad der Arbeitsmaschine halb so groß, als das Schwungrad der Lokomobile, so macht die Arbeitsmaschine zweimal so viel Umdrehungen, als die Lokomobile; beträgt der Durchmesser bloß $1/_3$ des Schwungrades, so betragen die Umdrehungen dreimal so viel u. s. w. So können wir der Arbeitsmaschine — innerhalb gewisser Grenzen — eine beliebige Anzahl von Umdrehungen geben, indem wir ein Triebrad von entsprechendem Durchmesser auf deren Welle befestigen.

Um den Riemen schmiegsam zu erhalten, ist es vorteilhaft, denselben nach je 2—3 monatlicher Benutzung mit lauem Wasser zu waschen, zu trocknen und dann einzufetten.

2. Inbetriebsetzung der Lokomobile.

Bevor wir die Lokomobile in Betrieb setzen, müssen wir uns überzeugen, ob der Wasserstand im Kessel ein genügend hoher, und ob die Dampfspannung eine hinreichend große ist, da sonst beide infolge des Dampfverbrauches leicht abnehmen können. Es ist daher am besten, vor Inbetriebsetzung ein lebhaftes Feuer zu unterhalten, damit der Dampfdruck langsam, aber stufenweise steigt. Hierauf untersuchen wir sämtliche Armaturgegenstände und die Speisepumpe und prüfen, ob in dem Wassergefäße genügender Vorrat ist.

Erst wenn wir am Kessel alles in Ordnung gefunden haben, beginnen wir an der Maschine die nötigen Vorbereitungen.

Vorerst untersuchen wir, ob die einzelnen Maschinenteile fest miteinander verbunden sind und ob Schrauben, Keile oder Bolzen in Ordnung sind 2c. Hierauf ölen wir die sich reibenden Teile: all diejenigen Teile, welche mit Dampf in Berührung kommen, wie Dampfcylinder, Schieber und Stopfbüchse schmieren wir mit geschmolzenem Talg oder Valvolineöl, während wir die übrigen sich reibenden Maschinenteile, wie die Lager, die Geradführung, Pleuelstange, Kreuzköpfe 2c. mit reinem Maschinenöl, die Stopfbüchse der Pumpe aber mit Seifenwasser schmieren. Das richtige Funktionieren der Schmiervorrichtungen kontrollieren wir in der bei den Lagern angedeuteten Weise.

Wir müssen im allgemeinen jeden beweglichen Teil der Maschine von Schmutz und Rost freihalten, resp. reinigen, damit wir an der glänzenden Oberfläche derselben jeden, auch den kleinsten Riß bemerken können. Das Lockern zusammengefügter Teile zeigt sich bei dem Putzen in Form einer feinen Öllinie.

Nach dem Schmieren der Maschine kontrollieren wir die richtige Verbindung der Maschinenteile dadurch, daß wir das Schwungrad mit der Hand in der regelmäßigen Umdrehungsrichtung ein- bis zweimal umdrehen; hierauf wird das Schwungrad in der Stellung zum Stehen gebracht, in welcher der Kolben, beziehungsweise der Kreuzkopf vom toten Punkte gerechnet ungefähr $1/8$ seines Hubes zurückgelegt hat. Diese Stellung entspricht der Angangsstellung der Maschine, bei welcher der Dampf schon durch eine genügend große Öffnung in den Cylinder strömen kann, damit er mit dem eigenen Drucke, ohne Nachhilfe, die Maschine in Bewegung setzen kann.

Der Cylinder muß vor der Inbetriebsetzung vorgewärmt werden, da der größte Teil des warmen Dampfes sich an den Wänden des kälteren Schieberkastens und des Dampfcylinders kondensiert. Zu diesem Behufe leiten wir bei Dampfcylindern mit Dampfmantel frischen Dampf in letzteren; sonst aber öffnen wir die Dampfabsperrvorrichtung und leiten Dampf in den Cylinder, öffnen aber zugleich die Wasserablaßhähne, damit der kondensierte Dampf durch dieselben entweichen kann. Nach kurzer Zeit geben wir mit der Dampfpfeife ein Signal und öffnen langsam die Dampfabsperrvorrichtung, infolgedessen setzt sich die Dampfmaschine langsam in Bewegung und steigt deren Geschwindigkeit successive. Nachdem bei den Wasserablaßhähnen nur noch Dampf entweicht, sperren wir dieselben ab; hierauf lassen wir die Maschine leer gehen, bis dieselbe durch den Regulator geregelt mit normaler Umdrehung geht; hierauf geben wir mit der Dampfpfeife ein erneutes Zeichen zum Beginn der Arbeit.

3. Aufsicht beim Betrieb der Lokomobile.

Es ist selbstverständlich, daß die Aufsicht bei dem Betriebe der Lokomobile alle jene Arbeiten in sich faßt, welche wir bei der Handhabung des Kessels während des Betriebes erwähnten. So müssen wir trachten, im Kessel einen gleichmäßigen Dampfdruck zu unterhalten, weshalb wir auch den Manometer stets beachten müssen; außerdem müssen wir dem Wasserstande, der Wirkung der Speisevorrichtung, der

ständigen Füllung der Wasserbottiche während der Arbeit ein leb=
haftes Interesse zuwenden.

Während der Arbeit der Maschine muß man die Dampfabsperr=
vorrichtung möglichst vollkommen offen lassen, die Regulierung ist
dem Regulator zu überlassen, welcher, falls er gut ist, dieser Aufgabe
bestens entsprechen wird.

Auch das fortwährende Schmieren der sich reibenden Teile ist
eine der wichtigsten Aufgaben des Maschinisten, da das Erwärmen
der Lager und die infolgedessen entstehenden Übel bloß die Folge
von Fahrlässigkeit sind. Daher muß man nicht nur die Schmiervor=
richtungen fortwährend untersuchen, sondern auch durch Betasten der
Lager und der Pleuelstangenköpfe sich darüber Gewißheit schaffen, ob
das Schmieren in Ordnung geht. Erwärmte Teile müssen durch in
schwachen Strahlen gespritztes Wasser gekühlt werden. Teile, bei denen
beim Betasten die Hände brennen, dürfen nicht mehr mit Wasser
gekühlt werden, sondern muß, wenn ein solcher Fall eintritt, der Be=
trieb eingestellt werden und der Fehler nach den erteilten Weisungen
erforscht und gehoben werden.

Außer dem regelmäßigen Schmieren ist es auch zweckmäßig, die
in den Stopfbüchsen gehenden Kolben und Schieberstangen mit Talg
zu schmieren. Für den Fall, daß bei den Stopfbüchsen Dampf ent=
strömt, muß man dieselben gleichmäßig anziehen.

Die feste Verbindung der Maschinenteile können wir durch Be=
tasten der Lagerträger, der Excenterstange und der Pleuelstange kon=
statieren. Bemerken wir ein Zittern, oder hören wir Schläge, so sind
die Keile und Schrauben anzuziehen.

Wir müssen unser Augenmerk auch darauf richten, ob der Dampf
im Cylinder gleichmäßig verteilt wird. Die Behebung der un=
richtigen Dampfverteilung hat nach den bei den Steuerungen erteilten
Weisungen zu geschehen.

Man muß auf die Reinheit der Maschinenteile auch während
der Arbeit achten, aber einzelne sich bewegende Teile, wie Schwungrad
und Regulator dürfen nur während der Pause gereinigt werden, damit
dem Arbeiter kein Unglück zustößt. Hingegen können Schieberstange,
Hauptwelle und andere sich drehende oder hin und her bewegende Teile
auch während des Betriebes leicht mit Schmirgelpapier gereinigt werden.

4. Einstellung des Betriebes.

Bevor wir den Betrieb einstellen, geben wir mit der Dampf=
pfeife ein Zeichen, damit man bei der Arbeitsmaschine die Arbeit nicht
fortsetzt; wir öffnen die Wasserablaßhähne des Cylinders und schließen
die Dampfabsperrvorrichtung langsam, bei kurzen Arbeitspausen besonders

darauf achtend, daß die Maschine in der Angangsstellung stehen bleibt, was wir bei einiger Übung leicht erlernen.

Vor Einstellung des Betriebes kann man Wasser in den Kessel pumpen; man muß im allgemeinen alle jene Vorsichtsmaßregeln beobachten, welche wir bei der Handhabung des Kessels hervorgehoben haben.

Nachdem die Maschine stehen geblieben, sind deren Teile sofort zu reinigen und eingehend zu untersuchen. Bei längeren Arbeitspausen ist der Baumwolldocht aus dem Schmierloche der Schmiervorrichtungen zu entfernen, damit das Öl nicht unnütz fließt; lockere Teile müssen alsdann angezogen, eventuell schadhaft gewordene Teile aber repariert werden.

Wird das Eintreiben eines Keiles nötig, so sollen wir dies nur mittelst eines Hammers aus Buchenholz oder Kupferhammers thun, da ein Eisenhammer leicht Scharten schlägt.

Pausiert die Maschine lange Zeit, so werden das Innere des Cylinders und die sich reibenden Teile der Steuerung, sowie das glänzende Gestänge und die Wellen mit Talg beschmiert, damit dieselben nicht verrosten. Überdies wird es nicht überflüssig sein, die Lokomobile mit einer Matte zu bedecken.

*   *   *

*

Allgemeine Regeln für den Betrieb der Dampfmaschine.

(Aufgestellt vom Magdeburger Verein für Dampfkesselbetrieb.)

1. Vor dem Anlassen der Maschine muß dieselbe gereinigt und geölt sein. Es ist regelmäßig zu untersuchen, ob an Kurbeln, Lagern, Kreuzkopf, Pleuelstangen u. f. w. alle Keile und Schrauben festsitzen und in Ordnung sind. Dasselbe ist bei jedem Stillstande der Maschine zu wiederholen.

2. Zum Anwärmen der Rohrleitung und Maschine ist das Dampfventil an Kessel und Maschine langsam etwas zu öffnen. Zum Ablassen des Condenswassers sind vorher alle Hähne an den Rohrleitungen und der Maschine zu öffnen.

3. Das Anlassen der Maschine muß langsam und darf nicht ohne vorhergegangenes und deutliches Signal geschehen, damit jedermann gewarnt wird, von Triebwerken fern zu bleiben. — Bei etwaigem Drehen der Schwungradwelle behufs richtiger Kurbelstellung ist mit Vorsicht zu verfahren und zu Hilfe gerufene Mannschaft vorher gehörig zu informieren.

4. Die Vornahme anderer Beschäftigung als bei der Maschine und Kessel ist dem Maschinisten so lange untersagt, bis das Ganze in regelmäßigem Gange ist.

5. Während des Ganges ist die Untersuchung und Schmierung der Maschine nur vom Maschinisten selbst und mit der größten Vorsicht auszuführen, aber stets da verboten, wo an Bewegungs= teilen, wenn ohne Schutzvorrichtung, nur mit Gefahr anzukommen ist.

6. Jedes Abstellen der Maschine ist vorher bekannt zu machen. Das Signal muß von demjenigen für das Anstellen deutlich zu unterscheiden sein. Ob vor den regelmäßigen Stillstandspausen die Dampfspannung im Kessel sinken darf, ist von den Betriebsverhältnissen abhängig. Maschinist und Heizer haben sich nach erhaltener Weisung hierüber zu verständigen.

7. Nach dem Abstellen der Maschine sind sofort die Cylinder= hähne zu öffnen. Bevor der Maschinist sich entfernt, hat er sich zu überzeugen, daß das Dampfventil gehörig geschlossen und Kessel, Maschine und Zubehör in sicherm Zustande sich befinden. In Winterszeiten ist bei längeren Stillstandspausen alles sorgfältig vor dem Einfrieren zu schützen und nötigenfalls Wasser= und Dampfleitung rechtzeitig zu entleeren.

8. Beim Schichtwechsel hat der abtretende dem antretenden Maschinisten Maschine und Zubehör in ordnungsmäßigem Zustande zu überliefern und während seiner Schicht etwa vorgekommene Unregel= mäßigkeiten mitzuteilen.

9. Läuft ein Bewegungsteil heiß, so ist unter Beobachtung gehöriger Vorsicht zunächst direkt an die reibenden Flächen Öl zu geben und dann zu untersuchen, ob die Schmiervorrichtung in Ordnung ist. Nimmt die Wärme zu, so ist es zweckmäßig, Schwefelblumen mit Öl durch das Schmierloch zu bringen und mit kaltem Wasser zu kühlen. Hilft dies nicht, so ist ein zu starkes Anspannen der Keile und Schrauben zu vermuten und die Maschine still zu stellen, um letztere Teile etwas zu lockern. Werden die Teile dann wiederum sofort warm, so sind sie auseinander zu nehmen, sorgfältig zu reinigen und nötigenfalls nach= zuhelfen.

10. Das Schnarren der Dampfkolben läßt ein zu starkes Anspannen der Kolbenringe vermuten. — Man versuche es durch Schmieren zu beseitigen, andernfalls sind die Ringe zu lockern.

11. Stöße bei jedem Hube werden in der Regel veranlaßt durch Wasser im Cylinder, durch Anstoßen der Kolben an die Deckel, durch Lockerung der Bewegungsteile oder durch unrichtige Lage derselben. Die Ursache ist genau zu ermitteln und zu beseitigen.

12. Zu stark angespannte oder trockene Packung der Stopfbüchsen verursacht starke Abnutzung und Zittern der Stangen. Man lockere die Schrauben, schmiere und ersetze event. die verhärtete Packung.

13. Fängt die Dampfmaschine an, plötzlich rascher zu

gehen, so ist nachzusehen, ob der Regulator in Ordnung ist und die Drosselklappe richtig abschließt. Das Dampfventil muß alsdann etwas geschlossen werden. Bei Beschränkung des Betriebes ist die Dampfspannung im Kessel durch schwächeres Heizen zu verringern oder etwa vorhandene Expansion zu verstellen.

14. Fängt die Dampfmaschine an, auffallend langsamer zu gehen, so ist nachzusehen, ob das Dampfventil ganz geöffnet, ob Regulator und Drosselklappe in Ordnung sind, sowie ob der Kessel gehörigen Dampf hat und ob sich etwa Teile heiß gelaufen haben. Etwa vorhandene Expansion ist dann zu verstellen, wenn der Betrieb mehr Kraft verlangen sollte.

15. Auffälliger Dampfverbrauch (Kohlenverbrauch) beweist in der Regel, daß Dampfkolben und Schieber undicht und Expansions-Vorrichtung falsch gestellt sind. Dem Vorgesetzten ist Meldung zu machen und am besten die Maschine durch Sachverständige untersuchen zu lassen.

Zweiter Abschnitt.

Der Lokomobilbetrieb in ökonomischer Beziehung.

Der ökonomische Wert der Lokomobile wird nicht lediglich nach jener Arbeit beurteilt, welche uns dieselbe zur Verfügung stellt, — vielmehr sind hierbei auch die Kosten dieser Arbeit in Betracht zu ziehen und gilt im allgemeinen, daß der ökonomische Wert der Lokomobile W zu der in einer gewissen Zeit verrichteten Arbeit A in geradem, zu den auf diese Zeit entfallenden Kosten K aber in umgekehrten Verhältnis steht, sodaß man schreiben kann: der ökonomische Werth $W = \dfrac{A}{K}$.

Vor allen Dingen ist also zu bestimmen, wie groß die Arbeit ist, welche eine Lokomobile zu verrichten vermag; denn die im Handels-verkehr übliche Benennung, die sogenannte nominelle Pferdekraft,[*] entspricht nicht dem thatsächlichen Arbeitsvermögen der Lokomobile.

---

[*] Die üblichen Erklärungen für die nominelle Pferdekraft beziehen sich auf einen bestimmten Dampfdruck; da aber derselbe bei den in der Praxis vorkommenden Lokomobilen in großen Grenzen schwankt, können wir hier von der weiteren Besprechung der nominellen Pferdekraft abstehen.

I. Das Arbeitsvermögen der Lokomobile.

Das Arbeitsvermögen der Lokomobile drückt sich nicht allein in jener Arbeit aus, welche der Dampf im Cylinder verrichtet, — es ist vielmehr auch in Betracht zu ziehen, daß ein Teil dieser Arbeit durch den aus den Bewegungen der Maschinenteile resultierenden Widerstand aufgebraucht wird, daher zur Verrichtung der Nutzarbeit uns nie die genannte Dampfarbeit zur Verfügung steht.

Das Arbeitsvermögen des Dampfes wird durch die in der Zeiteinheit verrichtete Arbeit ausgedrückt.

Unter mechanischer Arbeit verstehen wir im allgemeinen das Ergebnis der Multiplikation der im gleichmäßigen Ziehen oder Drücken sich äußernden Kraft und des von ihr mit gleichmäßiger Geschwindigkeit zurück gelegten Weges. So beträgt, wenn eine Zug= oder Druckkraft von 5 kg einen Weg von 3 m zurücklegt, die verrichtete Arbeit $5 \times 3 = 15$ kgm (km). Als Einheit wird jene Arbeit angenommen, welche 1 kg Kraft während eines Weges von 1 m entwickelt $= 1$ km.

Wollen wir die Arbeit des Dampfes berechnen, so müssen wir jene Kraft kennen, mit welcher der Dampf den Kolben vorwärts drückt. Diese Dampfkraft ist jedoch bei den meisten Maschinen nicht während ihres ganzen Weges eine beständige, worauf bei der Berechnung selbstverständlich Rücksicht zu nehmen ist.

A. Die Arbeit des Dampfes mit Volldruck.

Der Dampf drückt, indem er an der einen Seite des Cylinders in den letzteren tritt, den Kolben bis ans Ende seines Hubes. Somit ist die Arbeit des Dampfes während eines Hubes des Kolbens gleich dem Drucke des Dampfes auf die Gesamtfläche des Kolbens, multipliziert mit der Länge des Hubes. Ist beispielsweise der Kolbendurchmesser 24 cm, die Hublänge aber 35 cm, so beträgt die Fläche des Kolbens $\frac{24 \times 24 \times 3{,}14}{4} = 452{,}3$ cm^2; der Druck, mit welchem z. B. ein Dampf von 4 Atmosphären auf eine Fläche von je einem Quadratcentimeter des Kolbens wirkt, ist 4 kg; auf die entgegengesetzte Seite des Kolbens aber üben der ausströmende Abdampf und der vor dem Ende der Ausströmung darin verbliebene komprimierte Dampf einen Druck in entgegengesetzter Richtung aus, welcher in Abschlag zu bringen ist, so zwar, daß der nützliche Druck bei voller Füllung nur etwa 3,5 kg beträgt. Der durch den Dampf auf die Gesamtfläche des Kolbens geübte nützliche Druck ist also $= 452{,}3 \times 3{,}5$ kg $= 1583$ kg; die durch den Dampf während eines Hubes verrichtete Nutzarbeit

1583 kg × 0,35 m = 554 km·; die während einer Umdrehung der Hauptwelle, d. h. während zweier Hube verrichtete Arbeit beträgt demnach 554 km × 2 = 1108 km.

Kennt man die Anzahl der Umdrehungen der Maschine, so wird es leicht sein, auch die per Sekunde verrichtete Arbeit des Dampfes zu bestimmen. Wenn im obigen Beispiel die Umdrehungszahl per Minute 120 wäre, so würde die Umdrehungszahl per Sekunde $\frac{120}{60} = 2$ betragen; die Arbeit des Dampfes in der Sekunde also 1108 km × 2 = 2216 km sein.

Behufs bequemer Berechnung wird bei Motoren in der Regel eine größere Einheit als 1 km angenommen. So bilden laut Herkommen 75 km eine größere Einheit und diese wird, wenngleich der Thatsache nicht entsprechend, gemeinhin eine Pferdekraft genannt, obgleich unsere Pferde durchaus nicht im stande sind, eine solche Arbeit zu verrichten.

Somit beträgt in unserm obigen Beispiele die Arbeit des Dampfes per Sekunde 2216 km : 75 km = 29,6 Pferdekraft.

B. Arbeit des Dampfes mit Expansion.

Bei unseren Lokomobilen arbeitet der Dampf mit Expansion; die Arbeit eines solchen Dampfes unterscheidet sich insofern von derjenigen des mit Volldruck arbeitenden Dampfes, als wir den Weg, den der Kolben zurückgelegt, nicht mit jenem Druck multiplizieren, welchen der Dampf besessen hat, als er in den Cylinder trat; sondern wir müssen einen solchen Mitteldruck in Rechnung ziehen, mit welchem der Dampf bei voller Füllung genau so viel Kraft entfalten würde, als er mit dem faktisch vorhandenen Druck, bei Expansion, entfaltet.

Behufs Bestimmung des Mitteldruckes wird der Indikator verwendet; die Hauptbestandteile dieser Vorrichtung sind ein Metallcylinder und ein sich in diesem bewegender Kolben, welchen eine Feder einwärts drückt, während der aus dem Dampfchlinder hierherströmende Dampf ihn aufwärts zu drücken trachtet. Die Bewegung des Indikator-Kolbens wird mittelst Schreibvorrichtung auf ein Blatt Papier gezeichnet, welches mittelst einer an den Kreuzkopf gebundenen Schnur im Kreise umgedreht wird. Die so gewonnene Zeichnung ergibt ein treues Bild der Veränderung des Dampfdruckes und kann daraus leicht der Mitteldruck des Dampfes bestimmt und zugleich auch die Dampfverteilung ermessen werden.

Diese Vorrichtung kann nur durch einen Fachmann gehandhabt werden; dem Landwirt empfiehlt sich somit zum eigenen Gebrauche eine minder genaue Berechnung; wenn es jedoch gilt, zwischen mehreren Maschinen einen Vergleich anzustellen, — so bei Maschinenprüfungen und Konkurrenzen — so können lediglich die Daten des Indikators als maßgebend angesehen werden.

Behufs annähernder Bestimmung des den verschiedenen Füllungen entsprechenden Mitteldruckes kann die nachstehende, vom englischen Ingenieur Gooch auf Grund von Experimenten mit Lokomotiven zusammengestellte Tabelle benutzt werden, bei welcher auch schon der aus dem Gegendruck erwachsende Verlust abgerechnet ist.

Füllung	Mitteldruck	Füllung	Mitteldruck
0,25	0,40	0,60	0,78
0,30	0,46	0,70	0,85
0,40	0,57	0,80	0,93
0,50	0,67	0,90	0,98

Wenn nun beispielsweise der Manometer 4,5 Atmosphären zeigt und die Maschine mit einer Füllung von 0,40 arbeitet, so ist laut unserer Tabelle der Mitteldruck für die ganze Bahn des Kolbens = 0,57 × 4,5 kg = 2,56 kg auf je ein Quadratcentimeter der Kolbenfläche.

Da bei unserm unter Annahme von vollem Druck berechneten Beispiele die Fläche des Kolbens 452,3 cm² betrug, so ist der auf die Gesamtfläche des Kolbens geübte Druck 452,3 × 2,56 kg = 1157,8 kg; die durch den Dampf während eines Hubes verrichtete Arbeit 1157,8 kg × 0,35 m = 405 km; die während einer Umdrehung der Maschine verrichtete Arbeit aber 405 km × 2 = 810 km.

Wenn wir nun wieder annehmen, daß die Umdrehung der Maschine in der Sekunde 2 beträgt, so ist die Arbeit des Dampfes in der Sekunde 810 km × 2 = 1620 km.

In Pferdekräften ausgedrückt beträgt die Arbeit der Maschine in der Sekunde $\dfrac{1620 \text{ km}}{75 \text{ km}}$ = 21,6 Pferdekräfte.

C. Die Nutzarbeit (effektive Arbeit) der Lokomobile.

Wie bereits erwähnt, hat die Arbeit des Dampfes auch die Reibung der Maschinenteile zu bewältigen; die Hauptwelle der Lokomobile stellt uns infolge der Reibungsverluste weniger Arbeit zur Verfügung, als wir aus der im Cylinder verrichteten Arbeit des Dampfes berechnet haben. Die effektive Nutzarbeit der Maschine läßt sich am zweckmäßigsten durch eine Bremse bestimmen, die aus Holzbacken besteht, welche auf die Hauptwelle oder auf das darauf verteilte Rad zu drücken sind. Durch das Zusammendrücken der letzteren entsteht zwischen den Bremsbacken und dem Rad eine große Reibung, welche von der Arbeit der Maschine bewältigt wird. Behufs Messung dieser Arbeit bildet die Verlängerung der Bremse einen Hebelarm, an dessen Ende sich eine Wagschale befindet, in die wir so lange Gewichte legen, bis die Wagstange im Gleichgewichte bleibt, d. h. bis die Maschine genau so viel Arbeit verrichtet, als durch die Reibung absorbiert wird.

Aus diesen Gewichten und der Proportion des Hebelarmes kann die durch die Maschine verrichtete Arbeit genau bestimmt werden. Noch pünktlicher kann die durch die Reibung absorbierte Arbeit ermessen werden, wenn die Bremse durch ein Dynamometer ersetzt wird, welches die durch die Lokomobile entwickelte Kraft verzeichnet. Indessen auch die Handhabung dieser Vorrichtung kann nur einem Fachmanne anvertraut werden, wie wir denn auch solche genauere Daten lediglich bei Maschinen-proben brauchen.*) Für den eigenen Gebrauch des Landwirtes genügt es, wenn er von der berechneten Pferdekräfte-Anzahl für Reibungs-verlust 15—20% in Abschlag bringt. So beträgt in dem früheren Beispiel die uns seitens der Maschine faktisch zur Verfügung gestellte Arbeit:

$$\text{Mit voller Füllung } 23,7 - 25,2 \text{ Pferdekräfte}$$
$$\text{Mit } 0,4 \quad \text{„} \quad 17,3 - 18,4 \quad \text{„}$$

II. Betriebskosten der Lokomobile.

Nachdem wir im bisherigen die Modalitäten kennen gelernt haben, um die uns von einer Lokomobile zur Verfügung gestellte Arbeit zu bestimmen, können wir, um auf den ökonomischen Wert der Lokomobile schließen zu können, nunmehr die Betriebskosten berechnen.

Die Betriebskosten setzen sich aus dem Beschaffungspreise, den Kosten der Instandhaltung, dem Materialverbrauch und den Kosten des Maschinenwärters zusammen.

A. Verzinsung, Amortisation und Reparatur.

Wie auch aus den Daten des zu berechnenden Beispiels hervor-gehen wird, verteuern die bei den Lokomobilen vorkommenden Preis-unterschiede nicht wesentlich den Betrieb; denn wenn auch eine bessere Lokomobile teurer bezahlt wird, so werden deren Betriebskosten doch nicht höher zu stehen kommen, als diejenigen einer wohlfeilen und

schlechten Maschine. Die gute Maschine hält einerseits länger vor
und so verteilt sich die Kapitalsamortisation auf einen längeren Zeitraum,
andererseits aber erheischt sie weniger Reparaturen, als die wohlfeilere,
aber schlechtere Maschine; und so erwachsen uns auch unter diesem
Titel jährlich weniger Kosten, sodaß die Beschaffung einer kostspieligeren
und besser konstruierten Maschine jedenfalls vorteilhafter, als jene einer
wohlfeilen, aber sich rasch abnutzenden, ist.

Eine gut konstruierte Lokomobile erhält sich, wenn sie, wie in
den meisten Fällen üblich, bloß zum Drusche verwendet wird und
dabei jährlich nicht mehr als ungefähr 100 Arbeitstage hat, bei sorg-
fältiger Behandlung 10—15 Jahre; und so ist die zur Beschaffung
der Lokomobile verausgabte Summe **binnen 10—15 Jahren
zu amortisieren,** d. h. wir schlagen in jedem Jahre zu den Betriebskosten der Lokomobile $1/12$—$1/15$ des investierten Kapitals, d. i. 8 %
bis 6,7% hinzu; denn ungefähr so viel büßt die Lokomobile jedes
Jahr von ihrem Werte ein.

Wir wissen, daß nach jeder Druschzeit einzelne Teile der Lokomobile
repariert, andere hinwieder gegen neue auszuwechseln sind. So erwachsen uns alljährlich für die Instandhaltung der Lokomobile gewisse
Kosten, welche bei größeren Maschinen im Verhältnis zum Preise der
Maschine zunehmen. Die Höhe dieser Beträge wechselt mit jedem
Jahre; im Anfang repräsentiert der Bedarf nur geringe Summen,
später jedoch, da bereits einzelne Kesselteile auszuwechseln sind, immer
höhere; nach den bisherigen Erfahrungen können an Instandhaltungs-
kosten 5 % des Kaufpreises alljährlich berechnet werden.

Es erübrigt nur noch, die Verzinsung der zur Beschaffung der
Lokomobile verausgabten Summe festzustellen. Selbstverständlich ist
stets nur die Verzinsung des faktisch entsprechenden Kapitals in Anrech-
nung zu bringen, sodaß, wenn wir im ersten Jahre die Zinsen nach
dem ganzen investierten Kapital gerechnet haben, im zweiten Jahre die
Zinsen nur nach jener Summe gerechnet werden dürfen, welche nach
Abschlag der erstjährigen Amortisation von dem ursprünglichen Kapital
übrig bleibt. Und dies ist konsequent fortzusetzen, sodaß mit jedem
Jahre eine geringere Zinsenlast zu den Betriebskosten zu zählen ist.
Als Zinsfuß werden 5 % des Kapitals angenommen.

B. **Materialverbrauch.**

Der Betrieb der Lokomobile wird um so wohlfeiler sein, je weniger
Kohle zur Verrichtung einer bestimmten Arbeit verbraucht wird. Nebst-
dem sind indessen auch die Kosten des Öles und des sonstigen Schmier-

1. Der Kohlenverbrauch.

Um den Verbrauch verschiedenartiger Kohle berechnen zu können, wird stets der einer und derselben Arbeitsquantität entsprechende Kohlenverbrauch berechnet. Da die größere Arbeitseinheit, wie schon erwähnt, die Pferdekraft ist, so wird in der Praxis in der Regel die per Pferdekraft und Stunde verbrauchte Kohlenmenge in Rechnung gezogen.

Hinsichtlich des Kohlenverbrauchs ist einesteils der Kessel von Einfluß, denn es hängt vom Kessel ab, ob bei einer gewissen Kohlensorte eine gegebene Quantität von Kohle mehr oder weniger Wasser verdampft; andererseits aber hängt es von der Maschine ab, ob zur Verrichtung einer bestimmten Arbeit mehr oder weniger Dampf notwendig ist? Wenn wir nun erfahren wollen, wie viel Kohle per Pferdekraft und Stunde verbraucht wird, so müssen wir vorerst wissen, wie viel Kohle der Kessel zum Verdampfen von 1 kg Wasser verbraucht und zweitens, wie viel Dampf die Maschine per Stunde und Pferdekraft konsumiert hat.

Wir verzeichnen also während der Experimentszeit genau die verbrauchte Kohle, was am zweckmäßigsten bewirkt werden kann, indem wir in eine Kohlenkiste stets 25 kg Kohle enthaltende Säcke entleeren, nach Abschluß des Experiments aber den Rest abwägen und in Abrechnung bringen. Wenn wir die Menge der insgesamt verbrauchten Kohle (C) durch die während derselben Zeit verbrauchte Wassermenge (W) teilen, so erhalten wir $\frac{C}{W} = c$, d. i. die zum Verdampfen von 1 kg Wasser erforderliche Kohlenmenge.

Wollen wir nun erfahren, wie viel Kohle per Pferdekraft verbraucht wurde, so multiplizieren wir einfach die zum Verdampfen von 1 kg Wasser erforderliche Kohlenmenge (c) mit der per Stunde und Pferdekraft verbrauchten Dampfmenge (D); somit ist vor allen Dingen die letztere anzurechnen.

Berechnung der per Pferdekraft und Stunde verbrauchten Dampfmenge.

Den Dampfverbrauch per Pferdekraft und Stunde bei einer im Betrieb befindlichen Lokomobile können wir mit genügender Genauigkeit bestimmen, wenn wir die in den Kessel gepumpte Wassermenge genau abmessen und sie auf die berechnete Arbeit beziehen.

Jedes Kilogramm Dampfverbrauch ist nämlich durch 1 kg Wasser zu ersetzen, wenn wir daher verzeichnen, wie viel Wasser innerhalb eines gewissen Zeitraumes verbraucht wurde*), und diese Summe durch

---

*) Der Wasserverbrauch wird am leichtesten kontrolliert, wenn wir zwei Bottiche von bekanntem Kubikgehalt verwenden, und während wir aus dem einen

die Dauer der Betriebszeit teilen, so erhalten wir die in der Zeiteinheit (in der Regel in einer Stunde) verbrauchte Dampfquantität in Kilogrammen.

Wenn wir nun in der gedachten Weise berechnen, mit wie viel Pferdekräften die Lokomobile gearbeitet hat und den stündlichen Dampfverbrauch durch die Anzahl der seitens der Lokomobile entwickelten Pferdekräfte teilen, so erhalten wir die per Stunde und Dampfkraft verbrauchte Dampfmenge.

So ist, wenn D den Dampfverbrauch per Stunde und Pferdekraft in Kilogrammen, W das während des Experiments in den Kessel gepumpte Wasser in Kilogrammen, Z die Zeitdauer des Experiments in Stunden, S die durch den Dampf verrichtete Nutzarbeit in Pferdekräften bezeichnet, $D = \dfrac{W}{Z\,S}$ und die per Stunde und Pferdekraft verbrauchte Kohle ist gleich dem Ergebnis der Multiplikation der zum Verdampfen von 1 kg Wasser erforderlichen Kohle und des per Stunde und Pferdekraft verbrauchten Dampfes, d. h. $C = c . D$.

Bei Berechnung der Betriebskosten braucht man nicht die obigen — für den Vergleich mehrerer Maschinen aber sehr wertvollen — Berechnungen anzustellen, sondern es genügt, den Preis der an einem Tag verbrauchten Kohle aufzuschreiben.

2. Verbrauch an Schmiermaterial.

Die Kosten des Verbrauchs an Öl, Talg oder sonstigem Schmier- und Dichtungsmaterial wechseln zumeist nach der jeweiligen Konstruktion der Maschine. So erheischen Compound- und sonstige Lokomobilen des Zweimaschinensystems jedenfalls wesentlich mehr Schmiermaterial, als

pumpen, füllen wir den andern und verzeichnen, wie viel mal jeder Bottich gefüllt wurde; das zum Schlusse des Experiments übrig gebliebene Wasser wird in Abrechnung gebracht. Auch ist darauf zu achten, daß im Kessel am Ende des Experiments das Wasser ebenso hoch steht, als zu Beginn desselben. Überdies ist aber auch in Rechnung zu ziehen, wie viel von dem zur Vorwärmung des Speisewassers benutzten Dampf kondensiert wurde. Dies läßt sich leicht berechnen, wenn wir nur die Temperatur des frischen Wassers und diejenige des vorgewärmten fortwährend kontrollieren. Zur Berechnung können dann die Mitteltemperaturen dienen. War z. B. die Mitteltemperatur des frischen Wassers 15°, diejenige des vorgewärmten Wassers 75° und haben wir im ganzen während der Versuchszeit 500 kg frisches Wasser verbraucht, so bedurften wir zur Vorwärmung desselben

$$\frac{500 \times (75 - 15)}{\text{Wärmeeinheiten in 1 kg Abdampf} - \text{Wärmeeinheiten in 1 kg vorgewärmtem Wasser}} = \frac{500 \times (75-15)}{637 - 75}$$

$= 53,4$ kg Abdampf; es wurde somit im ganzen $500 + 53,4 = 553,4$ kg Wasser verbraucht.

jene des Einmaschinensystems. Ferner ist es evident, daß genau ge=
arbeitete und rein gehaltene Maschinenteile weniger Schmiermaterial
erfordern, als fehlerhaft konstruierte oder unter fahrlässiger Behandlung
stehende. Den täglichen Verbrauch an Schmiermaterial berechnen wir
sehr leicht, indem wir verzeichnen, wann der Anfang mit einer gewissen
Quantität Schmiermaterial gemacht wurde, und wie lange dieselbe
hinreichte. Der Preis des während einer gewissen Zeit verbrauchten
Schmiermaterials, geteilt durch die Zahl der Gebrauchstage, ergibt
die Kosten des täglichen Schmiermaterialverbrauchs.

C. Kosten des Maschinenwärters.

Die Behandlung der Lokomobile obliegt den für die Druschzeit
gedungenen, oder den ständig in der Wirtschaft verwendeten Maschinen=
wärtern. Im ersten Falle sind als Arbeitskosten einfach die Taglöhne
des Maschinisten und des Heizers zu berechnen, während bei dauernd
angestellten Maschinisten Rücksicht darauf zu nehmen ist, durch wie viel
Tage der Maschinist in der Wirtschaft effektiv verwendet werden kann;
sein Jahresgehalt und die Summe seiner sonstigen Bezüge sind sodann
durch die Anzahl dieser Tage zu teilen, und der erzielte Quotient
kann als sein täglicher Lohn angesehen werden.

D. Beispiel zur Berechnung der Betriebskosten.

Nehmen wir an, der Beschaffungspreis einer nominell 10 pferde=
kräftigen Lokomobile wäre 5000 M, und dieselbe könnte effektiv nur
durch 100 Arbeitstage täglich 10 Stunden arbeiten; so frägt es sich nun,
auf wie hoch sich die täglichen Betriebskosten dieser Lokomobile belaufen,
oder da es nicht ein und dasselbe ist, wie viel Arbeit wir durch die
Lokomobile verrichten lassen, so müssen wir erfahren, wie hoch uns der
tägliche Betrieb per Pferdekraft zu stehen kommt?

Der Gesamtbetrieb, dessen Größe sich in der bereits besprochenen
Weise berechnen läßt, verursacht täglich die folgenden Kosten:

	M	Pf.
1. Amortisation des Kapitals (= 8 % des Kaufpreises, verteilt auf 100 Arbeitstage) .	4	—
2. Verzinsung des Kapitals (= 5 % des Kaufpreises, verteilt auf 100 Arbeitstage) .	2	50
3. Reparaturkosten (= 5 % des Kaufpreises, verteilt auf 100 Arbeitstage)	2	50
4. Arbeitslöhne (für einen Maschinisten und einen Heizer)	7	50
Latus	16	50

Transport 16 M 50 Pf.

5. Kohlenverbrauch (täglich 350 kg; 100 kg
= 2 M) . . . . 7 —

6. Wasserverbrauch (tägliche Kosten eines Fuhr-
werkes) . . . . 5 —

7. Öl und sonstige Kosten . . . . 2 —

Gesamtkosten der Lokomobile für einen Tag,
d. i. für 10 Arbeitsstunden . . . . . 30 M 50 Pf.

Wenn wir auf der Bremse nachweisen, daß während des Betriebes effektiv 16 Pferdekräfte verbraucht wurden, so kostet jede Pferdekraft

per Tag, d. i. per 10 Stunden Betriebszeit $\dfrac{30 \cdot 50}{16} = 1$ M 90 Pf.

Dritter Abschnitt.

Deutsches Kesselgesetz.

I. Polizeiliche Bestimmungen über die Anlage von Dampfkesseln.
(Vom 29. Mai 1871.)

A. Bau der Dampfkessel.

§ 1. (Kesselwandungen.) Die vom Feuer berührten Wandungen der Dampfkessel, der Feuerröhren und der Siederöhren dürfen nicht aus Gußeisen hergestellt werden, sofern deren lichte Weite bei cylindri-scher Gestalt 25 cm, bei Kugelgestalt 30 cm übersteigt.

Die Verwendung von Messingblech ist nur für Feuerröhren, deren lichte Weite 10 cm nicht übersteigt, gestattet.

§ 2. (Feuerzüge.) Die durch einen Dampfkessel gehenden Feuer-züge müssen an ihrer höchsten Stelle in einem Abstand von mindestens 10 cm unter dem festgesetzten niedrigsten Wasserspiegel des Kessels liegen. (Bei Dampfschiffskesseln von 1 bis 2 m Breite muß der Abstand mindestens 15 cm, bei solchen von größerer Breite mindestens 25 cm betragen.)

Diese Bestimmungen finden keine Anwendung auf Dampfkessel, welche aus Siederöhren von weniger als 10 cm Weite bestehen, sowie auf solche Feuerzüge, in welchen ein Erglühen des mit dem Dampf-raum in Berührung stehenden Teiles der Wandungen nicht zu befürchten zu betrachten, wenn die vom Wasser bespülte Kesselfläche, welche von dem Feuer vor Erreichung der vom Dampf bespülten Kesselfläche bestrichen wird, bei natürlichem Luftzug mindestens zwanzigmal, bei künstlichem Luftzug mindestens vierzigmal so groß ist, als die Fläche des Feuerrostes.

B. Ausrüstung der Dampfkessel.

§ 3. (Speisung.) An jedem Dampfkessel muß ein Speiseventil angebracht sein, welches bei Abstellung der Speisevorrichtung durch den Druck des Kesselwassers geschlossen wird.

§ 4. Jeder Dampfkessel muß mit zwei zuverlässigen Vorrichtungen versehen sein, welche nicht von derselben Betriebsvorrichtung abhängig sind, und von denen jede für sich im stande ist, dem Kessel die zur Speisung erforderliche Wassermenge zuzuführen.

§ 5. (Wasserstandszeiger.) Jeder Dampfkessel muß mit einem Wasserstandsglase und mit einer zweiten geeigneten Vorrichtung zur Erkennung seines Wasserstandes versehen sein.

§ 6. Werden Probierhähne zur Anwendung gebracht, so ist der unterste derselben in der Ebene des festgesetzten niedrigsten Wasserstandes anzubringen. Alle Probierhähne müssen so eingerichtet sein, daß man behufs Entfernung von Kesselstein in gerader Richtung hindurchstoßen kann.

§ 7. (Wasserstandsmarke.) Der für den Dampfkessel festgesetzte niedrigste Wasserstand ist an dem Wasserglase, sowie an der Kesselwandung durch eine in die Augen fallende Marke zu bezeichnen.

§ 8. (Sicherheitsventil.) Lokomobilkessel müssen immer mindestens zwei Sicherheitsventile haben.

Die Sicherheitsventile müssen jederzeit gelüftet werden können. Sie sind höchstens so zu belasten, daß sie bei Eintritt der für den Kessel festgesetzten Dampfspannung den Dampf entweichen lassen.

§ 9. (Manometer.) An jedem Dampfkessel muß ein zuverlässiges Manometer angebracht sein, an welchem die festgesetzte höchste Dampfspannung durch eine in die Augen fallende Marke zu bezeichnen ist.

§ 10. (Kesselmarke.) An jedem Dampfkessel muß die festgesetzte höchste Dampfspannung, der Name des Fabrikanten, die laufende Fabriknummer und das Jahr der Anfertigung in leicht erkennbarer und dauerhafter Weise angegeben sein.

C. Prüfung der Dampfkessel.

§ 11. (Druckprobe.) Jeder neu aufzustellende Dampfkessel muß nach seiner letzten Zusammensetzung vor der Ummantelung unter Verschluß sämtlicher Öffnungen geprüft werden.

Die Prüfung erfolgt bei Dampfkesseln, welche für eine Dampfspannung von nicht mehr als fünf Atmosphären Überdruck bestimmt
sind, mit dem zweifachen Betrage des beabsichtigten Überdruckes, bei
allen übrigen Dampfkesseln mit einem Drucke, welcher den beabsichtigten
Überdruck um fünf Atmosphären übersteigt. Unter Atmosphärendruck wird
ein Druck von einem Kilogramm auf den Quadratcentimeter verstanden.

Die Kesselwandungen müssen dem Probedruck widerstehen, ohne
eine bleibende Veränderung der Form zu zeigen, und ohne undicht zu
werden. Sie sind für undicht zu erachten, wenn das Wasser bei dem
höchsten Druck in anderer Form, als der von Nebel oder feinen Perlen
durch die Fugen bringt.

§ 12. Wenn Dampfkessel eine Ausbesserung in der Kesselfabrik
erfahren haben, so müssen sie in gleicher Weise, wie neu aufzustellende
Kessel, der Prüfung mittelst Wasserdruckes unterworfen werden.

Wenn bei Kesseln mit innerem Feuerrohr ein solches Rohr und
bei den nach Art der Lokomotivkessel gebauten Kesseln die Feuerbüchse
behufs Ausbesserung oder Erneuerung herausgenommen, oder wenn bei
cylindrischen und Siedekesseln eine oder mehrere Platten neu eingezogen
werden, so ist nach der Ausbesserung oder Erneuerung ebenfalls die
Prüfung mittelst Wasserdruckes vorzunehmen. Der völligen Bloßlegung
des Kessels bedarf es hier nicht.

§ 13. (Prüfungsmanometer.) Der bei bei der Prüfung aus=
geübte Druck darf nur durch ein genügend hohes offenes Quecksilber=
manometer, oder durch das von dem prüfenden Beamten geführte
amtliche Manometer festgestellt werden.

An jedem Dampfkessel muß sich eine Einrichtung befinden, welche
dem prüfenden Beamten die Anbringung eines amtlichen Manometers
gestattet.

D. Aufstellung der Dampfkessel.

§ 14. (Aufstellungsort.) Dampfkessel, welche für mehr als vier
Atmosphären Überdruck bestimmt sind, und solche, bei welchen das
Produkt aus der feuerberührten Fläche in Quadratmetern und der
Dampfspannung in Atmosphären Überdruck mehr als zwanzig beträgt,
dürfen unter Räumen, in welchen Menschen sich aufzuhalten pflegen,
nicht aufgestellt werden. Innerhalb solcher Räume ist ihre Aufstellung
unzulässig, wenn dieselben überwölbt oder mit fester Balkendecke ver=
sehen sind.

An jedem Dampfkessel, welcher unter Räumen, in welchen Men=
schen sich aufzuhalten pflegen, aufgestellt wird, muß die Feuerung so
eingerichtet sein, daß die Einwirkung des Feuers auf den Kessel sofort
gehemmt werden kann.

Dampfkessel, welche aus Siederöhren von weniger als 10 cm
Weite bestehen, unterliegen diesen Bestimmungen nicht.

II. Gesetz, den Betrieb der Dampfkessel betreffend.
(Vom 3. Mai 1872.)

§ 1. Die Besitzer von Dampfkesselanlagen oder die an ihrer
Statt zur Leitung des Betriebes bestellten Vertreter, sowie die mit der
Bewartung von Dampfkesseln beauftragten Arbeiter sind verpflichtet,
dafür Sorge zu tragen, daß während des Betriebes die bei Genehmi=
gung der Anlage oder allgemein vorgeschriebenen Sicherheitsvorrich=
tungen bestimmungsmäßig benutzt und Kessel, die sich in nicht gefahr=
losem Zustande befinden, nicht im Betriebe erhalten werden.

§ 2. Wer den ihm nach § 1 obliegenden Verpflichtungen zu=
widerhandelt, verfällt in eine Geldstrafe bis zu 600 M oder in eine
Gefängnisstrafe bis zu drei Monaten.

§ 3. Die Besitzer von Dampfkesselanlagen sind verpflichtet, eine
amtliche Revision des Betriebes durch Sachverständige zu gestatten,
die zur Untersuchung benötigten Arbeitskräfte und Vorrichtungen bereit
zu stellen und die Kosten der Revision zu tragen.

Die näheren Bestimmungen über die Ausführungen dieser Vor=
schrift hat der Minister für Handel, Gewerbe und öffentliche Arbeiten
zu erlassen.

§ 4. Alle mit diesem Gesetze nicht im Einklang stehenden Be=
stimmungen, insbesondere das Gesetz, den Betrieb der Dampfkessel be=
treffend, vom 7. Mai 1856 (Gesetz=Sammlung S. 295) werden auf=
gehoben.

Urkundlich ꝛc.

III. Regulativ zur Ausübung des Gesetzes vom 3. Mai 1872, den Betrieb der Dampfkessel betreffend.

Auf Grund der Vorschrift im § 5 des Gesetzes vom 3. Mai
1872, den Betrieb der Dampfkessel betreffend, wird Nachfolgendes
verordnet:

1. Ein jeder im Betriebe befindliche Dampfkessel soll von Zeit
zu Zeit einer technischen Untersuchung unterliegen.

Es bleibt vorbehalten, Ausnahmen hiervon nachzulassen, insoweit
dies im Interesse der öffentlichen Sicherheit unbedenklich erscheint.

2. Die technische Untersuchung hat zum Zweck, den Zustand der
Kesselanlage überhaupt, deren Übereinstimmung mit dem Inhalt der

Genehmigungsurkunde und die bestimmungsmäßige Benutzung der bei Genehmigung der Anlage oder allgemein vorgeschriebenen Sicherheits= vorrichtungen festzustellen.

3. Bewegliche Dampfkessel gehören zu demjenigen Bezirke, in welchem ihr Besitzer oder Vertreter wohnt.

4. Dampfkessel, deren Besitzer Vereinen angehören, welche eine regelmäßige und sorgfältige Überwachung der Kessel vornehmen lassen, können mit Genehmigung des Ministeriums für Handel, Gewerbe und öffentliche Arbeiten von der amtlichen Revision befreit werden.

Es bedarf einer öffentlichen Bekanntmachung durch das Amtsblatt, wenn einem Vereine eine solche Vergünstigung gewährt oder dieselbe wieder entzogen worden ist.

Ausnahmsweise kann auch einzelnen Dampfkesselbesitzern, welche für eine regelmäßige Überwachung ihrer Dampfkessel entsprechende Ein= richtungen getroffen haben, die gleiche Vergünstigung zu teil werden.

5. Die vorgedachten Vereine haben den königlichen Regierungen (resp. Landdrosteien, Oberbergämtern, in Berlin dem königlichen Polizei= präsidium) ein Verzeichnis der dem Verein angehörenden Kesselbesitzer unter Angabe der Anzahl der von denselben in dem Bezirke betriebenen Kessel, sowie eine Übersicht aller in dem Laufe des Jahres ausgeführten Untersuchungen, welche zugleich deren Art und Ergebnis ersehen läßt, am Jahresschluß einzureichen. Sie haben ferner von jeder Aufnahme eines Kessels in den Verband und von jedem Ausscheiden aus demselben dem zur amtlichen Untersuchung der Dampfkessel in dem betreffenden Bezirke berufenen Sachverständigen unverzüglich Nachricht zu geben.

Die veröffentlichten Jahresberichte sind regelmäßig dem Ministerium für Handel, Gewerbe und öffentliche Arbeiten vorzulegen.

Die Vorschriften im ersten Absatze finden auch auf einzelne von der amtlichen Aufsicht befreite Kesselbesitzer (4) Anwendung.

6. Die amtliche Untersuchung der Dampfkessel ist eine äußere und eine innere. Jene findet alle zwei Jahre, diese alle sechs Jahre statt und ist dann mit jener zu verbinden.

7. Die äußere Untersuchung besteht vornehmlich in einer Prü= fung der ganzen Betriebsweise des Kessels; eine Unterbrechung des Betriebes darf dabei nur verlangt werden, wenn Anzeigen gefahr= bringender Mängel, deren Dasein und Umfang anders nicht festgestellt werden kann, sich ergeben haben.

Die Untersuchung ist vornehmlich zu richten: auf die Vorrichtungen zum regelmäßigen Speisen des Kessels; auf die Ausführung und den Zustand der Mittel, den Normal=Wasserstand in dem Kessel zu allen Zeiten mit Sicherheit beurteilen zu können; auf die Vorrichtungen, welche gestatten, den etwaigen Niederschlag an den Kesselwandungen zu

entdecken und den Keſſel zu reinigen; auf die Verrichtungen zum Erkennen der Spannung der Dämpfe im Keſſel; auf die Ausführung und
den Zuſtand der Mittel, den Dämpfen einen freien Abzug zu geſtatten,
den Zuſtand der Feuerungsanlage ſelbſt, die Mittel zur Regelung und
Abſperrung des Zutrittes der atmoſphäriſchen Luft und zur thunlichſt
ſchnellen Beſeitigung des Feuers.

Auch iſt zu prüfen, ob der Keſſelwärter die zur Sicherheit des
Betriebes erforderlichen Vorrichtungen kennt und anzuwenden verſteht.

8. Die innere Unterſuchung erſtreckt ſich auf den Zuſtand der
Keſſelanlage überhaupt; ſie umfaßt auch die Prüfung der Widerſtands-
fähigkeit der Keſſelwände und des Zuſtandes des Keſſelinneren. Sie
iſt ſtets mit einer Probe durch Waſſerdruck nach § 11 der allgemeinen
Beſtimmungen für die Anlage von Dampfkeſſeln vom 29. Mai 1871
zu verbinden. Behufs ihrer Ausführung muß der Betrieb des Keſſels
eingeſtellt werden.

Die Unterſuchung iſt vornehmlich zu richten: auf die Beſchaffen-
heit der Keſſelwandungen, Nieten und Anker im Äußeren wie im Inneren
des Keſſels, ſowie der Heiz- und Rauchrohre, der Verbindungsſtutzen,
wobei zu ermitteln iſt, ob die Dauerhaftigkeit dieſer Teile durch den
Gebrauch gefährdet iſt, und ob die nach Art der Lokomotiv-Feuerröhren
eingeſetzten Röhren nötigenfalls herauszuziehen ſind; auf das Vorhan-
denſein und die Natur des Keſſelſteins; auf den Zuſtand der Waſſer-
leitungsröhren und der Reinigungsöffnungen, auf den Zuſtand der
Verbindungsröhren zwiſchen Keſſel und Manometer reſp. Waſſerſtands-
zeiger, ſowie der übrigen Sicherheitsvorrichtungen; auf den Zuſtand
des Roſtes, der Feuerbrücke und der Feuerzüge des Keſſels.

Die Ummantelung des letzteren muß, wenn die Unterſuchung ſich
durch Befahrung der Züge oder auf andere einfache Weiſe nicht zur
Genüge bewirken läßt, an einzelnen zu unterſuchenden Stellen, oder
wenn es ſich als notwendig herausſtellt, gänzlich beſeitigt werden.

9. Werden bei einer Unterſuchung erhebliche Unregelmäßigkeiten
in dem Betriebe ermittelt, ſo kann nach Ermeſſen des Beamten in
dem folgenden Jahre die äußere Unterſuchung wiederholt werden.

Hat eine Unterſuchung Mängel ergeben, welche Gefahr herbeiführen, und wird dieſen nicht ſofort abgeholfen, ſo muß nach Ablauf
der zur Herſtellung des vorſchriftsmäßigen Zuſtandes erforderlichen
Friſt die Unterſuchung von neuem vorgenommen werden.

Befindet ſich der Keſſel bei der Unterſuchung in einem Zuſtande,
welcher eine unmittelbare Gefahr einſchließt, ſo iſt die Fortſetzung des
Betriebes bis zur Beſeitigung der Gefahr zu unterſagen. Vor der
Wiederaufnahme des Betriebes iſt in dieſem Fall die ganze Unter-

suchung zu wiederholen, und der vorschriftsmäßige Zustand der Anlage festzustellen.

10. Die äußere Untersuchung erfolgt ohne vorherige Benachrichtigung des Kesselbesitzers.

Von der bevorstehenden inneren Untersuchung ist der Besitzer mindestens vier Wochen vorher zu unterrichten; über die Wahl des Zeitpunktes für diese Untersuchung soll der Sachverständige sich mit dem Besitzer zu verständigen suchen, um den Betrieb der Anlage so wenig wie möglich zu beeinträchtigen.

Bewegliche Dampfkessel sind von den Besitzern oder deren Vertretern im Laufe des Revisionsjahres nach ergangener Aufforderung an einem beliebigen Orte innerhalb des Revisionsbezirkes für die Untersuchung bereit zu stellen.

Falls ein Kesselbesitzer der Aufforderung des zur Untersuchung berufenen Beamten, den Kessel für die Untersuchung bereit zu stellen, nicht entspricht, so ist auf Antrag des Beamten der Betrieb des Kessels bis auf weiteres polizeilich still zu legen.

Die zur Ausführung der Untersuchung erforderliche Arbeitshilfe hat der Besitzer des Kessels den Beamten auf Verlangen unentgeltlich zur Verfügung zu stellen.

11. Für jeden Kessel hat der Kesselbesitzer ein Revisionsbuch zu halten, welches bei dem Kessel aufzubewahren ist. Dem Buche ist die nach Maßgabe der Nr. 6 der Anweisung zur Ausführung der Gewerbeordnung vom 21. Juni 1869 oder der frühern entsprechenden Bestimmungen erteilte Abnahmebescheinigung anzuhängen.

Der Befund der Untersuchung wird in dieses Revisionsbuch eingetragen. Abschrift des Vermerkes übersendet der Sachverständige der Polizeibehörde des Ortes, an welchem der Kessel sich befindet. Diese hat für die Abstellung der festgesetzten Mängel und Unregelmäßigkeiten Sorge zu tragen.

12. Der Sachverständige überreicht am Jahresschluß der Königl. Regierung (Landdrostei) des Bezirkes, in Berlin dem Königl. Polizei-Präsidium, eine Nachweisung der von ihm im Laufe des Jahres untersuchten Dampfkessel, welche den Namen des Ortes, an welchem der Kessel sich befindet, den Namen des Kesselbesitzers, die Bestimmung des Kessels, den Tag der Revision und in kurzen Worten den Befund derselben ersehen läßt.

13. Für die äußere Untersuchung eines jeden Dampfkessels ist eine Gebühr von 15 M zu entrichten. Gehören mehrere Dampfkessel zu einer gewerblichen Anlage, so ist nur für die Untersuchung des ersten Kessels der volle Satz, für die jedes folgenden aber die Hälfte zu entrichten, wenn die Untersuchung innerhalb desselben Jahres erfolgt.

Letzteres hat zu geschehen, sofern erhebliche Anstände nicht obwalten. Ist die Untersuchung zugleich eine innere, so beträgt die Gebühr in allen Fällen 30 M für jeden Kessel.

14. Bei denjenigen außerordentlichen Untersuchungen (9), welche außerhalb des Wohnortes des Sachverständigen erfolgen, hat dieser auch auf die bestimmungsmäßigen Tagegelder und Reisekosten Anspruch.

15. Gebühren und Kosten (13. 14.) werden bei der Polizeibehörde des Ortes, wo die Untersuchung erfolgt ist, liquidiert, durch diese festgesetzt und von dem Kesselbesitzer eingezogen.

Berlin, den 24. Juni 1872.

Der Minister für Handel, Gewerbe und öffentliche Arbeiten.

(gez.) Graf von Itzenplitz.

www.ingramcontent.com/pod-product-compliance
Lightning Source LLC
Chambersburg PA
CBHW021704210326
41599CB00013B/1511